Eduard Study

Methoden zur Theorie der ternären Formen

Mit einer Einleitung zur Reprintausgabe
von Gian-Carlo Rota

Reprint
Springer-Verlag Berlin Heidelberg New York 1982

Mit freundlicher Genehmigung des Verlags B. G. Teubner, Stuttgart,
veranstalteter reprographischer Nachdruck
der Ausgabe Leipzig: Druck und Verlag von B. G. Teubner 1889.
Einleitung zur Reprintausgabe:

Professor Gian-Carlo Rota
Massachusetts Institute of Technology, Department of Mathematics,
Cambridge, Massachusetts

ISBN 978-3-642-67533-1 ISBN 978-3-642-67532-4 (eBook)
DOI 10.1007/978-3-642-67532-4

CIP Kurztitelaufnahme der Deutschen Bibliothek:
Study, Eduard: Methoden zur Theorie der ternären Formen / Eduard Study. -
Reprint, unveränd. Nachdruck der Ausg. Leipzig, Teubner, 1889 / mit e. Einf. von
Gian-Carlo Rota. - Berlin; Heidelberg; New York: Springer, 1982.

Softcover reprint of the hardcover 1st edition 1982

Introduction

to E. Study's "Methoden zur Theorie der ternären Formen"

Study's "Ternary Forms" presents a view of classical invariant theory that remains little known to this day, and that deserves attentive reading. When the book was published, the combinatorial investigations of Gordan and of the English school were in their heyday. Hilbert's sweeping finiteness results were not yet available, and the term "algebraic geometry" had yet to take hold. Study's goals were geometric rather than algebraic. He viewed the symbolic method as an algebraic machinery for the description of geometric properties, and his style of proof, conceptual to the utmost, invariably follows a background of geometric motivation, which unfortunately the author seldom reveals.

Like almost everyone in his time, Study either ignored or disbelieved the work of Hermann Grassmann, to whom he pays perfunctory respect in a couple of footnotes. The book would have benefited, especially in §19, from the notation of exterior algebra such as is common today. As it is, the author is forced to produce no less than three three-dimensional generalizations of the original Clebsch-Gordan expansion; nowadays these can be viewed as variants of one straightening algorithm going back to Capelli-Young.

Study's book breaks naturally into three parts, which can be read independently, once one has mastered the unusual notation. As a *Leitfaden*, we summarize the main *caveats* to the reader. Capital letters denote, in two-dimensional projective space: points P, Q, R, . . .; straight lines A, B, C, . . .; variables ranging over points X, Y, Z, . . ., and variables ranging over lines U, V, W, . . . Thus, for example, the variable Y stands for the three-dimensional vector with coordinates Y_1, Y_2, Y_3, the homogeneous coordinates of the point Y. The variable V stands for the three-dimensional vector V_1, V_2, V_3 whose components are the Plücker coordinates of a straight line, and which can therefore be written in terms of point-coordinates by the equations

$$V_1 = X_2 Y_3 - X_3 Y_2, \text{ etc.,}$$

for which the notation $V = X\hat{\ }Y$ is sometimes, though seldom, used. There are four kinds of inner products, all described by parentheses, which can be kept apart only be looking at the symbols inside. Thus, (XYZ) is the determinant of the three-by-three matrix of the vectors X, Y, and Z representing points; similarly (UVW) stands for the determinant of three-by-three vectors each giving the Plücker coordinates of a line. On the other hand, a symbol like (AX) represents the linear form $A_1X_1 + A_2X_2 + A_3X_3$ for the variable point X and the fixed line A, and similarly we read $(UP) = U_1P_1 + U_2P_2 + U_3P_3$ for the dual linear form indicating a variable line U and a fixed point P. The corresponding geometric locus is obtained by setting $(UP) = 0$. The symbolic equation $(BX)^m(UP)^n = 0$ is the locus of a set of points and lines, namely, the pairs X,U which satisfy the equation. Such a set is called a connex of order m and class n. The name "connex" also denotes the algebraic form $(BX)^m(UP)^n$ for the line variable U and the point variable X. Connexes of class zero are the classical forms, or quantics, of invariant theory.

It may not be remiss to present here the first completely rigorous version of the symbolic, or umbral, method of classical invariant theory. This method, used with consummate skill and unerring instinct by the great invariant-theorists, fell into disrepute in the first half of the twentieth century. Even Hermann Weyl dismissed it with the misleading slogan "every invariant of a tensor is determined by its values on decomposable tensors," and was thereby left powerless to use the method for actual computation. Taking the case of forms by way of example, a rigorous presentation proceeds as follows.

We are given a ternary form of order (degree) m:

$$\sum_{i,j,k}^{m} \binom{m}{i,j,k} b_{ijk} X_1^i X_2^j X_3^k = F(X_1,X_2,X_3) ,$$

where the sum ranges over all triples i,j,k for which the multinomial coefficient does not equal zero, and where the coefficients b_{ijk} are fixed elements of a field of characteristic zero (Study gets away with the rational numbers). We now introduce a vector space, which we shall call the umbral space U, consisting of all polynomials in the components of an indefinite number of vectors $A, B, C \ldots$ (called *umbrae* by Sylvester, Blissard and E. T. Bell). A linear functional $L = L_F$ on the vector space U, depending on the form F, is defined as follows on monomials, and then extended by linearity:

$$(1) \quad L(A_1^i A_2^j A_3^k B_1^p B_2^q B_3^r \ldots) = L(A_1^i A_2^j A_3^k) L(B_1^p B_2^q B_3^r) \ldots$$

and

$$(2)\quad L(A_1^iA_2^jA_3^k) = L(B_1^iB_2^jB_3^k) = \ldots = \begin{cases} b_{ijk} & \text{if } i+j+k=m \\ 0 & \text{otherwise.}\end{cases}$$

The variables $A, B, C, \ldots$ are called equivalent symbols for the form f. In terms of the linear functional L ("the umbral functional") the quantic $F(X_1,X_2,X_3)$ can be written in the compact form

$$F(X_1,X_2,X_3) = L((AX)^m) = L((BX)^m) = \ldots$$

Umbral notation can be extended to several forms: one simply takes several sets of letters, the letters in each set denoting equivalent letters for each form. It can be extended to connexes in the obvious way.

Study, like all the classical algebraists, was not familiar with the concept of linear functional, not to speak of Hopf algebras, and thus writes $(AX)^m$ in place of $L((AX)^m)$. Having convinced himself that the method can be made rigorous, the reader is free to revert to this age-old practice, saying "$F(X)$ is symbolically $(AX)^m$" to mean "$F(X) = L((AX)^n)$", and similarly for connexes. Thus, the letters $A, B, C, \ldots$ and $P, Q, R, \ldots$ in symbolic expressions no longer denote fixed lines and points, but are umbral parameters upon which the umbral functional L acts. The variables $X, Y, Z, \ldots$ as well as $U, V, W, \ldots$ are left unchanged by the umbral functional.

The computational advantages of using several equivalent variables for the same form, as well as a linear functional in place of decomposable tensors, are substantial. Surprisingly, Study himself does not draw full advantage of the method, perhaps because he, like some of his contemporaries, was ill at ease in dealing with umbrae. His notation for forms is particularly ill-conceived, and he should have dispensed with Sylvester's prepared forms. A connex symbolically represented by

$$L((BX)^m(UP)^n) = p_1\underline{\mathfrak{Y}}_1\Pi_1 + \ldots + p_N\underline{\mathfrak{Y}}_N\Pi_N$$

is expanded (§1) into N monomials. Each monomial is the product of two multinomial coefficients, denoted p_i, a coefficient, written $\underline{\mathfrak{Y}}_i$, and a monomial in the variables X_1,X_2,X_3,U_1,U_2,U_3, written $\Pi_i(X,U)$.

The problem solved in the second part of the book is that of *symbolically* describing the invariants, and more generally the covariants, of a connex. A covariant is defined as a joint invariant of the connex and of several linear forms; for example, a covariant depending on F and a single linear form (UX) is in fact a form depending on the variable U. This elegant device unfortunately fails for forms and connexes in more than three variables, as is apparent in §7 and 8.

The problem is solved by the two theorems that Study misleadingly labels "the first and second fundamental theorem"– other authors bunch them together and call them simply "the first fundamental theorem," reserving the term "second fundamental theorem" for the syzygies of §6. These results are found in the recent literature as well as in the book, and they need not be recapitulated here; suffice it to point out some fascinating twists that Study contributes.

There is the explicit recognition of the role of apolarity in expansions of Clebsch-Gordan type. Sylvester was the first to use apolarity in the study of canonical forms for binary forms; aside from geometrical studies by Reye and Rosanes, from an elegant application to elimination theroy by Lasker, and a beautiful but isolated paper by Wakeford, little has been done with apolarity in this century. Yet, a careful study of the outburst of papers on canonical forms that followed Sylvester's work indicates that apolarity, suitably modernized, may well be the key to the fulfillment of the avowed purpose of invariant theory, namely, the development of a theory of canonical forms for tensors, analogous to what we have today for square matrices.

Two connexes, symbolically represented by $F(X,U) = L((AX)^{m}(UP)^{n})$ and $G(X,Y) = L((BX)^{n}(UQ)^{m})$, arc said to be dual. Under these conditions, one can define the simultaneous invariant of the two connexes by the symbolic expression

$$[F,G] = L((AQ)^{m}(BP)^{n}) .$$

This invariant is defined by Study on p. 49, strangely, without use of the symbolic method. It is historically appropriate that this invariant be called the apolar invariant. Following Rosanes, Study calls F and G conjugate when the apolar invariant $[F,G]$ vanishes (p. 53). This notion is generalized on the next page to a covariant of the connex $G(X,U) = L((\bar{B}X)^{m_1}(U\bar{P})^{n_1})$ (where $\bar{B}$ and $\bar{P}$ are umbral parameters) relative to the connex $F(X,U) = L((BX)^{m}(UP)^{n})$, under the assumptions that $m_1 \leqslant m$ and $n_1 \leqslant n$. The apolar covariant (Study calls it simply but equivocally "Polar") is the connex $[F,G] = L((B\bar{P})^{n_1}(\bar{B}P)^{m_1}(BX)^{m-n_1}(UP)^{n-m_1})$. When the polynomial $[F,G]$ vanishes identically in X and U, the two connexes are said to be apolar, following Reye.

The motivation for this notion is to be found in the theory of binary forms. Such a form

$$f(x_1,x_2) = \sum_{k=0}^{n} \binom{n}{k} a_k x_1^k x_2^{n-k}$$

may be represented symbolically as

$$f(x_1,x_2) = M((ax)^n) = M((a_1x_1 + a_2x_2)^n) ,$$

where M is the (binary) umbral linear functional defined by $M(a_1^i a_2^j) = a_i$ if $i+j=n$, and zero otherwise, with a multiplication property similar to the one given above for the ternary case. Given a second binary form

$$g(x_1,x_2) = \sum_{k=0}^{n} \binom{n}{k} b_k x_1^k x_2^{m-k}$$

of order $m \leqslant n$, the apolar covariant is defined as

$$\{f,g\} = M([ab]^m (ax)^{n-m}) ,$$

where $[a,b] = a_1b_2 - a_2b_1$, Cayley's bracket, and where the letter b is the umbral variable for the form g. For example, when $m = n$, one obtains

$$\{f,g\} = \sum_{k=0}^{n} \binom{n}{k} (-1)^k a_k b_{n-k} \cdot$$

When $\{f,g\} = 0$ one says that f and g are apolar. The fundamental fact about the apolar invariant is the following: if $px_1 + qx_2$ is a linear factor of the form $g(x_1,x_2)$, then the form $f(x_1,x_2) = (px_1 - qx_2)^n$ is apolar to g. Hence, generically, that is, when g has no repeated linear factors, the vector space spanned by forms f of degree $n \geqslant m$ which are apolar to g is of dimension m, and a basis for this vector space consists of the m linear factors of g, each raised to the n-th power. In other words: suppose that we want to express a form f of degree n as the sum of m or fewer n-th powers of linear forms. Then, by the preceding remark, all we need is to find a form g of order m which is apolar to f and has distinct linear factors. A simple count of constants in linear equations shows that when $n = 2k + 1$, one can find a form g of order $k + 1$ which is apolar to f. From this, one infers the celebrated theorem of Sylvester, stating that a binary form of odd order $2k$

$+ 1 = n$ can be written as the sum of $k + 1$ n-th powers of linear forms. Even the cases of multiple roots are easily settled by apolarity arguments. One obtains in this way a complete listing of canonical forms for binary forms; this was an impressive achievement which has been unjustly forgotten, even for the quintic.

All this is in the back of Study's mind when he reduces his Clebsch-Gordan type expansions to apolarity arguments. To return to ternary forms, suppose that $G(X,U) = (UX)^{\kappa}$, in nonsymbolic form. The apolar covariant is then equal to

$$[F,G] = \Delta^{k}F = L((BP)^{k}(BX)^{m-k}(UP^{n-k})) ,$$

and one obtains a ternary analog of binary transvectants, such as had been successfully employed by Gordan a few years ago—before Hilbert—in his constructive proof of the finiteness theorem, a feat never matched to this day for forms in more than two variables.

In particular, we have

$$\Delta F \equiv T((BP)^{m}(BX)^{m-1}(UP)^{n-1}) ,$$

and when ΔF vanishes identically, Study calls F a normal form. The idea of expanding an arbitrary connex into a series of normal forms leads to expansion (5) at the bottom of page 55, with explicit coefficients b_i given on the following page.

To be sure, such an expansion, as well as the two that immediately follow it (§4) can nowadays be gotten in a few lines from combinatorial straightening; however, the connection between straightening and apolarity should yield further valuable dividends, in the light of Study's unreaped remarks. For example, by considering the expansion of a dual form, one finds orthogonality relations between the coefficients of the expansions, as on page 59, formula (10). It will be interesting to see the extension of this orthogonality idea to the general context of straightening, for an arbitrary number of variables, commutative or not. The largely programmatic remarks of §7 and §8, fortified by the theory of double standard Young tableaux, unknown in Study's day, may well carry the program of classical invariant theory closer to its goal, if they are ever developed.

The reader will now be ready to tackle the distant core of the book, §9 to §13. A few cautionary remarks are in order. Study, like all hard-core invariant theorists, including Hilbert, realized that the success of classical invariant theory did not lie, as is sometimes mistakenly presumed, in stopping at the finite generation of the ring of invariants. It lay instead in the following goals: (1) to provide a systematic theory of canonical forms for tensors; (2) to produce a constructive method for generating invariants and concomitants; and (3) to set up a table of correspondences between geometric-combinatorial properties of forms and the vanishing of covariants.

By an unfortunate turn of events, these goals were abandoned around the turn of the century; only the genius of Alfred Young, reverently seconded by the Scottish tenacity of Aitken and Turnbull, had the daring to pursue them in utter isolation and amid general scorn, in the finest tradition of British eccentricity. In today's stirrings of renewed interest, we can read between the lines of Study's and Gordan's books, as well as in the collected papers of Alfred Young, in Hilbert's early papers on invariant theory and finally in Aitken's "letter to an Edinburgh colleague," and we may thereby be led to reconstruct the Ur-plans of attack.

The first is intimately connected with apolarity, as already remarked, and may not be entirely divorced from recent work on the multiparameter spectral theory of Atkinson and J. Taylor, which to be sure took its lead from an entirely different source, the oscillation theorem of Felix Klein.

The second objective was perhaps the most arduous–in fact, Hilbert never let himself get embroiled in it. It was felt, after Gordan's tour de force with transvectants, that the constructive generation of invariants should rely on an iteration idea which would be vaguely similar to functional iteration. The only success in this direction was the notion of plethysm, introduced by Littlewood, which is still a long way from being understood. Until or unless a proof of the finiteness theorem is produced by some such device which bypasses Hilbert's basis theorem, it is anybody's guess whether this goal shall ever be within reach. Study's juggling with normal forms is thus motivated; but his results are very much in need of pruning and understanding.

Lastly, the attempt to discover which invariants have an identifiable meaning led, well into the nineteenth century, to the notion of perpetuant, at which Cayley, Sylvester, and MacMahon assiduously worked. To take a simple example, consider the binary cubic. Here we have essentially three covariants, namely, the Hessian, the discriminant (an invariant in fact), and the Jacobian of the cubic with its Hessian. The first two have clear-cut interpretations: the vanishing of the Hessian says that the cubic is the third power of a linear form, and the vanishing of the discriminant states that the cubic has a double root. The third covariant seems accidental; a geometric but unconvincing interpretation is given by Grace and Young. A comparison with perpetuants confirms the suspicion that the third covariant is extraneous. But again, the study of perpetuants was suddenly dropped, as if MacMahon's generating functions and Grace's symbolic lists of binary perpetuants had provided the final solution. Study tries to approach the problem from a somewhat different point of view, stressing normal forms and rational invariants, but it remains to be seen how much will be salvaged from his §12 and 13.

The other two parts of Study's book will provide smaller solace to the contemporary reader. The first part is lifted from a previously published memoir by the author; the flamboyant German style and the scattered remarks, often sparkling and original, make the reading enjoyable, and the deciphering of the two examples of irrational invariants will be a test of the reader's understanding of the vagaries of the invariant-theoretic mind.

The third part, sensationally ahead of its time when it was published, is one that is now obsolete. Study should have been given the credit for introducing infinitesimal methods in invariant theory, thereby enriching Clebsch's ideas by Sophus Lie's profound insights; §15–17 are nowadays little more than exercises in the representations of Lie Algebras. It is unfortunate that in our day no thorough treatment of the computational aspects of invariant theory from the infinitesimal standpoint is available–Hermann Weyl did not go far enough–, and one is still forced to turn to Study's §18 for details on the specific differential equations satisfied by invariants.

Altogether, Study's book should be worth the effort. There are brilliant ideas in almost every paragraph; for example, on page 83 one finds a clear statement of the problem of higher syzygies among brackets, which remains unsolved to this day. §15 gives an amusing treatment of the canonical forms for matrices from the viewpoint of invariant theory; the appendix, which should be read first, gives a similar treatment in the binary domain.

The reader will miss in Study's book Elliott's philatelic detail, Capelli's combinatorial skill, Hilbert's and Alfred Young's steamrolling genius, but will find in it instead a breadth of conceptual view and philosophical insight that displays Continental mathemathical thought in its finest hour.

It is to be hoped that Study's ideas will be taken up again and inserted into the mainstream of today's mathematics.

Los Alamos, New Mexico, August 31, 1981 Gian-Carlo Rota

METHODEN

ZUR

THEORIE DER TERNAEREN FORMEN.

IM ZUSAMMENHANG
MIT UNTERSUCHUNGEN ANDERER DARGESTELLT

VON

E. STUDY,
PRIVATDOCENT DER MATHEMATIK AN DER UNIVERSITÄT MARBURG.

LEIPZIG,
DRUCK UND VERLAG VON B. G. TEUBNER.
1889.

MEINEM LIEBEN FREUNDE

FRIEDRICH ENGEL.

Vorwort.

Die Invariantentheorie der linearen Transformationen hat sich seit den Entdeckungen des Herrn Gordan in der Richtung entwickelt, dass die Frage nach einem endlichen Formensystem gegebener Grundformen immer mehr in den Mittelpunkt des Interesses getreten ist. Die Vereinigung vieler Kräfte auf diesen einen Punkt hat ihre guten Früchte getragen; insbesondere haben in jüngster Zeit die Untersuchungen des Herrn Hilbert neue Wege eröffnet und die endgiltige Antwort auf eine ganze Reihe bisher offener Fragen gebracht. Indessen bietet die Theorie der Invarianten auch eine Fülle von Problemen dar, welche mit jener fundamentalen Fragestellung nur in einem loseren Zusammenhange stehen, und sehr wohl unabhängig von ihr behandelt werden können. Mit einigen Aufgaben dieser Art beschäftigt sich die vorliegende Arbeit.

Es handelt sich in derselben zunächst um die Herleitung einer Reihe von neuen Sätzen und Rechnungsweisen, welche sich auf die allgemeine Theorie der algebraischen Formen beziehen. Zugleich aber ist diese Theorie selbst von Grund aus entwickelt worden, soweit als es nöthig erschien, um für das Vorzutragende eine geeignete Unterlage zu gewinnen.

Im Zusammenhange damit haben dann auch verschiedene neuere Untersuchungen anderer Mathematiker eingehende Berücksichtigung gefunden. Nicht wenige grundlegende, vielfach gebrauchte Sätze finden sich bis jetzt nur in Zeitschriften zerstreut; sie sind dort ihrem verschiedenartigen Ursprung entsprechend in sehr ungleicher Weise dargestellt; auch sind einige werthvolle Sätze in der Litteratur überhaupt nur undeutlich oder in einer sonst mangelhaften Weise ausgesprochen, so dass es nicht möglich ist, auf sie als auf etwas Bekanntes Bezug zu nehmen. Es musste mir natürlich wünschenswerth sein, solche Sätze, die zu meinen eigenen Arbeiten in naher Beziehung stehen, in einer einheitlichen Darstellung beisammen zu haben; aber auch abgesehen hiervon glaubte ich keine unnütze Arbeit zu thun, wenn ich auch Anderen das Wort gönnend mich bestrebte, eine Reihe von zum Theil wenig bekannt gewordenen Untersuchungen zu einer aus sich selbst heraus verständlichen Darstellung zu verschmelzen.

Das ist nun aber nicht etwa so aufzufassen, als ob zu dem Verständniss der vorliegenden Arbeit gar keine Vorkenntnisse aus der Theorie der Formen erforderlich wären. Wenn auch alle Fundamentalsätze in der Schrift selbst abgeleitet werden, so habe ich doch nicht umhin gekonnt, einige Kenntniss des allgemeinen Gedankeninhaltes der Theorie und eine gewisse Fertigkeit im Gebrauch der sogenannten symbolischen Ausdrücke vorauszusetzen (beide etwa in dem Umfange, in welchem sie durch das Studium der einschlägigen Abschnitte der von Herrn Lindemann bearbeiteten Vorlesungen Clebsch's über Geometrie erworben werden können). Ich hätte sonst viele Einzelheiten breiter ausführen, und auch die allgemeinen Entwickelungen durch zahlreiche Beispiele unterbrechen müssen. Es konnte überhaupt nicht meine Absicht sein, ein Lehrbuch zur ersten Einführung in die Theorie zu verfassen, da wir von berufener Seite ein solches theils schon erhalten, theils noch zu erwarten haben. Wenn gleichwohl, besonders bei der Grundlegung der Theorie, nicht alle Berührungen mit dem Inhalte der von Herrn Kerschensteiner herausgegebenen Vorlesungen des Herrn Gordan vermieden worden sind, so liegt dies daran, dass ich mich nicht fortwährend auf ein Werk stützen wollte, dessen ganze Anlage eine andere ist, und von welchem der hauptsächlich in Betracht kommende Theil erst noch erscheinen soll. Im Uebrigen habe ich diejenigen Gegenstände, welche voraussichtlich den Hauptinhalt des dritten Bandes der Gordan'schen Vorlesungen bilden werden, nämlich die mit dem Begriff der Ueberschiebung zusammenhängenden Sätze und die Theorie besonderer Formensysteme gänzlich bei Seite gelassen.

Der hier zu Grunde gelegte Invariantenbegriff ist nicht ganz der gewöhnliche. In wie weit und weshalb ich von dem Herkommen abgewichen bin, das findet man in dem einleitenden Abschnitt auseinandergesetzt. Derselbe enthält ausserdem einige Betrachtungen über Umfang und Bedeutung des Begriffs der Invariante algebraischer Formen.*)

Der zweite Abschnitt ist vorzugsweise der Theorie der ternären Formen gewidmet. Obwohl viele der darin entwickelten Sätze eine weit allgemeinere Geltung haben, so sind doch auch sie meist nur an dem Beispiel der *ternären* Formen auseinandergesetzt worden, weil es aus Rücksicht auf die Darstellung wünschenswerth erschien, einen bestimmten Fall vor Augen zu haben, und weil die binären Formen noch

*) Der grössere Theil des ersten Abschnittes ist schon früher im Druck erschienen (Sitzungsberichte der k. sächs. Acad. d. W., 1887, S. 137).

so specielle Gebilde sind, dass man aus ihrer Theorie keine zutreffende Vorstellung von der Behandlung des allgemeinen Falles entnehmen kann. Da aber gerade die besonderen Eigenschaften der binären Formen an manchen Stellen noch weiter vorzudringen erlauben, als es selbst bei den ternären Formen thunlich erscheint, so habe ich mir öfters eine Abschweifung in das Gebiet der binären Formen gestattet.

Von dem Inhalte des zweiten Abschnittes glaube ich als mein Eigenthum bezeichnen zu dürfen einige vorzugsweise in der zweiten Hälfte des Buches eingeführte Rechnungsmethoden; ferner zugleich in sachlicher Hinsicht die Theorie der zusammengesetzten Reihenentwickelungen (§ 6, 7, 8, 9, 10, 12), in welcher durch Clebsch eben nur ein Anfang gemacht war; die Theorie der Differentialgleichungen der Invarianten in der hier entwickelten Form (§ 15, 16, 17, 18; Anhang z. Th.), endlich den Inhalt des § 20, auf den ich besonders aufmerksam machen möchte, da die daselbst aufgestellte Uebertragungstafel als Vorbild für eine Reihe allgemeinerer Uebertragungsmethoden gelten kann. Man wird aber auch in den übrigen Paragraphen manches Neue finden, und in der Gestaltung des Ganzen eine selbstständige Auffassung hoffentlich nicht vermissen.

In der Kunstsprache habe ich mir zwar einige Abweichungen von dem Herkommen erlaubt, mich jedoch im Wesentlichen der bei den deutschen Mathematikern üblichen Ausdrucksweise angeschlossen. Die gebräuchliche Unterscheidung von Covarianten, Zwischenformen und Contravarianten habe ich fallen lassen, und nenne alle diese Bildungen einfach Covarianten. Einmal nämlich bringen die genannten Bezeichnungen nur geringen Nutzen, weil in den allgemeinen Sätzen Covarianten, Contravarianten und Zwischenformen immer zusammen auftreten, während bei speciellen Formen der Anblick der analytischen Ausdrücke die Einführung besonderer Bezeichnungen überflüssig macht. Dann aber wird es in mehrfach ausgedehnten Gebieten doch unmöglich, für die Fülle der neu hinzutretenden Bildungen jedesmal eigene Namen zu erfinden. — In dem beigegebenen alphabetischen Verzeichniss findet man alle öfter wiederkehrenden Ausdrücke, die im Texte erklärt sind, und die Stellen an welchen sie zuerst vorkommen. Verschiedene der eingeführten Bezeichnungen und Begriffe finden in der vorliegenden Schrift selbst noch keine ausgedehnte Verwerthung. Ihre Aufnahme in das Buch ist in dem Wunsche des Verfassers begründet, sich bei späteren Veröffentlichungen auf eine zusammenhängende, systematische Darstellung berufen zu können. Bei anderen wird man ohne Weiteres erkennen, dass sie nur vorübergehende, zur Vermeidung einer schleppenden Redeweise gebrauchte Abkürzungen sind.

Auch in der Schreibart der symbolischen Formeln habe ich dem Herkommen nicht ganz folgen können. Man bezeichnet gewöhnlich einen Ausdruck von der Form $\Sigma u_i x_i$, in welchem die Grössen u_i und x_i einander dualistisch gegenüberstehende Veränderliche sind, durch das Symbol u_x. Diese Abkürzung wird aber dann misslich, wenn man sowohl den Buchstaben u als auch den Buchstaben x noch mit einem Index versehen muss, wie es häufig vorkommt. Ich schreibe daher für solche Ausdrücke (ux), womit zugleich auch dem Princip der Dualität besser Rechnung getragen wird. Eine Zweideutigkeit könnte hierdurch nur bei den binären Formen entstehen, da in ihrer Theorie das entsprechende Zeichen bereits zur Darstellung der sogenannten Klammerfactoren (Factoren zweiter Art $(ab) = a_1 b_2 - a_2 b_1$) gebraucht wird. Man wird aber bemerken, dass in der Theorie der binären Formen die Factoren „erster Art" (Factoren vom Typus $a_x = a_1 x_1 + a_2 x_2$) ganz überflüssig sind, und dass man mit den Klammerfactoren allein schon vollständig ausreicht. Die hiernach neu einzuführenden Bezeichnungen sind auf Seite X erklärt.

Schliesslich sei noch bemerkt, dass an einigen Stellen, wo es galt, den Zusammenhang der Theorie der Invarianten algebraischer Formen mit der Theorie der Transformationsgruppen darzulegen, auch einige Bekanntschaft mit den Grundbegriffen der letzteren Disciplin vorausgesetzt worden ist. Der grösste Theil des Inhaltes der vorliegenden Schrift wird indessen auch ohne vorgängiges Studium des Lie'schen Werkes über diesen Gegenstand verständlich sein.

Marburg, im Juli 1889.

Inhalt.

Seite

Bezeichnungen X
Verbesserungen XII

I. Ueber den Begriff der Invariante algebraischer Formen und über die symbolische Methode.

§ 1. Vorbemerkungen 3
§ 2. Begriff der Invariante 5
§ 3. Vergleich mit dem älteren Invariantenbegriff 17
§ 4. Erweiterungen des Invariantenbegriffs 22
§ 5. Die symbolische Methode 22
§ 6. Ueber die projective Geometrie 25

II. Methoden der Theorie der ternären Formen.

§ 1. Die Transformationsformeln 31
§ 2. Erster Fundamentalsatz der symbolischen Methode. Invariante Processe 45
§ 3. Die erste Gordan'sche Reihenentwickelung 53
§ 4. Die zweite Gordan'sche Reihenentwickelung 60
§ 5. Zweiter Fundamentalsatz der symbolischen Methode 67
§ 6. Die symbolischen Identitäten 74
§ 7. Reihenentwickelungen für Formen mit beliebig vielen Veränderlichen 83
§ 8. Verkürzte Reihenentwickelungen 92
§ 9. Identitäten zwischen ganzen Invarianten 97
§ 10. Invariante Gleichungen. Das Transformationsproblem 101
§ 11. Die Mannigfaltigkeit aller Normalformen (m, n) 110
§ 12. Geometrische Deutung der Reihenentwickelungen der Invariantentheorie 114
§ 13. Combinanten 120
§ 14. Invariante Darstellung der linearen Transformationen 126
§ 15. Infinitesimale lineare Transformationen 132
§ 16. Die Invarianten algebraischer Formen als Invarianten gewisser Transformationsgruppen 145
§ 17. Andere analytische Darstellung der genannten Transformationsgruppen 155
§ 18. Partielle Differentialgleichungen für Invarianten 163
§ 19. Das von Clebsch angegebene Uebertragungsprincip 176
§ 20. Formen mit Veränderlichen zweier getrennter ternärer Gebiete . . . 180
Anhang. Infinitesimale Transformationen und Differentialgleichungen der Invarianten im binären Gebiete 185

Anmerkungen und Litteraturnachweise 201
Alphabetisches Verzeichniss gebrauchter Kunstausdrücke 209

Bezeichnungen.

In der Theorie der *binären Formen* wird statt des gebräuchlichen $\alpha_x = \alpha_1 x_1 + \alpha_2 x_2$ geschrieben $(\alpha y) = \alpha_1 y_2 - \alpha_2 y_1$; wobei also y_2 für x_1 und $-y_1$ für x_2 gesetzt ist. Der Ausdruck einer binären Form n^{ter} Ordnung wird hiernach:

$$f = (\alpha y)^n = (\alpha_1 y_2 - \alpha_2 y_1)^n = a_0 y_2^n - \binom{n}{1} a_1 y_2^{n-1} y_1 + - \cdots;$$

die k^{te} Ueberschiebung zweier Formen $f = (\alpha y)^n$ und $\varphi = (\beta y)^m$ wird

$$(f, \varphi)_\varkappa = (\alpha\beta)^\varkappa (\alpha y)^{n-\varkappa} (\beta y)^{m-\varkappa}$$

u. s. w. Zur Bezeichnung der Veränderlichen und Symbole des binären Gebietes werden immer kleine Buchstaben gebraucht; bei den ternären Formen werden ebenso ausschliesslich grosse Buchstaben verwendet. Im *ternären Gebiete* hat man zwei Arten von Veränderlichen und entsprechenden („cogredienten“) Symbolen zu unterscheiden, die man in bekannter Weise als Punktcoordinaten und Liniencoordinaten deuten kann. Wo es nicht nothwendig ist, diese Coordinaten einzeln zu betrachten, bezeichnen wir in der Weise Grassmann's immer den Inbegriff von je drei zusammengehörigen als *eine* „Veränderliche“, und reden dem entsprechend von „Punkten“ $X, Y, Z, \ldots$ (d. h. $X_1 : X_2 : X_3$, $Y_1 : Y_2 : Y_3, \ldots$) und „Linien“ $U, V, W, \ldots$, „Punktsymbolen“ $P, Q, R, \ldots$ und „Liniensymbolen“ $A, B, C, \ldots$

Die Determinanten

$$|X_1 Y_2 Z_3| = \begin{vmatrix} X_1 & Y_1 & Z_1 \\ X_2 & Y_2 & Z_2 \\ X_3 & Y_3 & Z_3 \end{vmatrix}, \qquad |U_1 V_2 W_3| = \begin{vmatrix} U_1 & V_1 & W_1 \\ U_2 & V_2 & W_2 \\ U_3 & V_3 & W_3 \end{vmatrix}$$

stellen wir, wie gebräuchlich, durch die Zeichen (XYZ) und (UVW) dar; für den Ausdruck $U_1 X_1 + U_2 X_2 + U_3 X_3$ schreiben wir (UX).

Beispielsweise wird die symbolische Darstellung einer ternären quadratischen Form, welche eine veränderliche Linie enthält,

$$(UP)^2 = (U_1 P_1 + U_2 P_2 + U_3 P_3)^2.$$

Soll eine Gerade U als Verbindungslinie zweier Punkte X und Y dargestellt werden, so wird dies ausgedrückt durch die Substitutionen

$$U_1 = X_2 Y_3 - X_3 Y_2, \quad U_2 = X_3 Y_1 - X_1 Y_3, \quad U_3 = X_1 Y_2 - X_2 Y_1.$$

Hierfür schreiben wir kürzer $U = \widehat{XY}$; und ganz ebenso ist die symbolische Gleichung $X = \widehat{UV}$ aufzufassen.

Es werden öfter auch Formen betrachtet, welche neben den Veränderlichen des ternären Gebietes Veränderliche eines Gebietes höherer Stufe enthalten. In solchen Fällen sind behufs leichterer Unterscheidung für die letzteren Veränderlichen und die zugehörigen Symbole in der Regel Buchstaben des grossen deutschen Alphabetes verwendet, zum Theil auch statt der runden Klammern geschweifte oder eckige gesetzt worden. Im Gebiete N^{ter} Stufe wird also z. B. $\{\mathfrak{U}\mathfrak{X}\}$ geschrieben für $\mathfrak{U}_1\mathfrak{X}_1 + \cdots + \mathfrak{U}_N\mathfrak{X}_N$, und $\{\mathfrak{X}\mathfrak{Y}\mathfrak{Z}\ldots\}$ für die Determinante $|\,\mathfrak{X}_1\mathfrak{Y}_2\mathfrak{Z}_3\ldots|$.

Noch sei die Bemerkung hinzugefügt, dass ich unter einer „linearen“ Covariante einer Form F immer eine Covariante ersten Grades verstehe, eine Form also, welche linear ist nicht in den Veränderlichen, sondern in den Coefficienten der Grundform F.

Die unter der Bezeichnung [Lie] vorkommenden Citate beziehen sich auf das Werk: *Theorie der Transformationsgruppen* (Abschnitt I), unter Mitwirkung von Fr. Engel bearbeitet von S. Lie, Leipzig 1888.

Der zweite Band der von Herrn Kerschensteiner herausgegebenen Vorlesungen des Herrn Gordan (Leipzig, 1887) ist mit [Gordan-Kerschensteiner] citirt.

Verbesserungen.

Seite 7, Zeile 6 v. o. l.: *complexe Grössen gedacht.*

Seite 14, Zeile 1 v. o. l. „würde“ statt „wird“.

Seite 36, Zeile 3 v. o. l. $V_2^{\lambda_1} V_3^{\mu_1}$ statt $V_2^{\varkappa_2} V_3^{\varkappa_3}$.

Seite 45, Zeile 12 v. u. l. „auf“ statt „für“.

Seite 65, Zeile 8 v. u. ist das Wort „*irgend*“ zu streichen.

Seite 69, Zeile 6 v. o. l. „Differentiationsprocesse“ statt „Differentialprocesse“.

Seite 101 in der Anmerkung lies: „Dieser Satz ist“ statt „Für den Fall $\varrho = 1$ ist dieser Satz“.

Auf Seite 104 u. ff. bitte ich in den Sätzen III und IV und den zugehörigen Beweisen statt des missverständlichen Ausdrucks „*Gleichungssystem*“ zu setzen „*Gesammtheit der Gleichungen*“.

I.

Ueber den Begriff der Invariante algebraischer Formen und über die symbolische Methode.

§ 1.

Vorbemerkungen.

Die nachfolgenden Betrachtungen erheben keinen Anspruch darauf, die Wissenschaft um irgend welche neue Theoreme zu bereichern; was an ihrem stofflichen Inhalt vielleicht neu sein mag, ist ganz elementarer Natur. Sie bezwecken theils eine schärfere Umgrenzung, theils eine Erweiterung, theils auch eine von der bisherigen principiell abweichende Fassung der Grundbegriffe der Invariantentheorie.

Sie wurden veranlasst durch das Bedürfniss nach einer scharf umschriebenen Bestimmung des Begriffes der „irrationalen Covariante“, welches sich mir bei verschiedenen Untersuchungen aufgedrängt hatte. In der mir bekannten Litteratur fand ich dasselbe nicht befriedigt, ja ich fand sogar überhaupt keine Definition dieses Begriffes, wiewohl man das Wort mehrfach gebraucht. Um zu einer solchen Definition zu gelangen, schien mir nun der gewöhnliche Begriff der rationalen Covariante kein geeigneter Ausgangspunkt zu sein. Auch war es mir bereits aus anderen Gründen wünschenswerth erschienen, die Fassung der Grundbegriffe der Theorie der Invarianten etwas abzuändern.

Bei manchen Untersuchungen stellt sich das Bedürfniss heraus, solche Formen zu betrachten, von welchen gewisse Invarianten von vorn herein gleich *Zahlen* gesetzt sind. So ist zum Beispiel für das Studium der Gruppe von linearen und dualistischen Transformationen, welche einen festen Kegelschnitt in sich selbst überführen, die Betrachtung einer ternären quadratischen Form von Wichtigkeit, deren Invariante einen numerischen Werth hat.

Solche Formen verlieren nun im Allgemeinen ihre Eigenthümlichkeit, sobald man auf sie lineare Transformationen anwendet, deren Determinante von der Einheit verschieden ist; denn jene Invarianten erhalten ja dann einen Factor, welcher eine Potenz der Transformationsdeterminante ist.

Es erscheint mir daher zweckmässig, in der Invariantentheorie im Allgemeinen nur von solchen linearen Transformationen Gebrauch zu machen, deren Determinante den Werth Eins hat.

Eben dahin führt auch der naheliegende Wunsch, die Definition der Invariante in der Formentheorie so einzurichten, dass sie sich aus dem allgemeinen Invariantenbegriff, welchen Herr *Lie* in seiner Theorie der Transformationsgruppen zu Grunde legt, durch Specialisirung ergibt. Das ist aber mit dem bisherigen Begriffe der Invarianten algebraischer Formen bekanntlich nicht der Fall.

Ferner lässt mir noch ein dritter Grund eine Abweichung von der gebräuchlichen Fassung des Invariantenbegriffes wünschenswerth erscheinen.

Man definirt bekanntlich als „Invariante" eine ganze rationale Function der Coefficienten algebraischer Formen, welche sich nach Ausführung einer linearen Transformation mit einem Factor reproducirt, von welchem man entweder verlangt, dass er eine Potenz der Transformationsdeterminante ist, oder auch nur, dass er allein von den Constanten der Transformation abhängt. Im letzteren Falle *beweist* man, dass dieser Factor eine Potenz der Transformationsdeterminante ist.*)

Hat man es nun nur mit Functionen der Coefficienten einer einzigen Grundform zu thun, so folgt sofort, dass eine jede Invariante eine *homogene* Function ihrer Argumente ist. Derselbe Schluss kann aber im Allgemeinen nicht mehr gemacht werden, sobald es sich um simultane Invarianten mehrerer Formen handelt. Seien zum Beispiel (ax), (bx), (cx) drei binäre lineare Formen, so ist bereits $(ab) + (bc)$ eine Invariante, welche obiger Definition vollkommen genügt, aber nicht in Bezug auf die Coefficienten jeder einzelnen Grundform homogen ist. Für das Studium der Gruppe aller linearen Transformationen deren Invariantentheorie eben die Theorie der algebraischen Formen ist, haben aber derartige Bildungen keinerlei Bedeutung; hier interessiren nur solche Eigenschaften der algebraischen Formen, welche allein von den Verhältnissen der Coefficienten *einer jeden* abhängen. Man sieht sich daher jetzt genöthigt, den Begriff der Invariante nachträglich einzuschränken, und die Homogeneïtät nun ausdrücklich zu verlangen, während man sie im besonderen Falle noch beweisen konnte. Es scheint mir aber zweckmässiger, von vornherein einen *einheitlichen* Begriff der Invariante zu Grunde zu legen.

Eine Abweichung von dem seitherigen Invariantenbegriff wird aber geradezu zur Nothwendigkeit, wenn man auch irrationale Invarianten mit in Betracht ziehen will. Während nämlich hinsichtlich

---

*) Um die Entwickelung nicht unterbrechen zu müssen, nehmen wir diesen elementaren Satz vorläufig als bekannt an. Er wird in § 1 des zweiten Abschnittes bewiesen werden.

der rationalen Invarianten wenigstens das Theorem besteht, dass eine jede eine ganze Function von homogenen Invarianten ist, gibt es hinsichtlich der irrationalen Invarianten keinen ähnlichen Satz; man muss also jetzt entweder auch nicht-homogene Invarianten zulassen, was im Allgemeinen keinen Zweck hat, oder man muss die Homogeneïtät mit in den Begriff der irrationalen Invariante aufnehmen. Dann aber muss man dasselbe doch offenbar auch hinsichtlich der rationalen Invarianten thun.

Was endlich die *Umgrenzung* des Invariantenbegriffes anlangt, so lässt sich geltend machen, dass die übliche Definition der Invariante umfassender ist, als man sie in Wirklichkeit gebraucht und gebrauchen kann. Seien z. B. A und B irgend zwei Invarianten gleichen Grades, so bezeichnet man auch $A + \lambda B$ als eine Invariante, worin λ irgend eine Zahl sein darf, z. B. auch $= \pi$. In Wirklichkeit operirt man aber in allen Fällen, wo man einen solchen Parameter specialisirt, nur mit rationalen Zahlen, und es wird sich auch niemals ein Bedürfniss herausstellen können, in der Theorie der *rationalen*, bezüglich *algebraischen* Invarianten andere als *rationale*, bezüglich *algebraische* Zahlen zu gebrauchen.[1]) Es scheint mir gut, die Bestimmung der Grössengebiete, in welchen man sich bewegt, sogleich mit in den Begriff der Invariante aufzunehmen. Endlich bietet die als wünschenswerth bezeichnete scharfe Abgrenzung des Invariantenbegriffs noch einen weiteren Vortheil dar, der zwar hier noch nicht auseinandergesetzt werden kann, aber doch wenigstens erwähnt werden mag. Durch sie wird es nämlich möglich, gewisse allgemeine Sätze als *ausnahmslos* hinzustellen, die bei Gebrauch der älteren Definition Ausnahmen unterworfen sind. (Vgl. II. Abschn. § 8.)

§ 2.

Begriff der Invariante.

Ich will nun versuchen, ein System von Begriffsbildungen aufzurichten, welches den genannten Bedürfnissen Rechnung trägt, und auch irrationale Invarianten einschliesst. Um jedoch dem ganzen Gebäude die nöthige Einfachheit zu wahren, und seinen Plan besser hervortreten zu lassen, gebe ich die aufzustellenden Begriffe nicht sogleich in ihrer grössten Allgemeinheit, und auch nicht genau in der Form, in welcher sie später verwendet werden sollen. Alle Definitionen sind daher so zu verstehen, dass nachträgliche, besonderen Bedürfnissen entsprechende Erweiterungen vorbehalten bleiben.

Wenn im Folgenden von einer „*linearen Transformation*“ schlechtweg die Rede ist, so ist damit immer eine solche von der Determinante Eins gemeint. Eine lineare Transformation, deren Determinante einen unbestimmt gelassenen Werth hat, nennen wir zum Unterschiede eine „*allgemeine lineare Transformation*". Eine Transformation von der Determinante Null heisst eine „*ausgeartete Transformation*"; eine nicht ausgeartete Transformation, sofern sie als solche besonders hervorgehoben werden soll, eine „*eigentliche*" Transformation. Die Coefficienten einer allgemeinen Transformation werden als völlig unbestimmte Parameter gedacht, ebenso auch die Coefficienten einer Transformation von der Determinante Eins oder Null als im Uebrigen unbestimmte Parameter.*) Es versteht sich von selbst, und wird im Folgenden nicht wieder hervorgehoben, dass bei Ausführung einer linearen Transformation die Coefficienten der Transformation immer als rational bekannte Grössen anzusehen sind.

„*Invarianteneigenschaft*" (in der allgemeinen projectiven Gruppe) heisst die Eigenschaft einer Function der Coefficienten algebraischer Formen, sich nach Ausführung einer linearen Transformation (von der Determinante Eins) unverändert zu reproduciren. Es muss also, wenn eine Function die Invarianteneigenschaft besitzen soll, einerlei sein, ob man erst die Function bildet, und dann eine lineare Transformation ausführt (wodurch die Function nur ihre Form, aber nicht ihren Werth ändert), oder ob man eine lineare Transformation ausführt, und dann aus den transformirten Coefficienten *dieselbe* Function bildet (wobei eine Function im Allgemeinen einen neuen Werth annimmt). Aehnlich kann man auch von der „Invarianteneigenschaft" einer Differentiationsoperation reden[2]); *überhaupt werden wir einem Processe die „Invarianteneigenschaft" zuschreiben, oder ihn „invariant" nennen, wenn die beiden Operationen: Ausführung einer linearen Transformation auf die Coefficienten der Grundformen, und Ausführung des Processes, in ihrer Reihenfolge vertauschbar sind.*

Ich beginne mit der Umgrenzung des für die Theorie der Invarianten *natürlichen Rationalitätsbereiches*, welchem alle in ihr zu untersuchenden Grössengattungen entstammen.

Gebiet I. (**Stammbereich.**) *Als bekannt angesehen wird eine jede ganze rationale Function***) *der Coefficienten einer oder mehrerer alge-*

---

*) Die Probleme, mit welchen sich die Invariantentheorie der continuirlichen Gruppe *aller* linearen Transformationen beschäftigt, geben im Allgemeinen keine Veranlassung, die Transformationen mit numerischen Coefficienten auszuzeichnen. Dieselben besitzen auch geometrisch nichts Ausgezeichnetes.

**) Ich bediene mich des Ausdruckes „Function" statt des an sich bezeichnenderen Wortes „Form", um Verwechselungen vorzubeugen.

braischer Formen und gewisser, in jedem Falle ausdrücklich zu adjungirender Parametersysteme, welche in den Coefficienten jeder einzelnen Form und den Parametern jedes einzelnen Systems homogen ist, und als Coefficienten nur positive oder negative ganze Zahlen hat. Die Coefficienten der gegebenen Formen werden dabei als völlig unbestimmte Grössen gedacht.

Anmerkung. Unter den Functionen des Gebietes I werden in bekannter Weise die ganzen Zahlen und die adjungirten Parameter mit einbegriffen. Sie sind homogene Functionen vom Grade Null in allen Coefficientensystemen.

Def. I. *„Ganze Invariante" heisst jede Function des Gebietes I, welche die Invarianteneigenschaft besitzt.*

„Ganze Covariante" gegebener Formen heisst jede ganze Invariante in dem simultanen System derselben und gewisser, einem jeden Systeme hinzuzufügender linearer Formen.

Zusatz 1. „Eine ganze Invariante" ist nach Def. I auch jede ganze Zahl, sowie jede ganze ganzzahlige homogene Function der adjungirten Parameter. Doch wird man diese in der Regel nicht als „Invarianten" bezeichnen, sondern das Wort für die Functionen mit Invarianteneigenschaft vorbehalten, welche wirklich Coefficienten algebraischer Formen enthalten. Man betrachtet es dann als selbstverständlich, dass jene Constanten einem jeden System von Invarianten hinzugefügt werden.

Zusatz 2. Der Begriff der „ganzen Covariante" ist nach Def. I kein völlig bestimmter, sondern hängt von der Zahl und Art der dem betreffenden Systeme hinzugefügten linearen Formen ab. Welche Formen zu adjungiren sind, darüber wird das jedesmalige Bedürfniss entscheiden. Die Nothwendigkeit, überhaupt neben dem Begriffe der Invariante den der Covariante einzuführen, liegt darin, dass gewisse Grundprobleme aus dem Gebiete eines Systems von Formen nicht durch Betrachtung der „Invarianten" des Systems allein erledigt werden können. Eben dieser Umstand weist aber auch auf eine Begrenzung in der Zahl der zu adjungirenden linearen Formen hin. Für die meisten Zwecke genügt es (bekanntlich), im Gebiete n^{ter} Stufe $n-1$ Systeme solcher Formen einzuführen, welche bezüglich $1, 2, \ldots \varkappa \ldots n-1$ Formen enthalten; wobei die Coefficienten des $\varkappa^{\text{ten}}$ Systems nur zu den $\varkappa$-reihigen Determinanten verbunden auftreten, welche man der aus ihnen gebildeten Matrix entnehmen kann. Man wird daher für gewöhnlich den Begriff der *„ganzen Covariante" im engeren Sinne* nur für *die simultanen Invarianten der gegebenen Grundformen mit jenen Systemen linearer Formen* gebrauchen, und da, wo besondere Zwecke die Herbeiziehung weiterer linearer Formen erfordern, dies besonders festsetzen, wofern nicht der Zusammenhang eine ausdrückliche Festsetzung überflüssig macht.

Im binären Gebiete z. B. reicht im Allgemeinen die Adjunction einer einzigen linearen Form aus. Hat aber die Grundform mehrere Veränderliche, so ergibt sich für gewisse Probleme von selbst die Nothwendigkeit, Covarianten mit mehreren linearen Formen zu bilden.

Zusatz 3. *Eine ganze Covariante vom Grade Null in den Coefficienten der gegebenen Grundformen heisst „ganze identische Covariante“.*

Im ternären Gebiete z. B., wo man im Allgemeinen zwei lineare Formen zu adjungiren hat, welche einen Punkt X und eine Linie U darstellen, ist die Invariante (UX) eine solche identische Covariante.

Zusatz 4. Ersetzt man in einer Grundform die in ihr auftretenden Veränderlichen-Reihen in geeigneter Weise durch die Coefficienten eben so vieler linearer Formen, so erhält man bekanntlich ganze Invarianten des simultanen Systems der Grundform und dieser linearen Formen. *Wir wollen nun festsetzen, dass dies immer geschehen soll, so dass also nunmehr die Grundformen selbst unter den Begriff der Invarianten, bezüglich Covarianten fallen. Die ursprünglichen Veränderlichen kommen durch diesen Schritt aus der Theorie der Invarianten ganz in Wegfall, und behalten nur noch eine zur Begriffsbildung dienende, vermittelnde Rolle.* An ihre Stelle treten jene linearen Formen, deren *Systeme* (vgl. Zusatz 2) wir jetzt, ohne Missdeutungen fürchten zu müssen, als *„Veränderliche“* bezeichnen dürfen. Damit soll natürlich nicht gesagt sein, dass diese linearen Formen etwas wesentlich Anderes wären, als die Grundformen selbst; es wird durch das Wort nur ihre Stellung in der Theorie jener Grundformen bezeichnet.

Es ist vielleicht nicht überflüssig, an dem Beispiele der ternären Formen auseinanderzusetzen, was diese Festsetzungen bedeuten.

Im ternären Gebiete haben wir zwei Arten von Veränderlichen, von welchen die eine einen Punkt $Y(Y_1 : Y_2 : Y_3)$, die andere eine Linie V darstellt

$$(V_1 : V_2 : V_3 = Y_2' Y_3'' - Y_3' Y_2'' : Y_3' Y_1'' - Y_1' Y_3'' : Y_1' Y_2'' - Y_2' Y_1'').$$

Von irgend einer Grundform, welche eine oder auch beide Veränderliche enthält: $(BY)^m\,(VP)^n$ bildet man nun Invarianten und „Covarianten“, von welchen die letzteren ebenfalls eine, oder auch beide Veränderliche Y und V enthalten. Man hat so in dem Formensystem einer Anzahl von Grundformen zwei verschiedene Systeme von veränderlichen Parametern, welche sich den linearen Transformationen gegenüber in *verschiedener* Weise verhalten, nämlich erstens die Coefficienten der Grundformen, zweitens die Coordinaten $Y_1 : Y_2 : Y_3$ und $V_1 : V_2 : V_3$. Wir ersetzen nun $Y_1 : Y_2 : Y_3$ und $V_1 : V_2 : V_3$ durch die

Coefficienten $X_1 : X_2 : X_3$ und $U_1 : U_2 : U_3$ zweier neuer *Grundformen* (VX) und (UY), und erreichen dadurch, dass wir nun in allen zu untersuchenden Bildungen nur noch *eine* Reihe von Parametersystemen haben, welche sich linearen Transformationen gegenüber in *gleicher* Weise verhalten (abgesehen natürlich von den durch die sogenannte Contragredienz bedingten Verschiedenheiten). Die ursprünglichen Veränderlichen $V_1 : V_2 : V_3$ und $Y_1 : Y_2 : Y_3$ verschwinden damit völlig aus der weiteren Entwickelung der Theorie, und werden durch die neuen „Veränderlichen" U und X ersetzt, die sich von jenen nur durch ihr Verhalten gegenüber linearen Transformationen unterscheiden. Damit haben wir allerdings keine wesentliche Vereinfachung erzielt, wenn auch manche Sätze sich jetzt einfacher aussprechen lassen, als es vorher möglich war; doch erhält die Theorie jetzt eine grössere innere Harmonie, bedingt durch das Vorhandensein von nur einer Reihe unter einander gleichwerthiger Parametersysteme, der Coefficientensysteme der einzelnen Grundformen. — Die Form $(BX)^m\,(UP)^n$, welche nur die beiden Veränderlichen X und U enthält, bezeichnen wir als einen „*Connex*", ebenso wie das durch die Gleichung $(BX)^m\,(UP)^n = 0$ dargestellte geometrische Gebilde. Die Zahlen m und n heissen „*Ordnung*" und „*Classe*" des Connexes. Beide zusammen, wie überhaupt die Grade, in welchen die Veränderlichen in irgend einer Form auftreten, nennen wir die „*Ordnungszahlen*" dieser Form.

Zusatz 5. Darin, dass wir in der Definition des Stammbereiches festgesetzt haben, dass die Coefficienten der gegebenen Formen als völlig unbestimmte Grössen gedacht werden sollen, liegt bereits, dass eine ganze ganzzahlige homogene Function dieser Grössen nur *dann* als eine „ganze Invariante" bezeichnet werden darf, wenn sie in dem *ganzen* Gebiete ihrer Argumente die Invarianteneigenschaft hat. Eine ganze ganzzahlige Function, die nur so lange die Invarianteneigenschaft hat, als ihre Argumente gewissen Bedingungen genügen, bezeichnen wir *nicht* als eine „ganze Invariante", und zunächst überhaupt nicht als eine „Invariante". Eine solche Function kann sehr wohl innerhalb jenes Theilgebietes einer „ganzen Invariante" gleich sein.

Gebiet II. *Hierher stellen wir alle Functionen, welche Quotienten zweier Grössen des Gebietes I sind.*

Def. II. *„Rationale Invariante" heisst jede Function des Gebietes II, welche die Invarianteneigenschaft besitzt.*

„Rationale Covariante" der gegebenen Grundformen heisst jede rationale Invariante in dem erweiterten System der Grundformen und der hinzugefügten „Veränderlichen", welche in Bezug auf die Coefficienten der letzteren eine ganze Function ist.

Die Theorie dieser rationalen Invarianten und Covarianten lässt sich ohne Weiteres auf die der ganzen Invarianten und Covarianten zurückführen.[3])

Lehrsatz. *Jede rationale Invariante ist der Quotient zweier ganzer Invarianten; jede rationale Covariante ist der Quotient einer ganzen Covariante und einer ganzen Invariante.*

Bei dem Beweise dieser Behauptung dürfen wir uns auf den ersten Fall beschränken, da dieser den anderen mit umspannt.

Es seien $a_i, b_\varkappa, \ldots$ die Coefficienten der gegebenen Formen, $a_i', b_\varkappa', \ldots$ die entsprechenden Coefficienten der transformirten Formen, also homogene lineare Functionen bezüglich der $a_i, b_\varkappa, \ldots$ Nehmen wir nun an, dass die zu untersuchende Function als ein Bruch dargestellt ist, dessen Zähler $f(a_i, b_\varkappa, \ldots)$ und Nenner $\varphi(a_i, b_\varkappa, \ldots)$ dem Stammbereiche angehören, und in diesem keinen gemeinsamen Theiler haben. Es ist dann nach Voraussetzung

$$\frac{f(a', b', \ldots)}{\varphi(a', b', \ldots)} = \frac{f(a, b, \ldots)}{\varphi(a, b, \ldots)},$$

wofür wir auch schreiben können:

$$\frac{f(a', b', \ldots) \cdot \varphi(a, b, \ldots)}{\varphi(a', b', \ldots)} = f(a, b, \ldots).$$

Nun steht rechts eine ganze Function, welche in den Argumentreihen $a_i, b_\varkappa, \ldots$ homogen ist, also auch links. Da aber $f(a', b', \ldots)$ und $\varphi(a', b', \ldots)$ keinen gemeinsamen Theiler haben, so müssen $\varphi(a', b', \ldots)$ und $\varphi(a, b, \ldots)$ einen solchen besitzen, und zwar in der Function $\varphi(a', b', \ldots)$ selbst. Es ist also der Quotient $\varphi(a', b', \ldots) : \varphi(a, b, \ldots)$ eine Constante in Bezug auf die Argumente $a, b, \ldots$ Hieraus aber folgt, dass er eine Potenz der Transformationsdeterminante, und mithin der Einheit gleich ist. Es sind also die Functionen φ und f ganze Invarianten.

Zusatz. In vielen Fällen ist es nützlich, für solche rationale Invarianten, die nicht zugleich ganze Invarianten sind, eine kurze Bezeichnung zu haben. Wir nennen sie „*gebrochene Invarianten*". Eine gebrochene Invariante kann einer ganzen Invariante oder überhaupt einer Function des Gebietes I höchstens in einem Theile des Gebietes ihrer Argumente gleich sein.

Zu den gebrochenen Invarianten gehören insbesondere die „*absoluten Invarianten*", zu welchen wir auch die sogenannten „absoluten Covarianten" zählen wollen. Sie sind rationale Invarianten, welche in den Coefficienten jeder betheiligten Grundform den Grad Null haben.

Gebiet III. *Hierher stellen wir jede ganze algebraische Function der Grössen des Gebietes I, welche in den Coefficienten jeder einzelnen*

Grundform, und in den Parametern eines jeden adjungirten Parametersystems homogen ist.

Anmerkung. Dazu ist nothwendig, dass die Grade der Coefficienten der algebraischen Gleichung, durch welche die ganze algebraische Function definirt wird, in Bezug auf die Coefficienten jeder einzelnen Grundform und die Parameter jedes einzelnen Systems eine *arithmetische Reihe* bilden; sofern man nämlich diesen Begriff so weit fasst, dass er auch die fortgesetzte Wiederholung einer und derselben Zahl unter sich begreift.

Das Intervall einer solchen arithmetischen Reihe ist der *Grad* der homogenen Function, und ist nothwendig eine rationale Zahl. Ist dasselbe nicht zugleich eine ganze Zahl, so versteht es sich von selbst, dass ein jeder Coefficient der genannten Gleichung den Werth *Null* hat, auf welchen eine gebrochene Gradzahl fällt.

Def. III. *„Ganze algebraische Invariante" heisst jede Function des Gebietes III, welche die Invarianteneigenschaft besitzt.*

„Ganze algebraische Covariante" der gegebenen Grundformen heisst jede ganze algebraische Invariante in dem erweiterten System der Grundformen und der hinzugefügten „Veränderlichen", welche in Bezug auf die Coefficienten der letzteren eine ganze Function ist.

Von ihnen gilt der leicht zu erweisende

Lehrsatz: *Die Coefficienten der algebraischen Gleichung, durch welche eine ganze algebraische Invariante oder Covariante definirt wird, sind ganze Invarianten, bezüglich Covarianten.*

Zusatz. Eine ganze algebraische Invariante oder Covariante, welche nicht zugleich eine ganze Invariante oder Covariante ist, heisst *„irrational"*. Eine irrationale ganze Invariante kann als Function der Coefficienten der an ihrer Bildung betheiligten Grundformen betrachtet höchstens in einem Theile des Gebietes ihrer Argumente einer ganzen Invariante, oder überhaupt einer Function des Gebietes I gleich sein.

Ist die algebraische Gleichung, welche eine ganze irrationale Invariante definirt, im Gebiete I unzerlegbar (irreducibel), so heisst die Invariante selbst *„(im Stammbereich) unzerlegbar"*. Eine unzerlegbare Invariante kann höchstens in einem Theile des Gebietes ihrer Argumente einer zerlegbaren Invariante, oder überhaupt einer zerlegbaren Function des Gebietes III gleich sein.

Der aufgestellte Lehrsatz ist hinsichtlich der Invarianten einer Umkehrung fähig, nicht aber hinsichtlich der Covarianten. Es sei vorgelegt irgend eine im Gebiete I unzerlegbare algebraische Gleichung, deren Coefficienten gewisse Veränderliche enthalten, und den in vorstehender Anmerkung angegebenen Bedingungen genügen. Um nun zu entscheiden, ob die Wurzel dieser Gleichung eine ganze algebraische Covariante genannt werden kann, muss man wissen, ob sie als Function der Veränderlichen eine ganze Function ist. Man untersuche also bei völlig allgemeinen Coefficienten der gegebenen Formen, ob die verschiedenen Zweige der algebraischen Function durch analytische Fortsetzung unter einander zusammenhängen, wenn man die Veränderlichen alle möglichen Wege durchlaufen lässt. Nur in dem Falle, wo sie nicht zusammenhängen, ist jeder Zweig eine ganze algebraische Covariante, und darf einer algebraischen Form gleichgesetzt, und wie eine solche behandelt werden. Zum Beispiel ist in der Theorie des simultanen Systems einer binären quadratischen Form $(ax)^2$ und einer linearen Form (αx) der Ausdruck $\sqrt{(ax)^2}$ *keine* ganze algebraische Covariante, wohl aber der folgende:

$$(\varrho x) = 2\,(a\alpha)\,(ax) + (\alpha x)\sqrt{-2\,(ab)^2},$$

dessen beide Werthe bekanntlich die linearen Factoren von $(ax)^2$ darstellen. Hier, wie in allen anderen Fällen, in welchen man bisher zur Betrachtung irrationaler Covarianten geführt worden ist, hat man nicht nöthig, eine Untersuchung der angedeuteten Art durchzuführen: Man kennt von vorn herein das Vorhandensein einer mehrwerthigen algebraischen Form, und bestimmt nachträglich aus ihren Eigenschaften die algebraische Gleichung, deren Wurzel sie ist.

Weitere Beispiele für diese Begriffe, wie für die im Folgenden aufzustellenden, bieten die vorhandene Litteratur, insbesondere die in der Vorrede genannten Lehrbücher in grosser Anzahl dar.

Gebiet IV. *Hierher stellen wir jede ganze algebraische Function der Grössen des Gebietes II (oder was dasselbe ist, jede algebraische Function der Grössen des Stammbereiches), welche in den Coefficienten jeder einzelnen Grundform, und in den Parametern eines jeden adjungirten Parametersystems homogen ist.*

Anmerkung. Ueber die Beschaffenheit der Gleichung, durch welche eine solche Function definirt wird, ist dasselbe zu sagen, wie in der Anmerkung zur Definition des Gebietes III.

Definition IV. *„Algebraische Invariante“ heisst jede Function des Gebietes IV, welche die Invarianteneigenschaft besitzt.*

„Algebraische Covariante“ der gegebenen Grundformen heisst jede algebraische Invariante in dem erweiterten System der Grundformen und der hinzugefügten „Veränderlichen“, welche in Bezug auf die Coefficienten der letzteren eine ganze Function ist.

Lehrsatz. *Die Coefficienten der algebraischen Gleichung, durch* *welche eine algebraische Invariante oder Covariante definirt wird, sind rationale Invarianten, bezüglich Covarianten.*

Zusatz 1. Ist eine algebraische Invariante oder Covariante nicht zugleich eine ganze algebraische Invariante oder Covariante, so heisst sie *„gebrochen"*. Ist sie nicht zugleich eine rationale Invariante, so heisst sie *„irrational"*. Ist die Gleichung, durch welche sie definirt wird, im Gebiete II unzerlegbar, so heisst auch die Invariante (in demselben Gebiete) *„unzerlegbar"*. Eine gebrochene — irrationale — unzerlegbare Invariante kann höchstens in einem Theile des Gebietes ihrer Argumente einer ganzen — rationalen — zerlegbaren Invariante gleich sein.

Zusatz 2. Ueber die Umkehrbarkeit des aufgestellten Lehrsatzes ist dasselbe zu sagen, wie in dem Zusatz zur Def. III. Ein Beispiel einer algebraischen Covariante ist die Wurzel der cubischen Gleichung

$$(t,t)_6\,\lambda^3 + \frac{3}{2}\,(t,t)_2\,\lambda - \frac{1}{6}\,t^2 = 0,$$

wo t die Covariante 6ter Ordnung einer binären biquadratischen Form bedeutet. Sie stellt das Quadrat eines quadratischen Factors von t dar.

Zusatz 3. Neben die irrationalen algebraischen Covarianten stellt sich eine zweite Classe von ausgezeichneten irrationalen Invarianten, welche in jener zum Theil enthalten ist: Der Inbegriff derjenigen algebraischen Invarianten, welche ganze Functionen sind in Bezug auf die Coefficienten *sämmtlicher* in ihnen auftretender Formen, und welche mithin nur noch numerische Irrationalitäten enthalten. Wir wollen sie *„numerisch irrationale ganze Invarianten"* nennen. Sie gehören dem Gebiete an, welches durch Erweiterung des Gebietes I um alle algebraischen Zahlen entsteht; auch sie zerfallen in zwei Classen, je nachdem die dem Bereich I adjungirten Grössen ganze oder gebrochene algebraische Zahlen sind. Von beiden gilt der

Satz: *Jede numerisch irrationale ganze Invariante ist eine ganze Function von ganzen Invarianten mit irrationalen Zahlencoefficienten.*

Um dies einzusehen, hat man nur alle vorhandenen Irrationalitäten durch eine kleinste Zahl von linear unabhängigen d. h. durch keine ganzzahlige lineare Relation verknüpften unter ihnen auszudrücken. Die vorgelegte Function erhält dann die Form

$$F_0 + \varepsilon_1 F_1 + \cdots + \varepsilon_m F_m,$$

wo $\varepsilon_1, \varepsilon_2, \cdots \varepsilon_m$ die unabhängigen Irrationalitäten, $F_0, F_1 \cdots F_m$ aber Functionen des Stammbereiches sind.

Führt man nun eine lineare Transformation aus, so kann man sofort schliessen, dass F_0, F_1, $\cdots$ ganze Invarianten sind; und zwar ist diese Folgerung offenbar nicht davon abhängig, dass die Irrationalitäten $\varepsilon_\varkappa$ algebraische Zahlen sind: derselbe Satz wird auch dann noch gelten, wenn wir unter dem Begriff der „numerisch irrationalen" ganzen Invarianten statt der Grössen $\varepsilon_\varkappa$ auch transcendente Zahlen zugelassen hätten. — Ersetzt man die adjungirten Irrationalitäten durch ebensoviele neue Parameter, und macht nachher wieder homogen, so erhält man aus einer numerisch irrationalen ganzen Invariante wieder eine ganze Invariante. Die numerisch irrationalen Invarianten sind also nur im Sinne der Arithmetik allgemeinere Grössen als die ganzen Invarianten, nicht aber im Sinne der Functionentheorie, welche den Unterschied zwischen rationalen und irrationalen Zahlen vernachlässigt. Man kann daher bei manchen Untersuchungen die numerisch irrationalen ganzen Invarianten völlig bei Seite lassen, und statt ihrer ganze Invarianten betrachten, welche Parameter enthalten.

Eine noch weitergehende Verallgemeinerung der entwickelten Begriffe kann man in dem Sinne vornehmen, dass man überhaupt analytische Functionen in Betracht zieht.

Wir wollen eine allseitig-homogene analytische Function der Grössen des Stammbereiches, welche die Invarianteneigenschaft besitzt, eine „*analytische Invariante*" nennen, und dieselbe, wenn sie sich in Bezug auf die als Veränderliche betrachteten linearen Formen wie eine ganze Function verhält, insbesondere als eine „*analytische Covariante*" bezeichnen. „*Transcendent*" heisst eine analytische Invariante natürlich dann, wenn sie nicht algebraisch ist.

Satz: *Jede analytische Invariante ist eine analytische Function einer endlichen Zahl von unabhängigen ganzen Invarianten.*

Um den Beweis dieses wichtigen Satzes der Anschauung näher zu rücken, wollen wir uns einer der Geometrie entnommenen Redeweise bedienen, indem wir die Coefficienten $(a, b, \ldots)$ der Formen, von welchen die vorgelegte Function abhängt, als „Coordinaten in einem höheren Raume" deuten.[4]) Sei N die Constantenzahl der vorgelegten Formen, so wird dieser Raum die Dimension N haben. Ein Punkt „allgemeiner Lage" $(a, b, \ldots)$ desselben möge nun bei der Gesammtheit aller linearen Transformationen der Ebene ∞^{N-r} Lagen annehmen, entsprechend der Gesammtheit der Formen $(a', b', \ldots)$, in welche die Formen $(a, b, \ldots)$ durch lineare Transformationen übergeführt werden können. Diese Punkte bilden eine zusammenhängende Mannigfaltigkeit, und die Gesammtheit aller so entstandenen Mannigfaltigkeiten bildet eine „*Zerlegung*" des Raumes in ∞^r Räume M von $N-r$ Dimensionen: durch jeden Punkt $(a, b, \ldots)$ allgemeiner Lage geht *ein* Raum dieser Schaar. [Vgl. *Lie* Kap. 5. 6.] Jede solche Zerlegung lässt sich durch ein System von r in einem gegebenen Punkte allgemeiner

Lage unabhängigen Functionen

$$\varphi_i(a, b, \ldots) \quad i = 1, 2, \ldots r$$

kennzeichnen, derart, dass die Gesammtheit der Gleichungen

$$\varphi_i(a, b, \ldots) = \varphi_i(a_0, b_0, \ldots) + c_i$$

in einer gewissen Umgebung des Punktes $(a_0, b_0, \ldots)$ und für einen gewissen Bereich (abs. $c_i < r_i$) der willkürlichen Constanten c_i jene $(N - r)$-fach ausgedehnten Räume darstellt: lässt man die r Constanten c_i alle Werthsysteme ihres Bereiches durchlaufen, und beschränkt gleichzeitig die Grössen $(a, b, \ldots)$ auf ihren den Punkt $(a_0, b_0, \ldots)$ enthaltenden Bereich, so repräsentiren die obigen Gleichungen innerhalb dieses Bereiches die allgemeinste Mannigfaltigkeit M. Diese Gleichungen ergeben sich nun durch Elimination aus den Gleichungen, welche die Abhängigkeit der Punkte $(a', b', \ldots)$ von den Punkten $(a, b, \ldots)$ und den Transformationscoefficienten ausdrücken; da aber diese letzteren Gleichungen durchaus algebraisch sind — gehen doch die Constanten $(a, b, \ldots)$ und die Transformationscoefficienten sogar rational in dieselben ein — so wird sich auch diese Elimination algebraisch ausführen lassen, und wir können schliessen, dass in unserem Falle ein System von r unabhängigen *algebraischen* Functionen φ_i existirt. Diese letzteren Functionen φ_i sind die Wurzeln algebraischer Gleichungen, deren Coefficienten ψ_{ik} rationale Functionen der Grössen $(a, b, \ldots)$ sind; und da unter den Functionen φ_i sich r von einander unabhängige befinden, so müssen auch unter den Functionen ψ_{ik} ebensoviele vorhanden sein. Die Functionen ψ_{ik}, welchen ebenso wie den Functionen φ_i die Invarianteneigenschaft zukommen muss, erweisen sich aber nach dem früher Gesagten als rationale Functionen von ganzen Invarianten; es gibt also auch r unabhängige ganze Invarianten, und wir dürfen daher annehmen, dass die Functionen φ_i selbst ganze Invarianten sind. Sind nun $\psi_{r+1} \ldots \psi_N$ irgend $N - r$ weitere Functionen, welche nur die Bedingung erfüllen, in der Umgebung des Punktes $(a_0, b_0, \ldots)$ mit den Functionen φ_i zusammen ein System von N unabhängigen Functionen zu bilden, so können wir $\varphi_1 \ldots \varphi_r, \psi_{r+1} \ldots \psi_N$ als neue Coordinaten einführen, und nun in der Umgebung des Punktes $(a_0, b_0, \ldots)$ jede Function, welche sich daselbst regulär verhält, als Function von $\varphi_1 \ldots \varphi_r, \psi_{r+1} \ldots \psi_N$ darstellen. Damit diese Function nun die Invarianteneigenschaft habe, ist offenbar nothwendig und ausreichend, dass sie von $\psi_{r+1} \ldots \psi_N$ frei ist; woraus sich der Satz ergibt.

Späterer Anwendungen wegen wollen wir das Hauptmoment dieses Beweises noch einmal besonders hinstellen:

Hat man auf irgend einem Wege erkannt, dass in einem Formensystem r unabhängige Functionen mit Invarianteneigenschaft vorhanden sind, so folgt daraus von selbst das Vorhandensein von r unabhängigen ganzen Invarianten.

Es sind diese Sätze einfache Folgen der Thatsache, dass die Mannigfaltigkeiten M, in welche der Raum N^{ter} Dimension zerlegt wird, erstens sämmtlich algebraisch sind, und zweitens in ihrer Gesammtheit ein algebraisches System bilden.

Ich glaube hiermit zu einem folgerichtigen System von scharfen Begriffen gelangt zu sein. Wie man sieht, ist der Fortschritt vom Begriffe der ganzen Invariante zu dem der rationalen und ganzen algebraischen Invariante, und von diesen wieder zum Begriffe der allgemeinen algebraischen Invariante genau entsprechend dem Fortschritte der Arithmetik von den ganzen Zahlen zu den rationalen und ganzen algebraischen Zahlen, und wieder von diesen zu den allgemeinen algebraischen Zahlen. Jeder Begriff der ersten Reihe fasst, in seiner weitesten Bedeutung genommen, den entsprechenden Begriff der zweiten Reihe unter sich. Allerdings werden wir sogleich sehen, dass diese Umgrenzung der Grundbegriffe nicht vollständig der Natur der Probleme entspricht, welche die Invariantentheorie sich stellt. Gleichwohl habe ich geglaubt, im Interesse grösserer Klarheit bei der ersten Begriffsbildung diese Art der Systematik beibehalten zu müssen.

Die Abänderung, welche wir nun nachträglich in der Umgrenzung des Invariantenbegriffes vornehmen wollen, betrifft nur einen untergeordneten Punkt.

Man achtet in der Theorie der Invarianten nur auf solche Eigenschaften algebraischer Formen, welche dadurch nicht zerstört werden, dass man die Coefficienten einer jeden Form mit je einer beliebigen Zahl multiplicirt. Es ist daher nur naturgemäss, zwei Formen, die sich nur um einen Zahlenfactor unterscheiden, als *gleichwerthig* (äquivalent) zu betrachten. Damit dies möglich sei, ist es nothwendig, die Definition der „ganzen Invarianten“ so einzurichten, dass jede ganze Invariante der einen von zwei gleichwerthigen Formen auch als eine „ganze Invariante“ der anderen bezeichnet werden kann. Dazu ist aber erforderlich, den Grössen des Stammbereiches die rationalen Zahlen zu adjungiren.

Wir setzen also fest, dass nunmehr im Gebiete I auch rationale, nicht ganze Zahlen zugelassen werden sollen.

Dadurch verschiebt sich die Definition der ganzen Invarianten, und in Folge der gleichzeitig abgeänderten Umgrenzung des Gebietes III auch die der ganzen algebraischen Invarianten einigermassen: Zu den ersteren gehören jetzt auch alle rationalen Zahlen, zu den letzteren alle algebraischen Zahlen überhaupt. Für die im neuen Sinne „ganzen" Invarianten und Covarianten, bei welchen also auch ein ganzzahliger Nenner zugelassen wird, werden wir auch die Worte „*Invariante*" und „*Covariante*" ohne bestimmendes Beiwort gebrauchen.

Dass die vorgenommene Erweiterung des Stammbereiches unwesentlich ist, liegt darin, dass es möglich ist, jede Grösse des erweiterten Bereiches durch Multiplication mit einer ganzen Zahl in eine Grösse des ursprünglichen Bereiches überzuführen. Ganz anders würde die Sache liegen, wollten wir im Bereiche I auch irrationale algebraische Zahlen zulassen. Dadurch würden wesentlich neue Grössen entstehen, die oben (S. 13) betrachteten numerisch irrationalen ganzen Invarianten, welche *nicht* durch Multiplication mit einer algebraischen Zahl in Grössen des ursprünglichen Bereiches verwandelt werden können.

Algebraische Invarianten, deren Quotient überhaupt irgend eine als constant betrachtete Grösse ist, bezeichnen wir als „*proportional*".

§ 3.

Vergleich mit dem älteren Invariantenbegriff.

Es wird sich nun darum handeln, zu untersuchen, wie weit das Grössengebiet, welches durch unseren Invariantenbegriff umspannt wird, sich mit dem Gebiete deckt, in welchem sich der seither übliche Begriff der Invariante bewegt. Denn davon hängt es ab, ob die neue Definition der Invariante ebensowohl als eine Grundlage für die bis jetzt entwickelte Invariantentheorie wird dienen können, wie die ältere. Dass dies nun thatsächlich der Fall ist, beruht auf den folgenden beiden Sätzen:

1) *Wendet man auf eine algebraische Invariante eine allgemeine lineare Transformation an, so reproducirt sich dieselbe mit einem Factor, welcher eine Potenz der Transformationsdeterminante mit rationalem Exponenten ist. Und zwar ist dieser Exponent eine positive Zahl, wenn die Invariante insbesondere eine ganze algebraische Invariante ist; er ist eine ganze Zahl, wenn sie eine rationale Invariante ist.*

2) *Wenn eine Function des Gebietes IV die Eigenschaft besitzt, nach Ausführung einer allgemeinen linearen Transformation sich mit einem Factor zu reproduciren, der nur von den Coefficienten der Transformation abhängt, so ist die Function eine algebraische Invariante.*

Eine Function des Gebietes IV ist nach ihrer Definition die Wurzel einer algebraischen Gleichung, deren Coefficienten dem Gebiete I angehören. Diese Coefficienten müssen nun offenbar einzeln die in Satz 2) vorausgesetzte Eigenschaft besitzen. Es ist aber der Factor, welchen sie annehmen, eine ganze positive Potenz der Transformationsdeterminante. Nehmen wir diese gleich Eins, so folgt, dass jeder Coefficient unserer Gleichung eine ganze Invariante ist, die Wurzel der Gleichung also eine algebraische Invariante. Dies ist das Theorem 2).

Nehmen wir umgekehrt zunächst eine ganze Invariante, und wenden auf sie eine allgemeine lineare Transformation an. Dann können wir statt dessen ebensowohl zwei Transformationen hinter einander ausführen, von welchen die erste die Determinante Eins hat, die andere aber darin besteht, dass man alle Veränderlichen (das Wort in seinem ursprünglichen Sinne genommen) mit einem und demselben Factor r multiplicirt. Die Determinante der zusammengesetzten Transformation wird dann eine Potenz von r, die Grösse r wird also eine Function der Coefficienten der zusammengesetzten Transformation. Die gegebene ganze Invariante bleibt nun bei der ersten Transformation überhaupt ungeändert; bei der zweiten nimmt sie wegen ihrer Homogeneïtät eine Potenz von r als Factor an. Sie erhält also bei einer allgemeinen linearen Transformation einen Factor, der eine Function der Transformationscoefficienten allein, und mithin eine ganze positive Potenz der Transformationsdeterminante ist. Hiermit ist das Theorem 1) zunächst für den einfachsten Fall der ganzen Invarianten erwiesen. Darauf lässt sich aber der allgemeinere Fall sofort zurückführen. Eine ganze Invariante nimmt nämlich als Factor eine Potenz der Transformationsdeterminante an, deren Exponent leicht anzugeben ist. Derselbe hängt nur von den Gradzahlen der Invariante in den Coefficienten der betheiligten Formen ab, und ist eine lineare Function dieser Gradzahlen mit positiven rationalen Zahlencoefficienten. Wenn also die sämmtlichen Gradzahlen einer Reihe von Invarianten je eine arithmetische Reihe bilden, so werden auch die zugehörigen Exponenten eine arithmetische Reihe bilden; und wenn alle jene Reihen positive Intervalle haben, so wird auch die letzte Reihe ein solches besitzen. Es werden also insbesondere auch diejenigen Exponenten eine arithmetische Reihe bilden, welche zu den Coefficienten der algebraischen Gleichung gehören, deren Wurzel eine algebraische Invariante ist. Daraus aber folgt sofort, dass diese selbst eine, im Allgemeinen gebrochene Potenz der Transformationsdeterminante als Factor erhält. Wann der Exponent der letzteren insbesondere eine ganze oder eine positive Zahl ist, entscheidet man nach dem Gesagten ebenfalls ohne Weiteres.*)

*) Es wird wohl in allen Fällen ausreichen, solche algebraische Invarianten zu betrachten, welche in den Coefficienten aller betheiligten Formen einen *posi-*

Betrachtet man die Theoreme 1) und 2) nur insoweit sie sich auf ganze Invarianten beziehen, so erkennt man in ihnen eine formale, in etwas eingeschränkter Form wiedergegebene Abänderung des auch seither in der Grundlegung der Invariantentheorie verwendeten Theorems. Darin liegt, dass der von uns eingeführte Invariantenbegriff sich inhaltlich mit dem üblichen Begriff der Invariante deckt, abgesehen natürlich von der Einschränkung, die durch die engere Umgrenzung des Kreises der zu betrachtenden Functionen herbeigeführt wird. Diese Einschränkung des Begriffes bedeutet aber, wie schon hervorgehoben, *nicht* zugleich eine Beschränkung des Stoffes der Invariantentheorie. Es werden daher auf Grund des neuen Invariantenbegriffes dieselben Sätze ausgesprochen werden können, wie bisher, mit geringen formalen Abänderungen.

§ 4.

Erweiterungen des Invariantenbegriffs.

Es soll nunmehr von einigen Erweiterungen des Invariantenbegriffes die Rede sein, zu deren Einführung sich nicht bei der ersten Grundlegung, sondern erst bei weitergehenden Entwickelungen ein Bedürfniss herausstellt.

Wie Eingangs bemerkt, wird es für gewisse Zwecke nothwendig, bestimmte Invarianten einzelner Grundformen gleich *Zahlen* zu setzen. Durch eine solche Substitution verlieren die Invarianten, welche die Coefficienten jener Grundformen enthalten, im Allgemeinen ihre Homogeneïtät: sie sind nicht mehr schlechtweg homogen, sondern, wenn der Ausdruck gestattet ist, nur noch homogen *modulo* jener Invarianten, die jetzt natürlich auch im Nenner zuzulassen sind. Wir werden auch diese Bildungen noch mit unter den Begriff der ganzen „Invarianten" fassen; müssen uns aber bewusst bleiben, dass wir damit jenen Grundformen eine ausgezeichnete Stellung eingeräumt haben.

Das Formensystem einer Grundform F erfährt dadurch, dass man eine Invariante einer Zahl gleich setzt, eine Verkleinerung: Es kommt nicht allein die Invariante selbst in Wegfall, sondern auch jede Form, deren Product mit einer Potenz der Invariante durch andere Formen ausdrückbar ist.

Ferner wird es manchmal nützlich sein, auch noch in einer anderen Richtung von der Forderung der Homogeneïtät abzugehen. So

---

tiven Grad haben, und in Folge dessen auch bei einer allgemeinen linearen Transformation eine positive Potenz der Transformationsdeterminante als Factor annehmen.

z. B., wenn man in der Theorie einer binären biquadratischen Form die Involution der Grundform f und ihrer HESSEschen Covariante h unter der Form $\varkappa f + \lambda h$ darstellt. In solchen Fällen macht man aber stillschweigend den Vorbehalt, dass die unbestimmt gelassenen Parameter $\varkappa$ und λ nachträglich in solcher Weise durch Invarianten ersetzt werden sollen, dass der ganze Ausdruck wieder homogen wird; die Abweichung von der Homogeneïtät ist also hier nur scheinbar.

Eine weit wesentlichere Erweiterung unseres Stammbereiches bedeutet es, wenn wir auf die Unabhängigkeit der Coefficienten der einzelnen Grundformen verzichten, wie es in vielen und wichtigen Untersuchungen geschieht. Doch werden sich auch die Resultate der hierdurch erweiterten Theorie in eine solche Form kleiden lassen, dass man den Bereich der Invarianten nicht in Wirklichkeit zu verlassen braucht. Die Ergebnisse der einmal entwickelten Theorie werden nämlich nur durch solche Relationen zwischen den Coefficienten der einzelnen Grundformen abgeändert werden können, welche sich durch gleich Null gesetzte Invarianten oder Covarianten darstellen lassen. (Vgl. II. Abschn. § 10.) Man füge nun die linken Seiten jener Relationen, sowie die linken Seiten der weiteren Relationen, welche aus ihnen algebraisch folgen, den symbolischen Identitäten als neue *Moduln* hinzu, und betrachte nun statt der Identitäten zwischen Invarianten nur Congruenzen in Bezug auf die Moduln. Setzt man diese gleich Null, so verwandeln sich die Congruenzen in wirkliche Gleichungen.

Dabei kann es eintreten, dass eine algebraische Invariante der gegebenen Grundformen und der hinzugenommenen linearen Formen, welche vorher nicht die Eigenschaft der Covarianten hatte, nämlich eine *ganze* Function der Coefficienten jener linearen Formen zu sein, nunmehr diese Eigenschaft erhält. Wir werden auch noch solche Bildungen als „*algebraische Covarianten*“ der durch Nullsetzen der Moduln specialisirten Formen bezeichnen; und zwar je nach der Möglichkeit ihrer Darstellung durch rationale, ganze, gebrochene, ... Invarianten ebenfalls als „rationale“, „ganze“, „gebrochene“ ... Covarianten. Sei z. B. $(ax)^2$ eine binäre quadratische Form, deren Invariante $(ab)^2$ verschwindet, so werden wir nach vorstehender Definition die zweiwerthige Function $(\varrho x) = \sqrt{(ax)^2}$ noch als eine „ganze algebraische Covariante“ bezeichnen; oder sei $t = (tx)^6$ eine binäre Form 6ter Ordnung, für welche $(t, t)_4$ identisch verschwindet, so werden wir die Wurzel der cubischen Gleichung

$$(t, t)_6 \lambda^3 + \frac{3}{2} (t, t)_2 \lambda - \frac{1}{6} t^2 = 0$$

noch eine „algebraische Covariante“ nennen.

Neben den Formen, welche Veränderliche eines einzigen Gebietes enthalten, wird man als gleichwerthige Gebilde auch Formen zu betrachten haben, in welchen Veränderliche *verschiedener* Gebiete auftreten, deren lineare Transformationen von einander unabhängig sind.

Als „*Invarianten*" solcher Formen werden wir solche ganze rationalzahlige, allseitig homogene Functionen ihrer Coefficienten bezeichnen, welche in Bezug auf die gleichzeitig ausgeführten Transformationen sämmtlicher Gebiete die Invarianteneigenschaft haben; als „*Covarianten*" solche simultane Invarianten jener Formen mit linearen Formen, welche in Bezug auf mindestens eines jener Gebiete der Definition der Covarianten, in Bezug auf die anderen aber der Definition der Invarianten oder Covarianten genügen. Ein Beispiel brauche ich hier wohl nicht anzuführen.

Unter die eben aufgestellten Begriffe fällt auch derjenige der Combinante.

Betrachtet man eine Anzahl von m Formen mit denselben Ordnungszahlen als Coefficienten einer linearen Form in einem neu hinzuzufügenden Gebiete m^{ter} Stufe, und bildet nur solche Invarianten und Covarianten der neu entstandenen Form, welche in Bezug auf das letztere Gebiet blose Invarianten sind, so heissen dieselben „*Combinanten*" jener m Formen. Sie sind Invarianten oder Covarianten, welche nicht von den m Formen einzeln, sondern nur von der ganzen, durch sie bestimmten linearen Mannigfaltigkeit abhängen.

Man kann auch im System einer einzelnen Grundform von „Combinanten" reden. Es tritt nämlich sehr häufig ein, dass sich in den Ausdrücken von Invarianten und Covarianten die Coefficienten der Grundform derart zu Coefficienten gewisser Covarianten φ, χ, ψ zusammenziehen lassen, dass der Ausdruck auch dann noch eine Invariante oder Covariante (der Formen φ', χ', ψ') bleibt, wenn man die Coefficienten jener Covarianten durch die Coefficienten ebenso vieler völlig unabhängiger Formen φ', χ', ψ' ersetzt. Ist nun diese Invariante oder Covariante insbesondere eine Combinante der Formen φ', χ', ψ', so heisst der vorgelegte Ausdruck eine „*Combinante*" der Formen φ, χ, ψ.

Durch diese Definition der Combinanten von einander abhängiger Formen vermeiden wir die Schwierigkeit, welche Herr *Gordan* in seinen Vorlesungen über Invariantentheorie hervorhebt. [*Gordan-Kerschensteiner*, Nr. 69, S. 73.] Es mag dem Leser überlassen bleiben, sich zu allen diesen Begriffen in der vorhandenen Litteratur weitere Beispiele zu suchen.

§ 5*).

Die symbolische Methode.

Nachdem wir nun die allgemeinen Begriffe entwickelt haben, welche für uns die Grundlage der Theorie der Invarianten (in der allgemeinen projectiven Gruppe) bilden, und in Wirklichkeit, obwohl nur undeutlich erkannt, auch die Grundlage der bisher entwickelten Theorien gebildet haben, wollen wir die Stellung kennzeichnen, welche die von uns zu benutzenden Methoden in diesem Begriffssysteme einnehmen.

Die von uns „algebraische Invarianten" genannten Functionen oder Formen bilden im Reiche aller algebraischen Grössen ein *abgeschlossenes Gebiet* für sich, welches durch seine mannigfachen merkwürdigen Eigenschaften, durch seine zahlreichen und wichtigen Verbindungen mit anderen Gebieten der mathematischen Wissenschaft eine ausgezeichnete Bedeutung gewinnt.

Wie man nun die Forderung stellen muss, die Eigenschaften eines jeden Rationalitätsbereiches durch Operationen kennen zu lernen, welche ganz innerhalb dieses Bereiches verlaufen, so ist es auch wünschenswerth, die besonderen Eigenschaften eines überhaupt irgendwie natürlich abgegrenzten Grössengebietes auf Wegen zu erforschen, welche die Grenzen desselben niemals überschreiten.

Dies leistet in unserem Falle die sogenannte *symbolische Methode.* Denn es wird zunächst durch die aufgestellten Sätze die Theorie der irrationalen und gebrochenen Invarianten auf die der ganzen zurückgeführt. Für diese aber besteht erstens der bei unserer Umgrenzung der Grundbegriffe keiner Einschränkung mehr unterworfene Satz:

Jede ganze Invariante ist symbolisch darstellbar, und umgekehrt ist jeder (allseitig homogene) *symbolische Ausdruck eine ganze Invariante.*

Ferner hat Herr *Gordan* für binäre Formen gezeigt, dass man durch Rechnen mit der symbolischen Identität

$$(ab)(cd) + (ac)(db) + (ad)(bc) = 0$$

auch alle identischen Relationen erhalten kann, welche zwischen ganzen Invarianten bestehen; für ternäre Formen gilt ein ähnlicher Satz.

Eine jede solche Identität stellt sich nothwendig dar als eine ganze, ganzzahlige Function von Invarianten, welche identisch den Werth Null hat. Diese Eigenschaft der Function kann aber nur dadurch sichtbar gemacht werden, dass man die Invarianten in ihre Bestandtheile zerlegt, und damit das Gebiet der Invarianten verlässt. Bei der symbolischen

*) Die Thatsachen, welche den Ausführungen dieses Paragraphen zu Grunde liegen, werden im zweiten Abschnitt eingehend erörtert werden.

Betrachtungsweise nun kann man diesen Uebelstand dadurch vermeiden, dass man eine gewisse, endliche Zahl solcher Identitäten ausdrücklich adjungirt. Mit Hilfe dieser kann man dann zu allen übrigen Identitäten gelangen, ohne aus dem Gebiete der Invarianten heraustreten zu müssen.

Hiermit ist gezeigt, dass das symbolische Rechnen nicht blos ein willkürlicher *Kunstgriff* zur Bildung von Invarianten, sondern eine erschöpfende *Methode* ist, welche die Theorie der ganzen Invarianten, und damit die Theorie der analytischen Invarianten überhaupt beherrscht.

Die wesentlichste Eigenthümlichkeit dieser Methode dürfen wir darin erblicken, dass sie im Grunde nicht mit den Invarianten selbst rechnet, sondern mit den *Processen*, durch welche die Invarianten aus den Grundformen und aus einander entstehen. Jede symbolische Darstellung einer Invariante kann ja bekanntlich angesehen werden als eine abgekürzte Bezeichnung für einen (*Cayley*'schen) Differentiationsprocess, durch welchen die Invariante aus den in ihr auftretenden Grundformen hergeleitet wird. Darin, dass diese Processe nur in *endlicher*, und noch dazu in sehr kleiner Anzahl vorhanden sind, im Gegensatz zu der unbegrenzten Menge der Invarianten, liegt vielleicht der Hauptvorzug der symbolischen Betrachtungsweise.

Im binären Gebiete reicht schon der einzige Ω-Process [*Clebsch*, § 6, S. 14; *Gordan-Kerschensteiner* Nr. 33, S. 34] zur Bildung aller möglichen Invarianten aus. (Der Polarenprocess lässt sich als ein besonderer Fall des Ω-Prozesses auffassen.) Im ternären Gebiete sind es die in folgenden Gleichungen definirten Processe, durch deren wiederholte Anwendung alle Invarianten entstehen (II. Abschnitt, § 5; vgl. auch § 2).

$$\frac{1}{m_1\, m_2\, m_3}\, \Pi\, (AX)^{m_1}\, (BY)^{m_2}\, (CZ)^{m_3}$$
$$= (ABC)\, (AX)^{m_1-1}\, (BY)^{m_2-1}\, (CZ)^{m_3-1}$$

$$\frac{1}{mn}\, P\, (AX)^m\, (UP)^n = (AP)\, (AX)^{m-1}\, (UP)^{n-1}$$

$$\frac{1}{n_1\, n_2\, n_3}\, \Pi'\, (UP)^{n_1}\, (VQ)^{n_2}\, (WR)^{n_3}$$
$$= (PQR)\, (UP)^{n_1-1}\, (VQ)^{n_2-1}\, (WR)^{n_3-1},$$

wo also in bekannter Schreibart:

$$\Pi f = \left| \frac{\partial}{\partial X_1}\, \frac{\partial}{\partial Y_2}\, \frac{\partial}{\partial Z_3} \right| f$$

$$P f = \frac{\partial^2 f}{\partial X_1\, \partial U_1} + \frac{\partial^2 f}{\partial X_2\, \partial U_2} + \frac{\partial^2 f}{\partial X_3\, \partial U_3}$$

$$\Pi' f = \left| \frac{\partial}{\partial U_1}\, \frac{\partial}{\partial V_2}\, \frac{\partial}{\partial W_3} \right| f$$

Es liegt auf der Hand, dass weder diese Processe, noch die zugehörigen symbolischen Bezeichnungen (ABC), (AP), (PQR) durch noch einfachere ersetzt werden können; auch lassen sich dieselben nicht zu neuen Processen zusammenziehen, die man an ihrer Statt verwenden könnte, wenigstens, so lange es sich um alle Invarianten einer unbeschränkten Menge von Formen handelt. Es ist also die symbolische Methode nicht allein die einfachste, sondern, abgesehen von der Willkür in der Bezeichnung, überhaupt die *einzig mögliche* Methode, welche grundsätzlich mit den Processen rechnet, durch welche die Invarianten der verschiedenen Grade unter einander zusammenhängen. —

Es scheint mir noch die Bemerkung nützlich zu sein, dass man die Mannigfaltigkeit aller Processe, welche durch wiederholte Anwendung der angeführten Processe entstehen, unter den Begriff der „Gruppe“ fassen kann. Setzt man nämlich zwei solcher Differentiationsprocesse zusammen, so erhält man eine neue Operation, welche natürlich auch wieder unmittelbar durch wiederholte Anwendung der aufgeführten elementaren Processe hergestellt werden kann. In diesem Sinne also bilden die invarianten Processe oder die symbolischen Rechnungen eine *Gruppe von Operationen*, deren „Erzeugende“ eben jene Processe sind. — Es mag wohl Manchem zwecklos erscheinen, den Gruppenbegriff so weit auszudehnen; und allerdings ist die Gruppe von Operationen, mit der wir es hier zu thun haben, von ganz anderer Art, als die Gruppen, welche man in der Algebra oder in der Theorie der Transformationsgruppen betrachtet. Ein wichtiger Unterschied liegt schon darin, dass in unserem Operationskreis eindeutig bestimmte umgekehrte (inverse) Operationen nicht vorhanden sind, und eine genauere Betrachtung zeigt weitere tiefgreifende Unterschiede. Allein das einzig wesentliche Merkmal des Gruppenbegriffs, nämlich die Abgeschlossenheit eines Kreises von Operationen, findet sich auch hier, und es lässt sich zeigen, dass auch andere Verhältnisse der gewöhnlichen Gruppentheorie hier ihre Analoga haben. So lassen sich aus der Mannigfaltigkeit aller invarianten Processe auf mehrerlei Arten solche herausheben, welche wiederum einen in sich abgeschlossenen Kreis bilden, und daher als eine „Untergruppe“ bezeichnet werden müssen (Vgl. II. Abschn. § 20); auch kann es eintreten, dass mehrere solche Gruppen in einer Beziehung zu einander stehen, welche durchaus derjenigen zu vergleichen ist, welche man in der gewöhnlichen Gruppentheorie als Isomorphismus bezeichnet — was Alles ich hier nur ohne nähere Begründung anführen kann. Unsere Auffassung der Gesammtheit der symbolischen Rechnungen als einer Gruppe von Operationen gestattet, solche gewiss sehr merkwürdige Analogien auch in der Terminologie hervortreten zu lassen. —

Wir wollen endlich hier noch eines Umstandes gedenken, der bisher wohl nicht hinlänglich beachtet worden ist, aber für die Auffassung der Stellung der symbolischen Methode Bedeutung hat:

Die Theorie der ganzen Invarianten und mit ihr die symbolische Methode ist, was die innere Verknüpfung ihrer einzelnen Sätze anlangt, von der Theorie des Imaginären völlig unabhängig, und kann also vor dieser erledigt werden. Sie besitzt mithin einen durchaus *elementaren* Charakter. Selbstverständlich bezieht sich dies nur auf die Lehre von der gegenseitigen Abhängigkeit der ganzen Invarianten, nicht aber auf die wichtigen allgemeinen Sätze, welche die Stellung der Theorie der ganzen Invarianten innerhalb der Theorie der algebraischen Functionen überhaupt kennzeichnen. Auch ist zu bemerken, dass die Formeln der Theorie der ganzen Invarianten, einmal entwickelt, natürlich ohne Weiteres auch auf lineare Transformationen mit complexen Coefficienten, complexe Werthe der Parameter und Formen mit complexen Coefficienten ausgedehnt werden können.

§ 6.
Ueber die projective Geometrie.

Die symbolische Methode lässt sich noch aus einem Standpunkt betrachten, welcher von dem bisher von uns eingenommenen ganz verschieden ist. Wir gelangen dahin, wenn wir auf die geometrische Bedeutung der algebraischen Formen achten, mit welchen sich die Theorie der ganzen Invarianten beschäftigt. Es sind die von ihnen dargestellten Gebilde ja keine anderen, als die Curven, Connexe u. s. w., welche den Gegenstand der *projectiven Geometrie*, oder der Geometrie der Lage bilden.

Dass eine äusserst innige Beziehung besteht zwischen der Theorie der Invarianten, welche man auch als „Algebra der linearen Transformationen" bezeichnet hat, und der projectiven Geometrie, die man analog als „Geometrie der linearen Transformationen" bezeichnen könnte, ist von Anfang an nicht unbemerkt geblieben. Doch hat man dieser Thatsache, wie ich glaube, bis jetzt noch keinen so scharfen Ausdruck gegeben, als unsere Kenntniss von beiden Disciplinen gestattet. Ich will daher versuchen, den Zusammenhang darzulegen, soweit er mir bekannt ist, und sich ohne Eingehen auf Einzelheiten übersehen lässt; wiewohl ich nicht hoffen darf, mit den folgenden Bemerkungen über diesen noch sehr dunkeln und, wie es scheint, auch sehr schwierigen Gegenstand etwas Abschliessendes zu sagen.

Um einen bestimmten Fall vor Augen zu haben, beschränken wir uns auf die Geometrie der Ebene, und die Theorie der ternären Formen.

Auch betrachten wir die projective Geometrie nur insoweit, als sie Gebilde behandelt, die durch *algebraische* Gleichungen in homogenen Coordinaten, also durch gleich Null gesetzte algebraische Formen dargestellt werden können.

Die Constructionen, deren man sich in der projectiven Geometrie bedient, sind mannigfacher Art. Unter allen aber hebt sich eine Classe von Constructionen dadurch hervor, dass sie grundsätzlich nur mit sehr einfachen Hilfsmitteln arbeitet.

Man kann sich auf den Standpunkt stellen, dass man überhaupt nur zwei Constructionen als erlaubt ansieht: Punkte durch gerade Linien zu verbinden, und gerade Linien zum Durchschnitt zu bringen. Wir wollen diesen Theil der Geometrie, weil er sich als einzigen Hilfsmittels des *Lineals* bedient, mit *Poncelet* als *„Geometrie des Lineals“* bezeichnen.

Die hervorragende Bedeutung dieser Classe von Constructionen scheint mir erstens darin zu liegen, dass sie eine *Gruppe* für sich bilden — zwei lineare Constructionen hinter einander ausgeführt ergeben ihrem Begriffe nach wieder eine solche; — dann darin, *dass ihre Theorie von der geometrischen Theorie des Imaginären unabhängig ist, und vor dieser erledigt werden kann;* endlich darin, dass sie den *Grundstock* bilden für alle anderen Constructionen der projectiven Geometrie, welche aus ihnen entspringen, wie die Aeste eines Baumes aus seinem Stamm. Denn handelt es sich um eine Aufgabe, in welcher eine Irrationalität auftritt, wie etwa ein einzelner Schnittpunkt zweier Curven höherer Ordnung, so hat man nur diese Irrationalität ausdrücklich zu adjungiren (in unserem Beispiele also den einzelnen Schnittpunkt als rational bekannt anzusehen), und sich dann wieder linearer Constructionen zu bedienen, um so durch fortgesetzte Erweiterung des Bereiches der zulässigen Constructionen allmälig den ganzen Stoff der projectiven Geometrie zu umspannen. Die linearen Constructionen nehmen also innerhalb der projectiven Geometrie einen ganz ähnlichen Platz ein, wie in der Arithmetik die elementaren Rechnungsoperationen. An Stelle der rationalen Zahlen tritt hier der willkürlich gegebene Punkt und die willkürlich gegebene Gerade, oder Punkte und Gerade, die aus den gegebenen Elementen durch eine lineare Construction hervorgehen: Sie bilden den *„natürlichen Rationalitätsbereich“* der projectiven Geometrie, den Stammbereich, in welchem alle weiterhin zu betrachtenden Gestalten ihre Wurzel haben. Die Geometrie des Lineals aber ist die Lehre von den Abhängigkeiten der Gebilde dieses Stammbereiches von einander; in der Theorie der linearen Constructionen liegt daher der eigentliche Schwerpunkt der projectiven Geometrie.

Eine ähnliche centrale Stellung aber nimmt, wie wir gesehen haben, in der Theorie der algebraischen Invarianten die Theorie der ganzen Invarianten ein; auch sie bilden ein abgeschlossenes Gebiet für sich, mit einer zugehörigen Gruppe von Operationen; auch ihre Theorie ist unabhängig von der Theorie des Imaginären. Es liegt daher nahe, zwischen beiden Disciplinen einen besonders innigen Zusammenhang zu suchen.

Wirklich kann die Theorie der ganzen Invarianten als das analytische Gegenstück der Geometrie des Lineals angesehen werden.

Die Figuren nämlich, mit welchen sich die Geometrie des Lineals allein beschäftigen kann, sind die linearen Verwandtschaften, d. h. Abhängigkeiten zwischen n veränderlichen Elementen (Punkten und Geraden) von der Eigenschaft, dass durch irgend $n-1$ dieser Elemente das letzte eindeutig bestimmt ist, oder auch als Ort einen Punkt oder eine gerade Linie hat[5]). Das analytische Gegenbild dieser Abhängigkeiten sind algebraische Formen; einer jeden linearen Construction, welche eine Eigenschaft solcher Verwandtschaften zum Ausdruck bringt, entspricht analytisch eine Relation zwischen den Invarianten jener Formen, und umgekehrt, wobei allerdings eine eindeutige Beziehung zwischen Construction und Invarianten-Relation nicht stattzufinden scheint[6]). Einer Erweiterung des ursprünglichen Bereiches der linearen Constructionen durch Adjunction gewisser mehrdeutiger Constructionen entspricht die Erweiterung des Bereiches der gewöhnlichen Invarianten durch Hinzunahme gewisser irrationaler Invarianten, u. s. f.

Wollen wir also die Geometrie des Lineals analytisch einkleiden, so wird an ihre Stelle das Rechnen mit den Invarianten algebraischer Formen treten.

Die symbolischen Rechnungen sind nun insbesondere dadurch ausgezeichnet, dass durch sie die einfachsten linearen Constructionen eine solche Einkleidung erfahren, dass man auch rückwärts wieder aus der Formel die Construction ablesen kann: Sie genügen der offenbar berechtigten Forderung, dass an der Formel alle wesentlichen Elemente der Construction, und nur diese, zu sehen seien. Die symbolischen Rechnungen stellen also einen Algorithmus dar, welcher dem Wesen der Geometrie des Lineals in einer besonders vollkommenen Weise angepasst ist.

Freilich geben die symbolischen Formeln nur in einfachen Fällen ein genaues Bild des geometrischen Gedankens; sie gehen bald viel weiter, sagen mehr aus, als man in sie hineingelegt hat, und es entsteht nun die Schwierigkeit, ihren Sinn zu erfassen.

Diese Schwierigkeit ist zum Theil subjectiver Art, und verliert sich bei näherem Bekanntwerden mit dem Gegenstande. Zum Theil liegt sie in der Natur des symbolischen Rechnens als eines Algorithmus. Eine ähnliche Schwierigkeit haftet mit Nothwendigkeit einem jeden Calcul an, der es unternimmt, aus der Anschauung abgezogene Begriffe in eine Formelsprache zu kleiden; es ist ja gerade der Zweck eines geometrischen Calculs, an Stelle der eng begrenzten menschlichen *Anschauung* oder des gleichfalls sehr beschränkten Arbeitens mit nur *gedachten* Begriffen eine *Formelsprache*, d. i. eine andere Form der Anschauung zu setzen, welche sich auch noch auf Gegenstände erstreckt, welche jenen nicht mehr zugänglich sind[7]). Zum Theil ist die genannte Schwierigkeit aber auch principieller Natur, und es weist an dieser Stelle die Wissenschaft wirklich noch eine bedeutende Lücke auf.

Es würde uns viel zu weit führen, wollten wir an dieser Stelle versuchen, die Bedeutung der symbolischen Methode und der Invariantentheorie überhaupt für die Geometrie darzulegen, oder die Ursache der Schwierigkeiten zu erörtern, welche sich der genaueren Verfolgung des angedeuteten Zusammenhanges entgegenstellen. Das im Vorstehenden Gesagte hatte nur den Zweck, darauf hinzuweisen, dass die symbolische Rechnungsart auch von Seiten des Geometers Beachtung verdient, und die Stelle zu zeigen, wo der Zusammenhang zwischen den genannten Disciplinen am engsten ist und wo der Verbindungsweg sich am leichtesten wird herstellen lassen. Es mögen die gemachten Bemerkungen, die ja keinen Anspruch auf Vollständigkeit erheben, vielleicht zu gründlicheren Untersuchungen Anlass geben.

II.

Allgemeine Sätze und Methoden der Theorie der ternären Formen.

§ 1.

Die Transformationsformeln.

Bei dem Beweise der Sätze, welche der Theorie der Invarianten zu Grunde liegen, wird an mehreren Stellen ein Theorem benutzt, welches der Theorie der algebraischen Functionen angehört. Wir wollen dasselbe in der Form, wie es hier zur Verwendung kommen soll, an die Spitze stellen, um uns später darauf beziehen zu können. Der in Rede stehende Satz lautet:

I. „*Wenn eine Function F des Gebietes I für alle Argumente Null ist, für welche eine andere Function* Φ *des Gebietes I verschwindet, und wenn diese letztere Function im Gebiete I unzerlegbar ist, so ist* Φ *ein Theiler von F, d. h. es ist* $F = \Phi . \Psi$, *wo* Ψ *ebenfalls eine Function des Gebietes I vorstellt.*“

Ich übergehe den Beweis dieses Satzes, als nicht in das engere Gebiet der Invariantentheorie gehörig [8]), und wende mich sogleich zu der vornehmsten Anwendung desselben, dem Beweise des Satzes, der die Grundlage der drei ersten Paragraphen der vorausgehenden Abhandlung bildet:

II. „*Wenn eine Function des Gebietes I nach Ausführung einer allgemeinen linearen Transformation einen Factor erhält, welcher nur von den Coefficienten der Transformation abhängt, so ist dieser Factor eine Potenz der Transformationsdeterminante* [9]).“

Wir wollen der Einfachheit halber annehmen, dass es sich nur um Functionen der Coefficienten einer einzigen ternären Grundform handelt, und ausserdem, dass diese Grundform nur zwei Veränderliche Y und V enthält, welche beziehungsweise einen Punkt und eine Linie vorstellen.

Es seien vorgelegt die Transformationsformeln

$$
\begin{aligned}
Y_1 &= a_{11}\, Y_1' + a_{12}\, Y_2' + a_{13}\, Y_3' \\
Y_2 &= a_{21}\, Y_1' + a_{22}\, Y_2' + a_{23}\, Y_3' \\
Y_3 &= a_{31}\, Y_1' + a_{32}\, Y_2' + a_{33}\, Y_3',
\end{aligned} \tag{1}
$$

welche zusammen die Tranformation „S“ darstellen. Die entgegengesetzte (inverse) Transformation dieser Transformation S werde dargestellt durch die Formeln:

$$(2)\qquad \begin{aligned} Y_1' &= b_{11}\, Y_1 + b_{21}\, Y_2 + b_{31}\, Y_3 \\ Y_2' &= b_{12}\, Y_1 + b_{22}\, Y_2 + b_{32}\, Y_3 \\ Y_3' &= b_{13}\, Y_1 + b_{23}\, Y_2 + b_{33}\, Y_3; \end{aligned}$$

$$\Delta = |\, a_{11}\, a_{22}\, a_{33}\, | \text{ und}$$
$$\Delta' = |\, b_{11}\, b_{22}\, b_{33}\, |$$

seien die beiden Determinanten der Gleichungssysteme (1) und (2),

$$A_{ik} = \frac{\partial \Delta}{\partial a_{ik}},\quad B_{ik} = \frac{\partial \Delta'}{\partial b_{ik}}$$

ihre Unterdeterminanten, so dass also

$$\Delta b_{ik} = A_{ik},\ \Delta' a_{ik} = B_{ik},\ \Delta\Delta' = 1.$$

Aus (1) und (2) findet man in bekannter Weise, dass die Transformation der Linien durch die „transponirten Substitutionen" dargestellt wird:

$$(3)\qquad \begin{aligned} V_1 &= b_{11}\, V_1' + b_{12}\, V_2' + b_{13}\, V_3' \\ V_2 &= b_{21}\, V_1' + b_{22}\, V_2' + b_{23}\, V_3' \\ V_3 &= b_{31}\, V_1' + b_{32}\, V_2' + b_{33}\, V_3' \end{aligned}$$

$$(4)\qquad \begin{aligned} V_1' &= a_{11}\, V_1 + a_{21}\, V_2 + a_{31}\, V_3 \\ V_2' &= a_{12}\, V_1 + a_{22}\, V_2 + a_{32}\, V_3 \\ V_3' &= a_{13}\, V_1 + a_{23}\, V_2 + a_{33}\, V_3. \end{aligned}$$

Es habe nun die gegebene Form F in Y den Grad m, in V den Grad n, und die vorgelegte Function J den Grad p in den Coefficienten von F. J' sei dieselbe Function der Coefficienten der transformirten Form, also eine homogene lineare Function der Coefficienten von F, eine Function pm^{ten} Grades der Grössen a_{ik} und eine Function pn^{ten} Grades der Grössen b_{ik}.

Dann müssen, wie man leicht aus der Voraussetzung entnimmt, zwei Gleichungen der folgenden Form bestehen:

$$J' = J.\,\Phi\,(a_{ik}{}^{(pm)},\ b_{ik}{}^{(pn)}),$$
$$J = J'.\,\Phi\,(b_{ki}{}^{(pm)},\ a_{ki}{}^{(pn)}).$$

Bilden wir das Product $J'.\,J$, so erhalten wir für die unbekannte Function Φ die Gleichung:

$$\Phi\,(a_{ik}{}^{(pm)},\ b_{ik}{}^{(pn)}).\ \Phi\,(b_{ki}{}^{(pm)},\ a_{ki}{}^{(pn)}) = 1, \text{ oder}$$
$$\Phi\,(a_{ik}{}^{(pm)},\ A_{ik}{}^{(pn)}).\ \Phi\,(A_{ki}{}^{(pm)},\ a_{ki}{}^{(pn)}) = \Delta^{p\,(n+m)};$$

Hieraus aber folgert man mit Hilfe des Theorems I sofort, dass jeder einzelne Factor links eine Potenz von Δ sein muss, bis auf einen numerischen Factor. Dieser kann aber nur gleich Eins sein, wie man erkennt, wenn man S in die identische Transformation übergehen lässt.

Beiläufig ergibt sich, dass die Zahlen p, n, m nicht unabhängig von einander sind, sondern der Congruenz zu genügen haben:

$$p(m-n) \equiv 0 \text{ mod. } 3. \text{ —}$$

In dem vorliegenden Beweise ist nur von dem Umstande Gebrauch gemacht, dass die Function J homogen ist in den Coefficienten von F, nicht aber davon, dass die Coefficienten dieser Coefficienten insbesondere rationale Zahlen sein sollen. Der Satz ist also auch dann noch anwendbar, wenn die Coefficienten der Function J nur irgend welche bei der linearen Transformation unveränderliche Grössen sind. Auch die Forderung der Homogeneïtät ist unwesentlich: Jede nicht homogene ganze Function der Coefficienten unbeschränkt veränderlicher Formen zerfällt in homogene Theile, welche einzeln die verlangte Eigenschaft haben müssen.

Setzt man die Veränderlichen Y und V als gleichwerthig an, wie es eine dem Princip der Dualität Rechnung tragende Entwickelung der Theorie der ternären Formen verlangt, so erscheint es willkürlich, die lineare Transformation gerade durch die Formeln (1) zu definiren, und die Formeln (3) als von ihnen abhängig zu betrachten: Es hätte ebensowohl auch das Umgekehrte geschehen können. Die Potenz der Transformationsdeterminante, welche eine Invariante bei Ausführung einer allgemeinen linearen Transformation annimmt, wird aber dann eine andere: An Stelle der aus dem Vorhergehenden sich ergebenden Gleichung:

$$J' = J \,.\, \Delta^{\frac{p(m-n)}{3}}$$

tritt jetzt diese:

$$J' = J \,.\, \Delta'^{\frac{p(n-m)}{3}};$$

die Functionen J, welche der Forderung des Satzes II genügen, sind jedoch beidemal dieselben. — Will man negative Exponenten von Δ, bezüglich Δ' vermeiden, so wird man im $\frac{\text{ersten}}{\text{zweiten}}$ Falle statt der Transformationsformeln $\frac{(3)}{(1)}$ diejenigen benutzen, welche aus ihnen dadurch hervorgehen, dass man an Stelle von $\frac{b_{i\varkappa}}{a_{i\varkappa}}$ die Unterdeterminanten $\frac{A_{i\varkappa}}{B_{i\varkappa}}$ setzt. Seien $\overline{J}$, $\overline{\overline{J}}$ die Werthe der Function J, gebildet für die so transformirte Form F, so hängen diese mit der ursprünglichen Function J durch die Gleichungen zusammen:

$$\overline{J} = J \,.\, \Delta^{\frac{p(m+2n)}{3}}$$

$$\overline{\overline{J}} = J \,.\, \Delta'^{\frac{p(2m+n)}{3}}$$

Ist J eine Invariante einer Anzahl von Grundformen $F_1\ F_2, \ldots$, deren Coefficienten in ihr bezüglich in den Graden $p_1, p_2, \ldots$ auftreten; enthält ferner die Form $F_\varkappa$ die Veränderlichen $Y^{(1)}, Y^{(2)}, \ldots$ in den Graden $m_{\varkappa 1}, m_{\varkappa 2}, \ldots$ die Veränderlichen $V^{(1)}, V^{(2)}, \ldots$ beziehungsweise in den Graden $n_{\varkappa 1}, n_{\varkappa 2}, \ldots$, so besteht zwischen den Zahlen p, m, n die Relation:

$$\sum^{\varkappa} p_\varkappa (n_{\varkappa 1} + n_{\varkappa 2} + \cdots - m_{\varkappa 1} - m_{\varkappa 2} - \cdots) \equiv 0 \text{ mod. } 3.$$

Die zu dem Satze II führende Schlussweise setzt voraus, dass die Coefficienten der linearen Transformation als unabhängige Parameter gedacht werden. Indessen lassen sich in noch etwas allgemeineren Fällen ähnliche Schlüsse ziehen. Zunächst wird die Richtigkeit obiger Folgerung nicht beeinträchtigt, wenn wir die Coefficienten der linearen Transformation einer unzerlegbaren Bedingungsgleichung unterwerfen, deren Grad die Zahl $3p(n+m)$ übersteigt; dann aber, und das ist wichtiger, wird man eine ähnliche Betrachtung auch in allen den Fällen anstellen können, wo die Coefficienten der allgemeinen Transformation einer Gruppe oder auch nur einer Schaar von linearen Transformationen sich als ganze rationale homogene Functionen irgend welcher unabhängiger Parameter darstellen lassen. An Stelle der Determinante der Transformation treten dann eine oder mehrere Functionen dieser Parameter, die Theiler der Determinante.

Um die Wirkung der zusammengehörigen Transformationen (1) ... (4) auf eine algebraische Form F zu untersuchen, ist es nützlich, eine abkürzende Schreibart für diese Form einzuführen, die sogenannte *symbolische*. Um der Einfachheit der Darstellung willen beschränken wir uns auch jetzt wieder auf den Fall, wo die Form F nur eine Veränderliche Y zum Grade m und eine Veränderliche V zum Grade n enthält.

Eine specielle Form dieser Art erhalten wir, wenn wir die m^{te} Potenz einer linearen Form

$$(AY) = A_1 Y_1 + A_2 Y_2 + A_3 Y_3$$

multipliciren mit der n^{ten} Potenz einer linearen Form

$$(VP) = V_1 P_1 + V_2 P_2 + V_3 P_3.$$

Nehmen wir nun an, es sei eine ganze, homogene und *lineare* Function J der Coefficienten von F vorgelegt. Bilden wir dann dieselbe Function J für die Coefficienten der speciellen Form

$$F_1 = (AY)^m (VP)^n,$$

so treten an Stelle der Coefficienten von F solche Potenzen und Producte der Grössen A_i und $P_\varkappa$, welche in den A_i den Grad m und in den $P_\varkappa$ den Grad n haben, behaftet mit den zugehörigen Polynomialcoefficienten. Diese Potenzen und Producte sind aber bekanntlich linear unabhängige Grössen. Es wird also die vorgenommene Specialisirung die Form der linearen Function J nicht ändern können; oder anders ausgedrückt: Kennt man die Function J gebildet für die Coefficienten der speciellen Form F_1, so kennt man damit auch die Function J der Coefficienten der beliebigen Form F; man hat eben nur die Coefficienten von F_1 durch die entsprechenden von F zu ersetzen. Daraus, dass dieser Uebergang ein *eindeutig bestimmter* ist, entspringt der Gedanke der symbolischen Bezeichnung: Wir schreiben „symbolisch" $F = F_1$, oder

$$F = (AY)^m (VP)^n,$$

unter dem Vorbehalt, nach der Auswerthung dieses Productes die Coefficienten von F_1 durch diejenigen von F zu ersetzen. Ein solches Verfahren ist nur erlaubt bei homogenen Functionen, welche in den Coefficienten von F linear sind, wie die Form F selbst; denn nur unter dieser Voraussetzung ist der benutzte Uebergang vom besonderen Falle zum allgemeinen ein eindeutiger.

Es versteht sich von selbst, dass man durch die hiermit eingeführte symbolische Bezeichnung materiell Nichts leisten kann, was nicht auch ohne dieselbe zu leisten wäre; ihr Nutzen ist ein *ökonomischer:* Sie gestattet, bereits ziemlich verwickelte Ausdrücke kurz und übersichtlich zu schreiben, und macht es dadurch möglich, viele Rechnungen noch mechanisch auszuführen, die ohne Gebrauch einer solchen Bezeichnung neue Anstrengungen des Gedankens erfordern würden.[10])

In dem symbolischen Ausdruck von F oder in der speciellen Form F_1 erscheinen die Potenzen und Producte der Grössen A_i, $P_\varkappa$ multiplicirt mit gewissen Polynomialcoefficienten. *Es ist (bekanntlich) zweckmässig, auch den Ausdruck einer allgemeinen Form F von vornherein mit solchen Polynomialcoefficienten zu schreiben; wir wollen daher festsetzen, dass dies immer geschehen soll, soweit nicht im besonderen Falle ausdrücklich abweichende Bestimmungen getroffen werden.* Wir schreiben also z. B.

$$(AY)^2 = A_{11} Y_1^2 + A_{22} Y_2^2 + A_{33} Y_3^2 + 2 A_{23} Y_2 Y_3 + 2 A_{31} Y_3 Y_1 + 2 A_{12} Y_1 Y_2,$$

und bezeichnen nicht die Grösse $2A_{23}$ als einen „Coefficienten" der Form $(AY)^2$, sondern die Grösse A_{23}. Allgemein setzen wir

$$A_1^\varkappa A_2^\lambda A_3^\mu P_1^{\varkappa_1} P_2^{\lambda_1} P_3^{\mu_1} = A_{\varkappa\lambda\mu\,\varkappa_1\lambda_1\mu_1} \begin{pmatrix} \varkappa + \lambda + \mu = m \\ \varkappa_1 + \lambda_1 + \mu_1 = n \end{pmatrix},$$

und betrachten diese Grössen als die Coefficienten der Form F; F erhält dann die Gestalt:

$$F = \Sigma \frac{m!n!}{\varkappa!\lambda!\mu!\varkappa_1!\lambda_1!\mu_1!} A_{\varkappa\lambda\mu\varkappa_1\lambda_1\mu_1} \; Y_1^{\varkappa} Y_2^{\lambda} Y_3^{\mu} V_1^{\varkappa_1} V_2^{\varkappa_2} V_3^{\varkappa_3}.$$

Von der symbolischen Bezeichnung können wir sogleich eine bemerkenswerthe Anwendung machen mit dem Satze:

III. *Um auf eine algebraische Form F eine lineare Transformation auszuführen, kann man ihre einzelnen symbolischen Factoren so transformiren, als ob sie selbstständige lineare Formen wären.*

Es folgt dies sogleich daraus, dass die Coefficienten der transformirten Form F' lineare Functionen der Coefficienten von F sind. Die Coefficienten von F' erfüllen mithin als Functionen der Coefficienten von F die Bedingung, unter welcher die Einführung der symbolischen Bezeichnung gestattet ist; durch diese Einführung aber zerfällt F in ein Product getrennter Factoren.

Ist also $F = (AY)^m (VP)^n$, und führen wir die durch die Formeln (1), (3) gegebene Transformation aus, so wird symbolisch F'

$$\begin{aligned} = \{ & (A_1 a_{11} + A_2 a_{21} + A_3 a_{31})\, Y_1' \\ + & (A_1 a_{12} + A_2 a_{22} + A_3 a_{32})\, Y_2' \\ + & (A_1 a_{13} + A_2 a_{23} + A_3 a_{33})\, Y_3' \}^m . \\ \{ & (P_1 b_{11} + P_2 b_{21} + P_3 b_{31})\, V_1' \\ + & (P_1 b_{12} + P_2 b_{22} + P_3 b_{32})\, V_2' \\ + & (P_1 b_{13} + P_2 b_{23} + P_3 b_{33})\, V_3' \}^n . \end{aligned}$$

Wir werden später (in § 14) durch geschicktere Verwerthung der symbolischen Methode Mittel finden, auch diesen Ausdruck noch durch einen wesentlich einfacheren zu ersetzen. Die vorliegende Form desselben genügt uns für jetzt, um den folgenden Satz zu beweisen:

„*Seien $\mathfrak{Y}_1 \ldots \mathfrak{Y}_N$ die N Coefficienten der Form F, $p_1 \ldots p_N$ die zugehörigen Polynomialzahlen, $\Pi_1 = \Pi_1(Y, V) \ldots \Pi_N = \Pi_N(Y, V)$ die zugehörigen Producte der Veränderlichen, so dass*

$$F = p_1 \mathfrak{Y}_1 \Pi_1 + \cdots + p_N \mathfrak{Y}_N \Pi_N ,$$

seien ferner $\mathfrak{Y}_1' \ldots \mathfrak{Y}_N'$ die entsprechenden Coefficienten der transformirten Form F'. Beide Coefficientensysteme mögen zusammenhängen durch die Formeln

$$\begin{aligned} &\text{(I)} && \mathfrak{Y}_i = \mathfrak{a}_{i1} \mathfrak{Y}_1' + \cdots + \mathfrak{a}_{iN} \mathfrak{Y}_N' \\ &\text{(II)} && \mathfrak{Y}_i' = \mathfrak{b}_{1i} \mathfrak{Y}_1 + \cdots + \mathfrak{b}_{Ni} \mathfrak{Y}_N' \end{aligned} \qquad (i = 1 \ldots N)$$

in welchen die Grössen $\mathfrak{a}_{i\varkappa}$ und $\mathfrak{b}_{\varkappa i}$ gewisse ganze Functionen der Coefficienten a_{lm} der linearen Transformation (1) *sind* (*deren Determinante wir gleich Eins annehmen*).

Ersetzt man alsdann die Transformation (1) *durch die transponirte Transformation, vertauscht also jedes* a_{lm} *mit dem entsprechenden* a_{ml}, *so verwandelt sich gleichzeitig jedes der Producte* $p_i \mathfrak{a}_{i\varkappa}$ *in das entsprechende Product* $p_\varkappa \mathfrak{a}_{\varkappa i}$, *und ebenso* $p_i \mathfrak{b}_{\varkappa i}$ *in* $p_\varkappa \mathfrak{b}_{i\varkappa}$."

Schreiben wir von F nur die beiden mit den Indices i und $\varkappa$ behafteten Glieder, so haben wir:

$$F = \cdots + p_i \mathfrak{Y}_i \Pi_i (Y, V) + \cdots + p_\varkappa \mathfrak{Y}_\varkappa \Pi_\varkappa (Y, V) + \cdots,$$

und ebenso

$$F' = \cdots + p_i \mathfrak{Y}_i' \Pi_i (Y', V') + \cdots + p_\varkappa \mathfrak{Y}_\varkappa' \Pi_\varkappa (Y', V') + \cdots.$$

$\mathfrak{b}_{\varkappa i}$, der Coefficient von $\mathfrak{Y}_\varkappa$ im Ausdruck (II) von $\mathfrak{Y}_i'$, wird nun so erhalten. Man führt in $p_\varkappa \Pi_\varkappa (Y, V)$ die Substitutionen (1) und (3) aus, ordnet nach Producten von Y' und V', und nimmt dann den durch p_i getheilten Coefficienten von $\Pi_i (Y', V')$; oder, weil $p_\varkappa \Pi_\varkappa (Y, V)$ der Coefficient von $\mathfrak{Y}_\varkappa$ im Ausdruck F, und andrerseits $\mathfrak{Y}_\varkappa = \Pi_\varkappa (A, P)$ ist: Man ordnet den oben gegebenen symbolischen Ausdruck von F' nach Producten von A und P, nimmt den Coefficienten von $\Pi_\varkappa (A, P)$, ordnet diesen nach Producten von Y' und V', und nimmt den Coefficienten von $p_i \Pi_i (Y', V')$. Dies ist der (symbolische) Ausdruck von $\mathfrak{b}_{\varkappa i}$.

Führen wir jetzt die Transposition aus, so erhalten wir einen Ausdruck, den wir auch ohne Transposition, und zwar so definiren können: Man ordne F' nach Producten von Y' und V', nehme den Coefficienten von $\Pi_\varkappa (Y', V')$, entwickele diesen nach Producten von A und P, und nehme den Coefficienten von $p_i \Pi_i (A, P)$. Oder endlich: Man ordne F' nach Producten von A und P, nehme den Coefficienten von $\Pi_i (A, P)$, ordne nunmehr nach Producten von Y' und V', und nehme den Coefficienten von $p_i \Pi_\varkappa (Y', V')$. Dieser ist aber nach Obigem $= \frac{p_\varkappa}{p_i} \mathfrak{b}_{i\varkappa}$, das heisst, es geht durch die Transposition $\mathfrak{b}_{\varkappa i}$ über in $\frac{p_\varkappa}{p_i} \mathfrak{b}_{i\varkappa}$, und dies ist unser Satz, soweit er sich auf das zweite Coefficientensystem bezieht. Ebenso beweist man die andere auf das erste Coefficientensystem bezügliche Behauptung.

Nunmehr ergibt sich ohne Schwierigkeit das Theorem:

IV. *Sei wie oben die Form F geschrieben* mit *Polynomialzahlen* $p_1 \ldots p_N$:

$$F = p_1 \mathfrak{Y}_1 \Pi_1 (Y, V) + \cdots + p_N \mathfrak{Y}_N \Pi_N (Y, V),$$

und seien (I) *und* (II) *die zugehörigen Transformationsformeln. Sei ferner* Φ *eine Form der dualistisch gegenüberstehenden Art (also eine Form, deren Ordnung gleich ist der Classe von F und umgekehrt), und sei nun diese Form geschrieben* ohne *Polynomialzahlen:*

$$\Phi = \mathfrak{B}_1 \Pi_1 (V, Y) + \cdots + \mathfrak{B}_N \Pi_N (V, Y).$$

Dann hängen die Coefficienten $\mathfrak{V}_1 \ldots \mathfrak{V}_N$ *mit den Coefficienten* $\mathfrak{V}_1' \ldots \mathfrak{V}_N'$ *der transformirten Form* Φ' *zusammen durch die Formeln*

$$\text{(III)} \qquad \mathfrak{V}_i = \mathfrak{b}_{i1}\mathfrak{V}_1' + \cdots + \mathfrak{b}_{iN}\mathfrak{V}_N'$$

$$\text{(IV)} \qquad \mathfrak{V}_i' = \mathfrak{a}_{1i}\mathfrak{V}_1 + \cdots + \mathfrak{a}_{Ni}\mathfrak{V}_N,$$

deren Coefficientensysteme aus denen von (II) *und* (I) *durch Transposition hervorgehen.*

Schreiben wir nämlich Φ noch ein zweites Mal, und zwar jetzt *mit* Polynomialcoefficienten, etwa so:

$$\Phi = p_1 \mathfrak{W}_1 \Pi_1 (V, Y) + \cdots + p_N \mathfrak{W}_N (V, Y),$$

so werden die Transformationsformeln für $\mathfrak{W}_i$ aus denen für $\mathfrak{Y}_i$ einfach dadurch erhalten, dass man beide Arten von Veränderlichen vertauscht, das heisst, dass man a_{lm} durch b_{lm} ersetzt, und umgekehrt. Nun gehen aber die Coefficienten der Formeln (II) aus denen von (I) dadurch hervor, dass man jedes a_{lm} mit dem entsprechenden b_{ml} vertauscht, wie der Anblick der Gleichungen (1) ... (4) lehrt.

Man erhält also den allgemeinen Coefficienten $\beta_{i\varkappa}$ der Transformationsformel

$$\mathfrak{W}_i = \beta_{i1} \mathfrak{W}_1' + \cdots + \beta_{iN} \mathfrak{W}_N'$$

durch Transposition des Systems a_{lm} aus $\mathfrak{b}_{\varkappa i}$, d. h. er hat den Werth $\frac{p_\varkappa}{p_i} \mathfrak{b}_{i\varkappa}$. Unsere Formel lautet also:

$$p_i \mathfrak{W}_i = \beta_{i1} p_1 \mathfrak{W}_1' + \cdots + \mathfrak{b}_{iN} p_N \mathfrak{W}_N'.$$

Schreibt man hier $\mathfrak{V}_\varkappa$ für $p_\varkappa \mathfrak{W}_\varkappa$, so ergibt sich die Formel (III).

Die Formeln (I), (II), (III), (IV) und die Formeln (1), (2), (3), (4) bieten eine weitgehende Analogie dar, die wir durch die Wahl der Buchstaben-Bezeichnung haben hervortreten lassen. Man erkennt, dass bei Deutung der Coefficienten $\mathfrak{Y}_1 \ldots \mathfrak{Y}_N$ als homogener Coordinaten in einem Raum N^{ter} Stufe die Grössen $\mathfrak{V}_1 \ldots \mathfrak{V}_N$ (nicht etwa $\mathfrak{W}_1 \ldots \mathfrak{W}_N$) diejenigen Gebilde darstellen, welche die Verallgemeinerung der Linien-Coordinaten der Ebene bilden; es sind die Coordinaten eines linearen Raumes $N{-}1^{\text{ter}}$ Stufe.

Die Bedingung der vereinigten Lage des Punktes $\mathfrak{Y}_1 \ldots \mathfrak{Y}_N$ und dieses Gebietes $N{-}1^{\text{ter}}$ Stufe drückt sich aus durch das Verschwinden des bilinearen Ausdrucks

$$\mathfrak{Y}_1 \mathfrak{V}_1 + \cdots + \mathfrak{Y}_N \mathfrak{V}_N = p_1 \mathfrak{Y}_1 \mathfrak{W}_1 + \cdots + p_N \mathfrak{Y}_N \mathfrak{W}_N,$$

dessen Invarianten-Eigenschaft sofort aus den Relationen hervorgeht, welche besagen, dass die Transformationen (I) und (II) einander entgegengesetzt sind:

$$\text{(V)} \qquad \begin{aligned} \mathfrak{a}_{i1}\mathfrak{b}_{\varkappa 1} + \cdots + \mathfrak{a}_{iN}\mathfrak{b}_{\varkappa N} &= 0 \quad (i, \varkappa = 1 \cdots N,\ i \neq \varkappa) \\ \mathfrak{a}_{i1}\mathfrak{b}_{i1} + \cdots + \mathfrak{a}_{iN}\mathfrak{b}_{iN} &= 1 \quad (i = 1 \cdots N). \end{aligned}$$

Diese Invarianten-Eigenschaft können wir aber auch unmittelbar erkennen, wenn wir Φ symbolisch schreiben. In dem von uns der Darstellung zu Grunde gelegten typischen Falle haben wir $\Phi = (VQ)^m (BX)^n$, und es wird dann

$$\mathfrak{Y}_1 \mathfrak{B}_1 + \cdots + \mathfrak{Y}_N \mathfrak{B}_N = (AQ)^m (BP)^n.$$

Da der Ausdruck linear ist in den Coefficienten von F, wie in denen von Φ, so brauchen wir, um seine Invarianteneigenschaft einzusehen, nur die Invarianteneigenschaft der symbolischen Factoren (AQ), (BP) abzuleiten. —

Die soeben betrachtete Beziehung der Coefficienten der Formen F und Φ zu den beiderlei Coordinaten eines Gebietes N^{ter} Stufe ist eine unsymmetrische; um die „Coefficienten" beider Formen solchen Coordinaten gleichsetzen zu können, mussten wir die eine mit, die andere ohne Polynomialzahlen schreiben. Man kann aber durch Einführung einer dritten Bezeichnung die Beziehung symmetrisch gestalten, Das geschieht, wenn wir F und Φ in folgender Form schreiben:

$$F = \sqrt{p_1}\, \overline{\mathfrak{Y}}_1 \Pi_1 (Y, V) + \cdots + \sqrt{p_N}\, \overline{\mathfrak{Y}}_N \Pi_N (Y, V),$$

$$\Phi = \sqrt{p_1}\, \overline{\mathfrak{B}}_1 \Pi_1 (V, Y) + \cdots + \sqrt{p_N}\, \overline{\mathfrak{B}}_N \Pi_N (V, Y),$$

wobei also die neu eingeführten Coefficienten mit den alten durch folgende Formeln zusammenhängen:

$$\sqrt{p_i}\, \mathfrak{Y}_i = \overline{\mathfrak{Y}}_i, \quad \sqrt{p_i}\, \mathfrak{W}_i = \overline{\mathfrak{B}}_i,$$

$$\mathfrak{B}_i = \sqrt{p_i}\, \overline{\mathfrak{B}}_i.$$

Dann wird

$$\mathfrak{Y}_1 \mathfrak{B}_1 + \cdots + \mathfrak{Y}_N \mathfrak{B}_N = \overline{\mathfrak{Y}}_1 \overline{\mathfrak{B}}_1 + \cdots + \overline{\mathfrak{Y}}_N \overline{\mathfrak{B}}_N,$$

und wir können auch jetzt wieder $\overline{\mathfrak{Y}}_i$ und $\overline{\mathfrak{B}}_i$ als zusammengehörige Coordinaten eines Gebietes N^{ter} Stufe deuten. Jetzt aber sind beide Formen in völlig symmetrischer Weise benutzt, freilich nicht ohne Einführung von Irrationalitäten.

Man wird auf dieselbe Normirung der Coefficienten einer algebraischen Form noch auf einem zweiten Wege geführt, nämlich, wenn man verlangt, dass gleichzeitig mit einer Transposition des Coefficientensystems a_{lm} eine Transposition des Gleichungssystems vor sich gehen soll, welches den Zusammenhang der Coefficienten der Grundform mit denen der transformirten Form ausdrückt. Setzen wir zur Probe $\mathfrak{Y}_\varkappa = \lambda_\varkappa \mathfrak{y}_\varkappa$, wo $\lambda_\varkappa$ eine noch zu bestimmende Zahl sein soll.

Dann tritt an Stelle von (I) das Formelsystem:

$$\mathfrak{y}_i = \frac{\lambda_1}{\lambda_i} \mathfrak{a}_{i1} \mathfrak{y}_1' + \cdots + \frac{\lambda_N}{\lambda_i} \mathfrak{a}_{iN} \mathfrak{y}_N'.$$

Durch Transposition des Systems a_{lm} geht der k^{te} Coefficient dieses Ausdrucks, $\frac{\lambda_\varkappa}{\lambda_i}\,\mathfrak{a}_{i\varkappa}$ über in $\frac{\lambda_\varkappa}{\lambda_i}\frac{p_\varkappa}{p_i}\,\mathfrak{a}_{\varkappa i}$; verlangt man, dass dies gleich $\frac{\lambda_i}{\lambda_\varkappa}\,\mathfrak{a}_{\varkappa i}$ sein soll, so folgt $\lambda_i : \lambda_\varkappa = \frac{1}{\sqrt{p_i}} : \frac{1}{\sqrt{p_\varkappa}}$, oder $\lambda_i = \frac{\varrho}{\sqrt{p_i}}$ $(i = 1 \cdots N)$. Nimmt man den unwesentlichen Proportionalitätsfactor gleich Eins, so folgt $\mathfrak{y}_i = \overline{\mathfrak{Y}}_i$. — Schreibt man also F in der Form

$$F = \sqrt{p_1}\,\overline{\mathfrak{Y}}_1\,\Pi_1(Y, V) + \cdots + \sqrt{p_N}\,\overline{\mathfrak{Y}}_N\,\Pi_N(Y, V),$$

so kommt dem System der Coefficienten $\overline{\mathfrak{Y}}_i$ die Eigenschaft zu, dass bei einer Transposition des Systems a_{lm} die Coefficienten $\alpha_{i\varkappa}$ der Transformationsformeln

$$\overline{\mathfrak{Y}}_i = \alpha_{i1}\,\overline{\mathfrak{Y}}_1' + \cdots + \alpha_{iN}\overline{\mathfrak{Y}}_N'$$

ebenfalls eine Transposition erfahren; und zwar ist obige Normirung der Form F durch diese Forderung charakterisirt, bis auf einen willkürlichen, allen Coefficienten gleichmässig hinzuzufügenden Proportionalitätsfactor. Derartig normirte Formen sind zuerst von Herrn *Sylvester* betrachtet worden; er bezeichnete dieselben als *„präparirt"*.[11]) —

Kehren wir nun wieder zurück zur ursprünglichen Schreibart der Form F: $F = \Sigma p_i \mathfrak{Y}_i \Pi_i$, und betrachten wir eine willkürliche analytische Function $\mathfrak{F}$ der Coefficienten $\mathfrak{Y}_i$. Dieselbe möge durch die lineare Transformation (1) übergehen in $\mathfrak{F}'(\mathfrak{Y}_i')$. Dann hängen die partiellen Differentialquotienten beider Functionen nach einem elementaren Satze der Differentialrechnung durch die Formeln zusammen:

$$\text{(VI)}\qquad \begin{aligned} \frac{\partial \mathfrak{F}}{\partial \mathfrak{Y}_i} &= \mathfrak{b}_{i1}\frac{\partial \mathfrak{F}'}{\partial \mathfrak{Y}_1'} + \cdots + \mathfrak{b}_{iN}\frac{\partial \mathfrak{F}'}{\partial \mathfrak{Y}_N'} \\ \frac{\partial \mathfrak{F}'}{\partial \mathfrak{Y}_i'} &= \mathfrak{a}_{1i}\frac{\partial \mathfrak{F}}{\partial \mathfrak{Y}_1} + \cdots + \mathfrak{a}_{Ni}\frac{\partial \mathfrak{F}}{\partial \mathfrak{Y}_N} \end{aligned} \qquad (i = 1 \cdots N).$$

Die Vergleichung dieser Formeln mit (III) und (IV) ergibt den Satz:

V. *Sei $\mathfrak{F}$ eine Function der Coefficienten $\mathfrak{Y}_i$ der mit Polynomialzahlen geschriebenen Form F, so verhalten sich die partiellen Differentialquotienten $\frac{\partial \mathfrak{F}}{\partial \mathfrak{Y}_i}$ gegenüber linearen Transformationen ebenso, wie die entsprechenden Coefficienten $\mathfrak{B}_i$ einer zu F dualistischen, ohne Polynomialzahlen geschriebenen Form Φ.*

Wir können also die Differentialquotienten $\frac{\partial \mathfrak{F}}{\partial \mathfrak{Y}_i}$ geradezu mit Grössen $\mathfrak{B}_i$ identificiren. Wir erhalten dann eine Form $\Phi = \mathfrak{F}^{(1)}$, welche nach *Sylvester* als die (erste) „*Evectante*“ der Function $\mathfrak{F}$ bezeichnet wird. Sie wird definirt durch den Ausdruck

$$\mathfrak{F}^{(1)} = \frac{\partial \mathfrak{F}}{\partial \mathfrak{Y}_1} \Pi_1(V, Y) + \cdots + \frac{\partial \mathfrak{F}}{\partial \mathfrak{Y}_N} \Pi_N(V, Y);$$

die Operation, durch welche sie entsteht, heisst „*Evectantenprocess*“.

Die Evectante ist eine algebraische Form, auf welche wieder die symbolische Bezeichnung angewendet werden kann. Dabei ist aber zu beachten, dass die „Coefficienten“ der so geschriebenen Evectante den betreffenden Differentialquotienten nicht schlechthin gleich sind, sondern erst die Producte jener Coefficienten mit den zugehörigen Polynomialzahlen. Bei Gebrauch der von Herrn *Sylvester* eingeführten Schreibart ist dagegen die Evectante ebenso normirt, wie die Grundform selbst: ihr analytischer Ausdruck wird

$$\mathfrak{F}^{(1)} = \sqrt{p_1}\, \frac{\partial \mathfrak{F}}{\partial \mathfrak{Y}_1} \Pi_1(V, Y) + \cdots + \sqrt{p_N}\, \frac{\partial \mathfrak{F}}{\partial \mathfrak{Y}_N} \Pi_N(V, Y).$$

Eine Function der Coefficienten mehrerer Grundformen hat natürlich so viele verschiedene Evectanten, als es Formen gibt, von welchen sie abhängt. Um die einzelne unter ihnen zu bestimmen, bedarf es einer ausdrücklichen Festsetzung, auf welche Grundform der Evectantenprocess angewendet werden soll.

Auf die Evectante $\mathfrak{F}^{(1)}$ kann man den Evectantenprocess von Neuem anwenden. Wir definiren, abweichend von dem herrschenden Sprachgebrauche, als „*zweite Evectante*“ der Function $\mathfrak{F}$ die Form

$$\mathfrak{F}^{(2)} = \frac{\partial \mathfrak{F}^{(1)}}{\partial \mathfrak{Y}_1} \Pi_1(\overline{V}, \overline{Y}) + \cdots + \frac{\partial \mathfrak{F}^{(1)}}{\partial \mathfrak{Y}_N} \Pi_N(\overline{V}, \overline{Y}),$$

multipliciren also die Differentialquotienten wieder mit denselben Functionen $\Pi_1 \ldots \Pi_N$, aber geschrieben in neuen Veränderlichen $\overline{V}, \overline{Y}$. Aus einer Function $\mathfrak{F}$ der Coefficienten einer Form vom Grade m in Y und vom Grade n in V entsteht demnach durch zweimalige Anwendung des Evectantenprocesses eine Form mit den Gradzahlen n, n, m, m beziehungsweise in $Y, \overline{Y}, V, \overline{V}$. Da die Reihenfolge der Differentiationen gleichgiltig ist, so ändert die zweite Evectante ihren Werth nicht, wenn man die Veränderlichen Y und $\overline{Y}$, und gleichzeitig die Veränderlichen V und $\overline{V}$ vertauscht.

Aehnlich definiren wir die höheren Evectanten, mit Einführung von immer neuen Veränderlichen. Die partiellen Differentialquotienten $\varkappa^{\text{ter}}$ Ordnung der Function $\mathfrak{F}$ werden dann gleich den Coefficienten (vom Typus $\mathfrak{Y}$) der $\varkappa^{\text{ten}}$ Evectante, multiplicirt mit den zugehörigen Polynomialzahlen — vorausgesetzt, dass in dieser Evectante die verschiedenen in Folge der bemerkten Vertauschbarkeit gleich werdenden Glieder *nicht* zu einem einzigen zusammengezogen sind. (Will man alle diese Glieder zusammenziehen, wie es in der That zweckmässig ist, so tritt im Nenner noch eine weitere Polynomialzahl hinzu, die man der Entwickelung der Potenz $(\lambda_1 + \cdots + \lambda_N)^\varkappa$ zu entnehmen hat.) — Die $\varkappa^{\text{te}}$ Evectante einer Function $\mathfrak{F}$ kann symbolisch so geschrieben werden:

$$\prod_1^{\varkappa} i \left\{ \frac{\partial}{\partial \mathfrak{Y}_1} \Pi_1 (V^{(i)}, Y^{(i)}) + \cdots + \frac{\partial}{\partial \mathfrak{Y}_N} \Pi_N (V^{(i)}, Y^{(i)}) \right\} \mathfrak{F},$$

sofern man bestimmt, dass bei der Ausrechnung dieses Productes $\frac{\partial}{\partial \mathfrak{Y}_i} \cdot \frac{\partial}{\partial \mathfrak{Y}_\varkappa}$ durch $\frac{\partial^2}{\partial \mathfrak{Y}_i \partial \mathfrak{Y}_\varkappa}$ ersetzt werden soll. —

Es sei, um diese Begriffe zu erläutern, vorgelegt eine *quadratische Form*

$$\mathfrak{F} = \mathfrak{Y}_1 Y_1^2 + \mathfrak{Y}_2 Y_2^2 + \mathfrak{Y}_3 Y_3^2 + 2\mathfrak{Y}_4 Y_2 Y_3 + 2\mathfrak{Y}_5 Y_3 Y_1 + 2\mathfrak{Y}_6 Y_1 Y_2.$$

Dann wird die erste Evectante eine Function $\mathfrak{F}$ der Coefficienten $\mathfrak{Y}_1 \ldots \mathfrak{Y}_6$ gegeben durch den Ausdruck

$$\mathfrak{F}^{(1)} = \left\{ \frac{\partial}{\partial \mathfrak{Y}_1} V_1^2 + \frac{\partial}{\partial \mathfrak{Y}_2} V_2^2 + \frac{\partial}{\partial \mathfrak{Y}_3} V_3^2 + \frac{\partial}{\partial \mathfrak{Y}_4} V_2 V_3 + \frac{\partial}{\partial \mathfrak{Y}_5} V_3 V_1 + \frac{\partial}{\partial \mathfrak{Y}_6} V_1 V_2 \right\} \mathfrak{F};$$

sie ist also eine quadratische Form (Form zweiter Classe) mit den Coefficienten

$$\mathfrak{W}_i = \frac{\partial \mathfrak{F}}{\partial \mathfrak{Y}_i} \; (i = 1, 2, 3) \quad \mathfrak{W}_\varkappa = 2 \frac{\partial \mathfrak{F}}{\partial \mathfrak{Y}_\varkappa} \; (\varkappa = 4, 5, 6).$$

Die zweite Evectante aber wird

$$\mathfrak{F}^{(2)} = \left\{ \frac{\partial}{\partial \mathfrak{Y}_1} V_1^2 + \cdots \right\} \cdot \left\{ \frac{\partial}{\partial \mathfrak{Y}_1} \overline{V}_1^2 + \cdots \right\} \mathfrak{F},$$

also eine doppelt-quadratische Form vom Typus

$$\begin{aligned} &\mathfrak{W}_{11} V_1^2 \overline{V}_1^2 + \cdots + \mathfrak{W}_{12} V_1^2 \overline{V}_2^2 + \mathfrak{W}_{21} V_2^2 \overline{V}_1^2 + \cdots \\ &\quad + 2\mathfrak{W}_{14} V_1^2 \overline{V}_2 \overline{V}_3 + 2\mathfrak{W}_{41} V_2 V_3 \overline{V}_1^2 + \cdots \\ &\quad + 4\mathfrak{W}_{44} V_2 V_3 \overline{V}_2 \overline{V}_3 + \cdots + 4\mathfrak{W}_{45} V_2 V_3 \overline{V}_3 \overline{V}_1 + 4\mathfrak{W}_{54} V_3 V_1 \overline{V}_2 \overline{V}_3 + \cdots, \end{aligned}$$

eine Form mit im Ganzen 36 Coefficienten, unter welchen sich aber nur 21 verschiedene befinden, da $\mathfrak{W}_{i\varkappa} = \mathfrak{W}_{\varkappa i}$. Es wird z. B.

$$\mathfrak{W}_{11} = \frac{\partial^2 \mathfrak{F}}{\partial \mathfrak{Y}_1^2}, \quad \mathfrak{W}_{12} = \frac{\partial^2 \mathfrak{F}}{\partial \mathfrak{Y}_1 \partial \mathfrak{Y}_2} = \mathfrak{W}_{21},$$

$$\mathfrak{W}_{14} = \frac{1}{2} \frac{\partial^2 \mathfrak{F}}{\partial \mathfrak{Y}_1 \partial \mathfrak{Y}_4} = \mathfrak{W}_{41}, \quad \mathfrak{W}_{44} = \frac{1}{4} \frac{\partial^2 \mathfrak{F}}{\partial \mathfrak{Y}_{44}},$$

$$\mathfrak{W}_{45} = \frac{1}{4} \frac{\partial^2 \mathfrak{F}}{\partial \mathfrak{Y}_4 \partial \mathfrak{Y}_5} = \mathfrak{W}_{54}.$$

Die Reihe der Evectanten einer homogenen Function p^{ten} Grades $\mathfrak{F}$ ist unbegrenzt, ausser wenn $\mathfrak{F}$ eine ganze Function ist. In diesem Falle bricht die Reihe mit dem p^{ten} Gliede ab.

Da bei der Ableitung der Formeln (VI) nur die allgemeinen Eigenschaften der Coefficienten $\mathfrak{a}_{i\varkappa}$, $\mathfrak{b}_{\varkappa i}$ benutzt sind, welche jeder linearen Transformation der Grössen $\mathfrak{Y}_i$ zukommen, so stellen sich ihnen ganz analoge Formeln an die Seite, welche von den Differentialquotienten einer Function f der Veränderlichen X_i oder V_i handeln:

$$(6)\quad \begin{aligned} \frac{\partial f}{\partial Y_i} &= b_{i1}\frac{\partial f'}{\partial Y_1'} + \cdots + b_{i3}\frac{\partial f'}{\partial Y_3'} \\ \frac{\partial f}{\partial Y_i'} &= a_{1i}\frac{\partial f}{\partial Y_1} + \cdots + a_{3i}\frac{\partial f}{\partial Y_3} \end{aligned} \qquad (i = 1, 2, 3).$$

Es gilt also auch der Satz

VI. *Die partiellen Differentialquotienten einer Function f der Veränderlichen Y_1, Y_2, Y_3 verhalten sich gegenüber linearen Transformationen ebenso, wie die den Y_i dualistisch gegenüberstehenden Veränderlichen V_1, V_2, V_3.*

Diese Bemerkung hat bereits *Boole* für die Invariantentheorie verwerthet.[12])

Wir haben hier die Evectanten definirt mit Bezug auf die den Transformationen (1) und (3) unmittelbar unterworfenen Veränderlichen Y und V. Später werden wir diese Veränderlichen durch die Coefficienten linearer Formen ersetzen; wir werden dann die aus den Evectanten entstehenden Bildungen ohne erneute Definition ebenfalls wieder als Evectanten bezeichnen; und werden ähnlich in anderen, analogen Fällen verfahren. (Vgl. I, S. 8.)

Es versteht sich von selbst, dass alle die aufgeführten Sätze im *binären Gebiete* ihre vollkommenen Analoga haben; wie haben hier, wie in anderen Fällen wohl nicht nöthig, dieselben einzeln aufzuführen. Es ist indessen zu bemerken, dass die Formeln, die man nach dem Muster der Formeln dieses Paragraphen für ein Gebiet 2ter Stufe bilden kann, keineswegs in derjenigen Gestalt auftreten, welche den besonderen Verhältnissen dieses einfachsten Falles am besten angepasst ist. Der Grund hierfür liegt darin, dass die Unterscheidung der einander dualistisch zugeordneten Veränderlichen Y und V, welche bei Gebieten von höherer als der zweiten Stufe nothwendig ist, im binären Gebiete aufhört, naturgemäss zu sein, da hier das Princip der Dualität wegfällt. Es sei mir daher gestattet, anhangsweise die einschlägigen Verhältnisse bei den binären Formen kurz zu besprechen, soweit es nöthig erscheint, um in unseren späteren, auf binäre Formen bezüglichen Darlegungen keine Zweideutigkeiten entstehen zu lassen.

Führen wir bei einer binären Form $f = (ay)^n = (a_1 y_2 - a_2 y_1)^n$ diese Bezeichnung ein:

$$(1)\quad f = a_0 y_2^n - \binom{n}{1} a_1 y_2^{n-1} y_1 + \binom{n}{2} a_2 y_2^{n-2} y_1^2 - + \cdots + (-1)^n a_n y_1^n,$$

so dass also $a_1^n = a_0$, $a_1^{n-1} a_2 = a_1$ u. s. f., so würden wir nach dem bei den ternären Formen Gesagten als „Evectante" einer Function $\mathfrak{F}$ der Coefficienten $a_0, a_1, a_2 \ldots$ den folgenden Ausdruck zu bezeichnen haben:

$$\frac{\partial \mathfrak{F}}{\partial a_0} v_2^n - \frac{\partial \mathfrak{F}}{\partial a_1} v_2^{n-1} v_1 + \frac{\partial \mathfrak{F}}{\partial a_2} v_2^{n-2} v_1^2 - + \cdots + (-1)^n \frac{\partial \mathfrak{F}}{\partial a_n} v_1^n.$$

Denken wir uns nun die Veränderlichen y einer linearen Transformation von der Determinante $\varDelta = \alpha_{11}\alpha_{22} - \alpha_{12}\alpha_{21} = 1$ unterworfen:

$$(2)\quad \begin{aligned} y_1 &= \alpha_{11} y_1' + \alpha_{12} y_2' \\ y_2 &= \alpha_{21} y_1' + \alpha_{22} y_2', \end{aligned}$$

so treten in den Transformationsformeln für die Grössen v wieder dieselben Coefficienten auf, aber in einer anderen Anordnung:

$$(3)\quad \begin{aligned} v_1 &= \alpha_{22} v_1' - \alpha_{21} v_2' \\ v_2 &= -\alpha_{21} v_1' + \alpha_{11} v_2'. \end{aligned}$$

Der Bau dieser Formeln zeigt, dass man statt der Grössen v_1, v_2 *noch auf unendlich viele Arten* Grössen z_1, z_2 einführen kann, welche ebenso transformirt werden, wie y_1, y_2: man hat nur $v_1 = \lambda z_2$ $v_2 = -\lambda z_1$ zu setzen, wo λ einen beliebigen Parameter bedeutet. Wenn wir also überall, wo Grössen v_1, v_2 auftreten, dieselben durch geeignet gewählte Grössen z_1, z_2 ersetzen, so werden die Formeln (3) überflüssig, und wir brauchen nur noch das eine Gleichungssystem (2) in Betracht zu ziehen. Es ist aber nicht zweckmässig, durch alle Formeln den willkürlichen Parameter λ mitzuschleppen; wir entscheiden uns daher für eine beliebige, aber *bestimmte* Annahme desselben, etwa für diese: $\lambda = -1$. Wir setzen also

$$v_1 = -z_2 \quad v_2 = z_1.$$

Identificiren wir nun noch die Veränderlichen z mit den ursprünglichen Veränderlichen y, so ergibt sich uns folgende *Definition der Evectante einer Function $\mathfrak{F}$ der Coefficienten einer binären Form f:*

$$(4)\quad \mathfrak{F}' = (a'y)^n = \frac{\partial \mathfrak{F}}{\partial a_0} y_1^n + \frac{\partial \mathfrak{F}}{\partial a_1} y_1^{n-1} y_2 + \cdots + \frac{\partial \mathfrak{F}}{\partial a_n} y_2^n.$$

Hier hängen die Coefficienten a_0', $a_1' \ldots$ von $(a'y)^n$ mit den partiellen Differentialquotienten von $\mathfrak{F}$ durch die Formeln zusammen:

$$a_0' = \frac{\partial \mathfrak{F}}{\partial a_n}; \ -\binom{n}{1} a_1' = \frac{\partial \mathfrak{F}}{\partial a_{n-1}}; \ \cdots (-1)^n a_n' = \frac{\partial \mathfrak{F}}{\partial a_0}.$$

Unter Zugrundelegung dieser Definition der Evectante wird dann

$$\frac{\partial \mathfrak{F}}{\partial a_0} a_0 + \frac{\partial \mathfrak{F}}{\partial a_1} a_1 + \cdots + \frac{\partial \mathfrak{F}}{\partial a_n} a_n$$

$$= a_0' a_n - \binom{n}{1} a_1' a_{n-1} + - \cdots + (-1)^n a_n' a_0$$

$$= (a' a)^n = (-1)^n (a a')^n.$$

Es gilt ferner der Satz, dass die Coefficienten a_0', a_1', ... sich gegenüber linearen Transformationen ebenso verhalten, wie die entsprechenden Coefficienten a_0, a_1, ... einer Grundform f.

§ 2.

Erster Fundamentalsatz der symbolischen Methode. Invariante Processe.

Die in § 1 eingeführte symbolische Bezeichnung würde nur ein schwaches Hilfsmittel der Forschung sein, wäre dieselbe wirklich nur auf solche ganze homogene Functionen anwendbar, welche linear in den Coefficienten der Grundformen sind. Eine unmittelbare Ausdehnung der symbolischen Schreibart auf ganze Functionen beliebigen Grades ist freilich ausgeschlossen, wegen der dann entstehenden Vieldeutigkeiten. Gelingt es aber, einer Function p^{ten} Grades $\mathfrak{F}$ der Coefficienten der Grundform F eine andere Function $\overline{\mathfrak{F}}$ zuzuordnen, welche statt der Coefficienten von F die Coefficienten von p *verschiedenen* Formen $F_1 \ldots F_p$, und zwar die Coefficienten einer jeden in linearer Weise enthält, und aus welcher die ursprüngliche Function J durch die Annahme $F_1 = \cdots = F_p = F$ wieder hervorgeht, so wird man für diese Function $\overline{\mathfrak{F}}$ die symbolische Schreibart anwenden können; damit hat man dann aber auch eine symbolische Darstellung von $\mathfrak{F}$ selbst, sobald man nur festsetzt, dass nicht die einzelnen Symbole von $F_1 \ldots F_p$ einander gleichgesetzt werden, sondern erst ihre Verbindungen zu Coefficienten von $F_1 \ldots F_p$.

Dies ist der zuerst von *Aronhold* gefasste Grundgedanke der symbolischen Methode. Wir bringen den fundamentalen Satz, um welchen es sich hier handelt, der Einfachheit halber wieder nur für den besonderen Fall zur Darstellung, in welchem eine ganze homogene Function $\mathfrak{F}$ der Coefficienten einer einzigen Grundform F vorliegt, die eine einzige Veränderliche Y und eine einzige Veränderliche V enthält; die Verallgemeinerung ergibt sich dann unmittelbar.

Sind die Argumente der Function $\mathfrak{F}$, die Coefficienten der Form F, unabhängig veränderliche Grössen, so werden wir die Function $\mathfrak{F}$ auch bilden können aus den Coefficienten der Form

$$\Phi = \lambda_1 F_1 + \cdots + \lambda_p F_p,$$

worin $\lambda_1 \ldots \lambda_p$ numerische Parameter, $F_1 \ldots F_p$ aber irgend welche Formen bedeuten, die dieselben Ordnungszahlen (m, n) haben, wie F.

Entwickeln wir nun $\mathfrak{F}(\Phi)$ nach Potenzen von $\lambda_1 \ldots \lambda_p$, und bezeichnen den Coefficienten von $p!\,\lambda_1 \ldots \lambda_p$ durch $\overline{\mathfrak{F}}(F_1 \ldots F_p)$; so ist diese Function $\overline{\mathfrak{F}}(F_1 \ldots F_p)$ erstens linear in den Coefficienten sämmtlicher Formen $F_1 \ldots F_p$, zweitens ist sie eindeutig bestimmt durch die Function $\mathfrak{F}(F)$, und drittens geht sie wieder in letztere Function über, sobald man $F_1 = \ldots = F_p = F$ setzt. Im Ausdruck der Function $\overline{\mathfrak{F}}(F_1 \ldots F_p)$ können wir nun aber ohne dass eine Unbestimmtheit entstände, die Coefficienten einer jeden Form F_i symbolisch als Potenzen und Producte der Coefficienten linearer Formen schreiben, d. h. wir können setzen $F_i = (U_i Y)^m (V_i X)^n$.

Sei nun die Function $\mathfrak{F}$ insbesondere eine Invariante J, und $\overline{J}(F_1 \ldots F_p)$ der aus ihr auf die angegebene Art abgeleitete Ausdruck. Dann ist $J(\Phi) = J(\Phi')$, wenn Φ' die aus Φ durch lineare Transformation hervorgegangene Form bedeutet. Die rechte und linke Seite dieser Identität sind ganze Functionen p^{ten} Grades von $\lambda_1 \ldots \lambda_p$; es muss also dieselbe Identität noch bestehen für alle Coefficienten der Entwickelung nach Potenzen und Producten von $\lambda_1 \ldots \lambda_p$; und man hat insbesondere auch

$$\overline{J}(F_1 \cdots F_p) = \overline{J}(F_1' \cdots F_p').$$

Es ist also auch die Function $\overline{J}(F_1 \ldots F_p)$ eine Invariante. Sie geht wieder in J über, wenn man $F_1 = \ldots = F_p = F$ setzt.

Wir können das Ergebniss dieser Betrachtung in folgenden Satz fassen:

I. *Sei J eine ganze Invariante p^{ten} Grades der Form $F = (AX)^m (UP)^n$. Dann kann man dieser Function J durch eine bestimmte und eindeutig umkehrbare Operation eine andere $\overline{J}$ zuordnen, welche ebenfalls eine ganze Invariante ist, aber statt der Coefficienten von F die Coefficienten von p Paaren linearer Formen $(A_i Y)$, $(P_i V)$ $(i = 1 \ldots p)$ enthält, und zwar die Coefficienten jeder Form $(A_i Y)$ im Grade m und die Coefficienten jeder Form $(P_i V)$ im Grade n.*

Wichtig ist, dass durch dieses *Reciprocitätsgesetz* oder *Uebertragungsprincip* einer ganzen Invariante J, welche identisch den Werth Null hat, immer eine ganze Invariante $\overline{J}$ zugeordnet wird, welche ebenfalls verschwindet. Es werden also nicht allein die Invarianten selbst einander zugeordnet, sondern auch die identischen Relationen, welche zwischen ihnen bestehen: *Man kann auf Grund des Satzes I an Stelle des Rechnens mit allgemeinen Invarianten beliebiger Formen ein Rechnen mit besonderen Invarianten linearer Formen setzen.*

Da die Theorie aller anderen Functionen mit Invarianteneigenschaft auf der Theorie der ganzen Invarianten beruht, wie wir im ersten Abschnitte gesehen haben, so muss als eine Fundamentalaufgabe der Invariantentheorie jedenfalls diese bezeichnet werden:

Die allgemeine Form einer ganzen Invariante anzugeben, d. h. Methoden zu finden, durch welche man alle von einander verschiedenen Invarianten gegebenen Grades irgend welcher Grundformen hinschreiben kann.

Durch die vorstehende Betrachtung *Aronhold's* ist dieses Problem zwar noch nicht gelöst, aber doch seiner Lösung näher geführt: Man hat dieselbe Aufgabe nur noch für die linearen Formen zu behandeln, also für Formen der allereinfachsten Art. Dass die Zahl dieser linearen Formen in jedem einzelnen Falle grösser wird, als die Zahl der vorgelegten Formen, kommt nicht in Betracht, da ja in obiger Fundamentalaufgabe die Zahl der vorgelegten Formen keiner Beschränkung unterworfen ist. Auf die Behandlung des reducirten Problems gehen wir im Augenblicke noch nicht ein; für jetzt sei nur bemerkt, dass in dem System der linearen Formen (AY), (BY), (CY), ..., (VP), (VQ), (VR), ..., wo z. B.

$$(AY) = A_1 Y_1 + A_2 Y_2 + A_3 Y_3$$
$$(VP) = V_1 P_1 + V_2 P_2 + V_3 P_3,$$

die folgenden drei Coefficientenverbindungen ganze Invarianten sind:

$$(ABC) = | A_1 B_2 C_3 | = \begin{vmatrix} A_1 B_1 C_1 \\ A_2 B_2 C_2 \\ A_3 B_3 C_3 \end{vmatrix}$$
$$(AP) = A_1 P_1 + A_2 P_2 + A_3 P_3$$
$$(PQR) = | P_1 Q_2 R_3 | = \begin{vmatrix} P_1 Q_1 R_1 \\ P_2 Q_2 R_2 \\ P_3 Q_3 R_3 \end{vmatrix},$$

was man durch eine bekannte Rechnung mit Leichtigkeit verificirt.

Die bei der Ableitung des Theorems I benutzte Operation: F durch Φ ersetzen, und dann den Coefficienten von $p!\lambda_1 \ldots \lambda_p$ nehmen, wird im praktischen Rechnen bequemer durch eine einfachere ersetzt, durch deren Wiederholung jene sich wieder erzeugen lässt, nämlich durch den (in einem besonderen Falle früher schon von *Boole* benutzten) sogenannten *Aronhold'schen Process.* Dieser besteht darin, dass man in einer analytischen Function $\mathfrak{F}$ der Coefficienten einer Grundform F diese letztere durch $F + \lambda \overline{F}$ ersetzt, und dann in der Entwickelung von $\mathfrak{F}$ nach Potenzen von λ den Coefficienten der ersten Potenz nimmt. Seien $\mathfrak{Y}_1 \cdots \mathfrak{Y}_N$ die Coefficienten von F, $\overline{\mathfrak{Y}}_1 + \cdots + \overline{\mathfrak{Y}}_N$ die Coefficienten der neuen Form $\overline{F}$, so wird der Aronhold'sche Process dargestellt durch das Zeichen

$$\mathfrak{D}\mathfrak{F} = \sum_1^N {}^i \frac{\partial \mathfrak{F}}{\partial \mathfrak{Y}_i} \overline{\mathfrak{Y}}_i.$$

Der Aronhold'sche Process hat die Eigenthümlichkeit, die Invarianteneigenschaft einer Function $\mathfrak{F}$ nicht aufzuheben, und zwar nicht nur in Bezug auf ganze Functionen, sondern in Bezug auf analytische Functionen überhaupt. Es hat dies seinen Grund darin, dass dem Aronhold'schen Process selber die *Invarianteneigenschaft* zukommt, das heisst, dass man die Reihenfolge der Anwendung des Aronhold'schen Processes einerseits und die Ausführung einer linearen Transformation auf die Veränderlichen (Y, V) andererseits ohne Aenderung des Resultates vertauschen kann (S. 6). Es gilt sogar der allgemeinere Satz:

II. *Anwendung des Aronhold'schen Processes, und lineare Transformation der Coefficienten der Grundformen sind vertauschbare Operationen.*

Möge die Function $\mathfrak{F}(\mathfrak{Y}_i)$ durch die lineare Transformation übergehen in die numerisch, aber im Allgemeinen nicht auch formal gleiche Function $\mathfrak{F}'(\mathfrak{Y}_i')$, und mögen die beiden Coefficientensysteme $\mathfrak{Y}_i$ und $\mathfrak{Y}_i'$ durch Gleichungen von der Form (I) und (II), § 1 zusammenhängen. Dann hat man

$$\mathfrak{D}\mathfrak{F}' = \sum{}^i \frac{\partial \mathfrak{F}'}{\partial \mathfrak{Y}_i'} \overline{\mathfrak{Y}}_i' = \sum{}^i \left\{ \sum{}^\varkappa \mathfrak{a}_{\varkappa i} \frac{\partial \mathfrak{F}}{\partial \mathfrak{Y}_\varkappa} \right\} \left\{ \sum{}^l \mathfrak{b}_{li} \overline{\mathfrak{Y}}_l \right\}$$
$$= \sum{}^\varkappa \sum{}^l \left\{ \sum{}^i \mathfrak{a}_{\varkappa i} \mathfrak{b}_{li} \right\} \frac{\partial \mathfrak{F}}{\partial \mathfrak{Y}_\varkappa} \overline{\mathfrak{Y}}_l.$$

Hier verschwinden nun in Folge der Relationen (V) § 1 alle Glieder, für welche $\varkappa \neq l$, die Coefficienten der übrigen aber werden gleich Eins. Mithin ergibt sich

$$\mathfrak{D}\mathfrak{F}' = \sum{}^i \frac{\partial \mathfrak{F}'}{\partial \mathfrak{Y}_i'} \overline{\mathfrak{Y}}_i' = \sum{}^i \frac{\partial \mathfrak{F}}{\partial \mathfrak{Y}_i} \overline{\mathfrak{Y}}_i = \mathfrak{D}\mathfrak{F};$$

es ist also einerlei, ob man die Operation $\mathfrak{D}\mathfrak{F}$ vor oder nach der linearen Transformation (I, II) ausführt. Da die Abhängigkeit der Coefficienten dieser Formeln von den Coefficienten a_{lm} in vorstehender Ableitung nicht benutzt ist, so ergibt sich der Satz II.

Reducirt sich die bei Ausführung des Aronhold'schen Processes zugezogene Form $\overline{F}$ insbesondere auf ein Product von Potenzen der veränderlichen linearen Formen, wird also in unserem typischen Falle $\overline{F} = (UY)^m (VX)^n$, so verwandelt sich der Aronhold'sche Process in den in § 1 betrachteten Evectantenprocess, abgesehen von der modificirten Bedeutung der Veränderlichen. *Der Evectantenprocess ist also ein besonderer Fall des Aronhold'schen Processes.*

Da durch den Aronhold'schen Process, und also auch durch den Evectantenprocess die Invarianteneigenschaft einer Function J nicht aufgehoben wird, so ergibt sich:

III. *Die Evectanten einer analytischen Invariante oder Covariante sind analytische Covarianten.*

Der Aronhold'sche Process ist übrigens von seinem Specialfall, dem Evectantenprocess, nicht wesentlich verschieden: Ersterer geht dann wieder aus dem letzteren hervor, wenn man den neu eingeführten Veränderlichen U und X die Bedeutung von Symbolen beilegt. Die Function $\mathfrak{F} = \Sigma \frac{\partial \mathfrak{F}}{\partial \mathfrak{Y}_i} \overline{\mathfrak{Y}}_i$, welche durch Anwendung des Aronhold-schen Processes aus der Function $\mathfrak{F}$ entsteht, ist eine *simultane Invariante* der Evectante $\mathfrak{F}^{(1)}$ von $\mathfrak{F}$ und der neu hinzugefügten Form $\overline{F}$; man erhält sie eben, wenn man die Veränderlichen von $\mathfrak{F}^{(1)}$ durch die entsprechenden Symbole von $\overline{F}$ ersetzt. Wir bezeichnen diese Invariante mit $[\mathfrak{F}^{(1)}, \overline{F}]$ oder mit $[\overline{F}, \mathfrak{F}^{(1)}]$. Ueberhaupt, seien F und Φ zwei einander dualistisch gegenüberstehende Formen, $F = \Sigma p_i \mathfrak{Y}_i \Pi_i (Y, V)$, $\Phi = \Sigma \mathfrak{V}_i \Pi_i (V, Y) = \Sigma p_i \mathfrak{W}_i \Pi_i (V, Y)$, so schreiben wir immer abkürzend

$$[F, \Phi] = \sum_1^N {}^i\, \mathfrak{Y}_i \mathfrak{V}_i = \sum_1^N {}^i\, p_i \mathfrak{Y}_i \mathfrak{W}_i.$$

Man erhält diese simultane Invariante, wenn man die Veränderlichen von F durch die Symbole von Φ ersetzt, oder umgekehrt.

Ersetzt man in der Evectante $\mathfrak{F}^{(1)}$ einer homogenen Function $\mathfrak{F}$ die Veränderlichen nicht durch Symbole einer neuen Form $\overline{F}$, sondern durch Symbole der Grundform F selbst, so erhält man nach dem Euler'schen Theorem wieder die Function $\mathfrak{F}$, multiplicirt mit ihrem Grade in den Coefficienten von F.

Ein einfaches Beispiel mag die eingeführten Bezeichnungen und Begriffe veranschaulichen. Es seien $(AX)^2$, $(BX)^2$, $(CX)^2$ verschiedene symbolische Schreibarten einer ternären quadratischen Form F; $\overline{F} = (\overline{A}X)^2$ sei eine zweite quadratische Form, $\Phi = (UP)^2$ eine dritte, der dualistisch gegenüberstehenden Art. Dann sind $(AP)^2$ und $(ABC)^2$

die symbolischen Ausdrücke von ganzen Invarianten; die letztere hat den Grad 3 in den Coefficienten von F. Weiter ist $[F, \Phi] = (AP)^2$; ferner die erste Evectante $J^{(1)}$ von $J = (ABC)^2$: $J^{(1)} = 3\,(ABU)^2$, ebenso die zweite Evectante $J^{(2)} = 6\,(AUV)^2$ und die dritte Evectante $J^{(3)} = 6\,(UVW)^2$. Die Anwendung des Aronhold'schen Processes auf J ergibt $\mathfrak{D}J = [J^{(1)}, \overline{F}] = 3\,(AB\overline{A})^2$; setzt man $\overline{F} = F$, so kommt $[J^{(1)}, F] = 3\,(ABC)^2 = 3\,\mathfrak{J}$. —

Ueber den Evectantenprocess sei noch Folgendes bemerkt. Die Evectante $\mathfrak{G}^{(1)}$ einer Function $\mathfrak{G}$ mehrerer Functionen $\mathfrak{F}_1, \mathfrak{F}_2, \cdots$ setzt sich aus den Evectanten $\mathfrak{F}_1^{(1)}, \mathfrak{F}_2^{(1)}, \cdots$ dieser letzteren so zusammen:

$$\mathfrak{G}^{(1)} = \frac{\partial \mathfrak{G}}{\partial \mathfrak{F}_1}\mathfrak{F}_1^{(1)} + \frac{\partial \mathfrak{G}}{\partial \mathfrak{F}_2}\mathfrak{F}_2^{(1)} + \cdots.$$

Ist $\mathfrak{G}$ identisch Null, so gilt dasselbe von $\mathfrak{G}^{(1)}$. Hieraus folgt:

Hat eine Grundform F r unabhängige Invarianten, so gehören die Evectanten ihrer sämmtlichen Invarianten einem System von r linear unabhängigen Formen an — nämlich dem System $c_1 J_1^{(1)} + \cdots + c_r J_r^{(1)}$, sofern $J_1^{(1)} \cdots J_r^{(1)}$ die Evectanten der r unabhängigen Invarianten $J_1 \cdots J_r$ sind, und $c_1 \cdots c_r$ irgend welche von den in $J_1^{(1)} \cdots J_r^{(1)}$ auftretenden Veränderlichen freie Grössen bedeuten.

Aus jeder identischen Relation $\mathfrak{G} = 0$ zwischen ganzen Invarianten ergibt sich eine entsprechende Identität $\mathfrak{G}^{(1)} = 0$ zwischen diesen Invarianten und ihren Evectanten, aus welcher man vermittelst des Euler'schen Theorems, d. h. durch Bildung einer einfachen simultanen Invariante auch die ursprüngliche Identität $\mathfrak{G} = 0$ wieder herleiten kann. Da der Evectantenprocess den Grad einer homogenen Function in den Coefficienten der Grundform erniedrigt, so ist es in Fällen, wo es sich nur noch um die Auswerthung der Zahlencoefficienten einer Identität handelt, unter Umständen vortheilhaft, statt die Identität $\mathfrak{G} = 0$ unmittelbar zu bilden, erst die entsprechende Identität $\mathfrak{G}^{(1)} = 0$ zu bestimmen. —

Aus der algebraischen Gleichung, welche eine irrationale algebraische Invariante definirt, kann man leicht die Definitionsgleichung ihrer Evectante herleiten, welche eine irrationale algebraische Covariante ist. Sei nämlich λ_0 eine irrationale algebraische Invariante, definirt als Wurzel einer Gleichung n^{ten} Grades:

$$J_0 \lambda^n + J_1 \lambda^{n-1} + \cdots + J_n = 0,$$

deren Coefficienten ganze Invarianten sind, und seien $J_0^{(1)}, J_1^{(1)} \cdots J_n^{(1)}$ bezüglich die Evectanten dieser letzteren; so wird die Evectante $\lambda_0^{(1)}$ von λ_0 gegeben durch den Ausdruck

$$\lambda_0^{(1)} = -\frac{J_0^{(1)}\lambda_0^n + J_1^{(1)}\lambda_0^{n-1} + \cdots + J_n^{(1)}}{n\,J_0\,\lambda_0^{n-1} + (n-1)\,J_1\,\lambda_0^{n-2} + \cdots + J_{n-1}},$$

aus welchem man in bekannter Weise die gesuchte Gleichung erhält. —

Ein besonderer Fall des auf ganze homogene Functionen angewendeten Evectantenprocesses hat sich der Untersuchung schon lange vor Entstehung der heutigen Invariantentheorie aufgedrängt: der *Polarenprocess*. Man erhält eine von der Polarenbildung nicht wesentlich verschiedene Operation, wenn man die Formen F und $\overline{F}$ mit zwei gleichartigen linearen Formen identificirt, die als Veränderliche betrachtet werden. Sei etwa $F = (VX)$ und $\overline{F} = (VX_1)$, so kann man jede simultane ganze Invariante J der Form F und beliebiger anderer Formen symbolisch schreiben $J = (AX)^n$, und erhält dann als Evectante dieser Invariante den Ausdruck $n\,(AX)^{n-1}\,(AX_1)$. Man bezeichnet indessen nicht gerade diese Evectante als „Polare", sondern die Form $(AX)^{n-1}(AX_1)$ ohne Zahlenfactor; überhaupt heisst „*Polare*" der Form oder Invariante $(AX)^n$ jeder Ausdruck $(AX_1)^{m_1}\cdots(AX_r)^{m_r}$ $(m_1 + \cdots + m_r = n)$. Nach dem über den Aronhold'schen Process Gesagten versteht es sich von selbst, dass der Operation der Polarenbildung die Invarianteneigenschaft zukommt. Während der allgemeine Aronhold'sche Process und auch noch der Evectantenprocess sich auf beliebige homogene Functionen beziehen, ist der Polarenprocess nur für solche homogene Functionen definirt, welche man als algebraische Formen zu bezeichnen pflegt, d. h. welche in Bezug auf die dem Process unterworfene Veränderliche *ganze* Functionen sind. Dahin gehören ausser den Grundformen natürlich auch ihre analytischen Covarianten. Solche simultane Invarianten der veränderlichen linearen Formen mit anderen Formen, welche in Bezug auf die linearen Formen keine ganzen Functionen sind, fallen nicht unter den Begriff der „Form"; in ihrer Theorie bietet sich, soviel wir sehen können, keine Veranlassung dar, den Evectantenprocess durch eine der Polarenbildung entsprechende Operation zu ersetzen. —

Der Aronhold'sche Process mit seinen Specialfällen ist nicht der einzige Differentiationsprocess, welchem die Invarianteneigenschaft zukommt. Weitere erhalten wir auf Grund des folgenden Satzes:

IV. *Sei $\mathfrak{F}$ eine (unbestimmte) analytische Function der Coefficienten der Formen $F, F_1 \cdots F_r$, und seien $\Psi_1 \cdots \Psi_\varkappa$ eine Reihe von Formen, welche beziehungsweise dieselben Ordnungszahlen haben, wie die Evectanten $\mathfrak{F}^{(1)} \cdots \mathfrak{F}^{(\varkappa)}$ der Function $\mathfrak{F}$ in Bezug auf die Form F, und in welchen die Veränderlichen geradeso vertauschbar sind, wie in diesen Evectanten. Sei ferner J eine simultane analytische Invariante der Formen*

$F, F_1 \cdots F_r, \Psi_1 \cdots \Psi_\varkappa$; so verwandelt sich J in einen invarianten Process, wenn man $\Psi_1 \cdots \Psi_\varkappa$ mit den Evectanten $\mathfrak{F}^{(1)} \cdots \mathfrak{F}^{(\varkappa)}$ identificirt, also die Coefficienten von $\Psi_1 \cdots \Psi_\varkappa$ beziehungsweise den mit geeigneten Zahlenfactoren multiplicirten Differentialquotienten der Function $\mathfrak{F}$ gleich setzt.

Wir haben in § 1 gesehen, dass die als erste Evectante einer Function $\mathfrak{F}(F)$ bezeichnete Form sich gegenüber linearen Transformationen geradeso verhält, wie eine zu F dualistische Form Φ (Satz V, S. 40). Daraus folgerten wir, dass der Evectantenprocess die Invarianteneigenschaft besitzt, d. h. dass es einerlei ist, ob man erst durch lineare Transformation die Function $\mathfrak{F}(F)$ in $\mathfrak{F}'(F')$ überführt, und dann die Evectante $\mathfrak{F}'^{(1)}$ bildet, oder ob man erst die Evectante $\mathfrak{F}^{(1)}$ bildet, und diese dann durch die Transformation in $\mathfrak{F}^{(1)'}$ überführt (Satz II S. 48). Darin liegt zugleich, dass derselbe Satz für alle höheren Evectanten gilt. Es kann also die Invarianteneigenschaft von J dadurch nicht aufgehoben werden, dass man die Formen $\Psi_1 \cdots \Psi_\varkappa$ durch $\mathfrak{F}^{(1)} \cdots \mathfrak{F}^{(\varkappa)}$ ersetzt. Natürlich darf man in dem erhaltenen Differentiationsprocess die Coefficienten der Formen $F, F_1, \ldots F_r$ nicht etwa als constante Grössen behandeln, sondern man muss sie nach wie vor der linearen Transformation unterwerfen.

Wenden wir die aus J hervorgegangene Operation (oder überhaupt irgend einen invarianten Process) auf eine andere Invariante J_1 oder auch auf J selbst an, so erhalten wir nothwendig wieder eine Function mit Invarianteneigenschaft — insbesondere erhalten wir eine ganze Function, wenn J und J_1 ganze Invarianten sind.

Dieser Satz umfasst als besondere Fälle eine Reihe von einzelnen Sätzen, welche Herr *Sylvester* ausgesprochen hat[13]). Man erhält dieselben, wenn man sich auf den Fall $\varkappa = 1$ beschränkt, in welchem nur Differentialquotienten erster Ordnung auftreten, und dann den allgemeinen Invariantenbegriff, wie gebräuchlich, in verschiedene ihm untergeordnete Begriffe (Invariante, Covariante, Contravariante u. s. w.) zerspaltet. — Es verdient hervorgehoben zu werden, dass bei Gebrauch der „präparirten Formen“ das Theorem IV eine etwas einfachere Aussprache erhält: Man kann die Coefficienten der Formen $\Psi_1 \cdots \Psi_\varkappa$ den entsprechenden Differentialquotienten unmittelbar gleich setzen, ohne die (übrigens leicht zu bestimmenden) Zahlenfactoren. Denn unter Zugrundelegung jener Schreibart wird ja das Ergebniss des Evectantenprocesses ebenso normirt, wie die Grundform selbst (S. 41).

Es mag dem Leser überlassen bleiben, sich Beispiele für das allgemeine Theorem IV zu suchen, sowie auch dasselbe auf den Fall auszudehnen, wo Evectanten der Function $\mathfrak{F}$ gleichzeitig in Bezug auf mehrere der Formen $F, F_1, \cdots$ („gemischte Evectanten") gebildet werden. Hier soll nur noch ein besonders wichtiger Specialfall dieses verallgemeinerten Theorems angeführt werden, der sich ergibt, wenn man die Invarianteneigenschaft der drei Verbindungen (ABC), (AP), (PQR) der Coefficienten der linearen Formen (AY), (BY), (CY), (VP), (VQ) (VR) berücksichtigt (vgl. S. 47).

Wir meinen den bekannten, natürlich auch unmittelbar ohne Weiteres zu verificirenden Satz:

V. *Die drei Differentiationsprocesse, welche man symbolisch schreiben kann:*

$$\Pi f = \left| \frac{\partial}{\partial X_1} \frac{\partial}{\partial Y_2} \frac{\partial}{\partial Z_3} \right| f$$

$$P f = \frac{\partial^2 f}{\partial X_1 \partial U_1} + \frac{\partial^2 f}{\partial X_2 \partial U_2} + \frac{\partial^2 f}{\partial X_3 \partial U_3}$$

$$\Pi' f = \left| \frac{\partial}{\partial U_1} \frac{\partial}{\partial V_2} \frac{\partial}{\partial W_3} \right| f$$

besitzen die Invarianteneigenschaft.

Es ist hier angenommen, dass bei Ausrechnung der Determinanten z. B. $\frac{\partial}{\partial X_1} \frac{\partial}{\partial Y_2} \frac{\partial}{\partial Z_3} f$ ersetzt wird durch $\frac{\partial^3 f}{\partial X_1 \partial Y_2 \partial Z_3}$.

§ 3.

Die erste Gordan'sche Reihenentwickelung.

Um die auf Seite 47 formulirte Fundamentalaufgabe in ihrer nunmehrigen reducirten Form in Angriff nehmen zu können, bedürfen wir der Entwickelung weiterer Hilfsmittel — der Theorie der von Herrn *Gordan* angegebenen Reihenentwickelungen, deren Studium wir uns nunmehr zuwenden. Dieselben werden sich uns auch in der Folge vielfach als ein werthvolles, ja wir dürfen wohl sagen, als das werthvollste Mittel der Forschung erweisen; sie verdienen daher eine ausführliche Behandlung.

Wir bezeichnen (mit Herrn *Rosanes*) zwei Connexe $F = (BX)^m (UP)^n$ und $\Phi = (B'X)^n (UP')^m$ dann als *„conjugirt"* *), wenn die simultane Invariante

$$[F, \Phi] = (BP')^m (B'P)^n$$

*) Das Wort „conjugirte Connexe" ist allerdings früher von *Clebsch* in einem anderen Sinne gebraucht worden. Indessen ist mittlerweile die Rosanes'sche Bezeichnung „Conjugirt-Sein zweier Curven" allgemein angenommen worden; und da dieser Begriff auch auf Connexe anwendbar ist, so müssen wir an Stelle der Bezeichnung Clebsch's eine andere setzen. Man könnte den im Sinne Clebsch's „conjugirten" Connex eines gegebenen etwa als dessen „Umhüllungsconnex" bezeichnen.

den Werth Null hat. Unter der „*Polare*" eines Connexes $(\overline{B}X)^{m_1}(U\overline{P})^{n_1}$ $(m_1 \leqq n,\ n_1 \leqq m)$ in Bezug auf den Connex $F = (BX)^m(UP)^n$ verstehen wir die simultane Covariante

$$(B\overline{P})^{n_1}(\overline{B}P)^{m_1}(BX)^{m-n_1}(UP)^{n-m_1};$$

ist dieselbe Null für alle Werthe von X und U, so heisst der erste Connex zum zweiten „*apolar*" (*Reye*).

Besonders wichtig ist der Fall, in welchem der erste Connex eine Potenz der identischen Covariante (UX) ist, also etwa $m_1 = n_1 = \varkappa$, und

$$(\overline{B}X)^{\varkappa}(U\overline{P})^{\varkappa} = (UX)^{\varkappa}.$$

In diesem Falle wird die Polare einfach

$$\Delta^{\varkappa} F = (BP)^{\varkappa}(BX)^{m-\varkappa}(UP)^{n-\varkappa}.$$

Ist ΔF identisch Null, ist also (UX) zu F „apolar", so bezeichnen wir die Form F mit Herrn *Gordan* als eine „*Normalform*". Die Normalformen sind (wie aus später anzustellenden Betrachtungen folgt) dadurch ausgezeichnet, dass sich alle ihre unzerlegbaren linearen Covarianten auf die Grundform selbst reduciren.

Wir beweisen nun sogleich für ein Gebiet λ^{ter} Stufe den folgenden Satz:

I. *Jeder Connex* $F = (BX)^m(UP)^n$, *welcher nicht den Factor* (UX) *hat, besitzt eine lineare Covariante mit denselben Ordnungszahlen* (m, n), *welche eine Normalform ist.*

Um eine solche Normalform zu bilden, betrachten wir die folgende Covariante von F:

$$G_0 = (BP)_0 + a_1(UX)(BP)_1 + \cdots + a_{\varkappa}(UX)^{\varkappa}(BP)_{\varkappa} + \cdots,$$

worin $(BP)_{\varkappa}$ zur Abkürzung steht für $(BP)^{\varkappa}(BX)^{m-\varkappa}(UP)^{n-\varkappa}$ und die Coefficienten $a_1, \cdots a_{\varkappa}, \cdots$ irgend welche (rationale) Zahlen vorstellen. Wir suchen nun diese Coefficienten so zu bestimmen, dass die Anwendung der Operation

$$\Delta F = (BP)(BX)^{m-1}(UP)^{n-1} = \frac{1}{mn} PF \qquad \text{(S. 53)}$$

auf G_0 identisch Null liefert; denn dies ist die Bedingung dafür, dass G_0 eine Normalform ist.

Es ist aber allgemein:

$$(1)\quad \begin{cases} mn\,\Delta\,(UX)^l(BX)^{m-l}(UP)^{n-l} \\ = l(m+n-l+\lambda-1)(UX)^{l-1}(BX)^{m-l}(UP)^{n-l} \\ + (m-l)(n-l)(UX)^l(BP)(BX)^{m-l-1}(UP)^{n-l-1}, \text{ also} \end{cases}$$

$$mn\,\Delta\,G_0 = \sum\nolimits^{\varkappa} a_{\varkappa}\, mn\,\Delta\,(UX)^{\varkappa}(BP)^{\varkappa}(BX)^{m-\varkappa}(UP)^{n-\varkappa}$$

$$= \sum^{\varkappa} \Big\{ \varkappa\, (m + n + \lambda - \varkappa - 1)\, (UX)^{\varkappa-1} (BP)_{\varkappa} + (m - \varkappa)\, (n - \varkappa)\, (UX)^{\varkappa} (BP)_{\varkappa+1} \Big\} .\, a_{\varkappa}$$
$$= \sum^{\varkappa} \Big\{ (\varkappa + 1)\, (m + n + \lambda - \varkappa - 2)\, a_{\varkappa+1} + (m - \varkappa)\, (n - \varkappa)\, a_{\varkappa} \Big\} .\, (UX)^{\varkappa} (BP)_{\varkappa+1},$$

wobei alle Summen von $\varkappa = 0$ an zu nehmen und soweit fortzusetzen sind, bis die Reihen von selbst abbrechen. Die letzte Summe verschwindet jedenfalls, wenn jeder einzelne Coefficient Null ist; hieraus ergibt sich aber eine Recursionsformel für die Coefficienten $a_{\varkappa}$, aus welcher man durch vollständige Induction den Werth von $a_{\varkappa}$ findet:

$$(2) \qquad a_{\varkappa} = (-1)^{\varkappa} \frac{\binom{m}{\varkappa} \binom{n}{\varkappa}}{\binom{m+n+\lambda-2}{\varkappa}}$$

Die gefundene Normalform kann nicht identisch verschwinden, so lange F nicht den Factor (UX) hat. Denn dann kann man immer U und X so wählen, dass (UX) verschwindet, F aber von Null verschieden bleibt; von der Reihenentwickelung von G_0 bleibt dann nur das erste Glied stehen, welches einen von Null verschiedenen Werth besitzt. Hat dagegen F den Factor (UX), so kann man diesen Schluss nicht machen; wir werden sogleich sehen, dass dann in der That die Covariante G_0 identisch verschwindet (wovon man sich übrigens auch hier schon durch Rechnung überzeugen kann).

Wenden wir den Satz I auf die Covariante

$$(BP)_i = (BP)^i (BX)^{m-i} (UP)^{n-i}$$

an, so erhalten wir eine ganz analoge Reihenentwickelung:

$$(3) \qquad G_i = (BP)_i + a_{i1} (UX) (BP)_{i+1} + \cdots + a_{i\varkappa} (UX)^{\varkappa} (BP)_{i+\varkappa} + \cdots,$$

wo

$$(4) \qquad a_{i\varkappa} = (-1)^{\varkappa} \frac{\binom{m-i}{\varkappa} \binom{n-i}{\varkappa}}{\binom{m+n+\lambda-2i-2}{\varkappa}}.$$

Wir bezeichnen die Formen $G_0, G_1, G_2, \cdots$ mit Herrn *Gordan* als die „*Elementarcovarianten*" von F. Aus diesen Normalformen und Potenzen von (UX) setzt sich nun die Grundform selbst wieder in linearer Weise zusammen.

II. *Jeder Connex* (m, n) $[F = (BX)^m (UP)^n]$ *lässt sich in eine nach Potenzen von* (UX) *fortschreitende Reihe entwickeln, deren Coefficienten Normalformen sind*[14]).

Setzen wir nämlich die Reihenentwickelung an:

$$(5) \qquad F = F_0 + F_1 + F_2 + \cdots, \text{ wo } F_0 = G_0, F_i = b_i (UX)^i G_i,$$

oder ausführlicher:

$$\begin{aligned}(BP)_0 = \{(BP)_0 &+ a_{01}(UX)(BP)_1 + a_{02}(UX)^2(BP)_2 + \cdots\} \\ &+ b_1(UX)\{(BP)_1 + a_{11}(UX)(BP)_2 + \cdots\} \\ &+ b_2(UX)^2\{(BP)_2 + \cdots\} \\ &\cdots\cdots\cdots\cdots\end{aligned}$$

und suchen die Constanten $b_1, b_2, \cdots$ so zu bestimmen, dass diese Gleichung eine Identität wird, so erhalten wir ein rücksichtlich der Grössen b_i auflösbares Gleichungssystem:

$$-b_i = a_{0i} + b_1 a_{1,i-1} + b_2 a_{2,i-2} + \cdots + b_{i-1} a_{i-1,1},$$

woraus wieder durch vollständige Induction:

$$b_i = \frac{\binom{m}{i}\binom{n}{i}}{\binom{m+n+\lambda-i-1}{i}} \tag{6}$$

Von den unter I und II behandelten Reihenentwickelungen gelten nun folgende Sätze:

1) *Die Reihenentwickelung II ist eindeutig.*

Gäbe es nämlich zwei verschiedene Entwickelungen der Form F, welche nach Potenzen von (UX) fortschreiten und Normalformen als Coefficienten haben, so könnte man die Differenz bilden, und erhielte dann eine ebenso beschaffene Entwickelung der Null. Wenn nun in dieser Entwickelung kein Coefficient den Factor (UX) hat, so kann man schliessen, dass sämmtliche Entwickelungscoefficienten den Werth Null haben, dass es also auch nicht zwei verschiedene Entwickelungen von F geben kann. Denn dann kann man U und X so wählen, dass (UX) gleich Null wird, und damit alle späteren Glieder der Reihe verschwinden, das erste Glied aber von Null verschieden bleibt. Dies gibt eine widersprechende Gleichung; es muss also das erste Glied identisch Null sein. Jetzt kann man mit (UX) dividiren, und nun ebenso zeigen, dass das zweite Glied identisch verschwindet, u. s. f. Es bleibt also nur noch einzusehen, dass eine Normalform niemals den Factor (UX) haben kann.

Nehmen wir an, es gäbe eine Normalform $F = (UX)^l (BX)^{m-l} (UP)^{n-l}$, worin $l > 0$, und worin die Form $(BX)^{m-l}(UP)^{n-l}$ keinen Factor (UX) mehr haben mag. Dann erhielten wir auf der linken Seite der Gleichung (1) identisch Null. Wäre nun auf der rechten Seite $m - l = 0$, oder $n - l = 0$, oder $(BP)(BX)^{m-l-1}(UP)^{n-l-1}$ identisch gleich Null, so würde sofort auch das identische Verschwinden von $(BX)^{m-l}(UP)^{n-l}$, und damit von F folgen, da $l > 0$, $m + n - l + \lambda - 1 > 0$, und (UX) nicht identisch verschwindet. Träte aber keiner der genannten drei

Fälle ein, so würde folgen, dass $(BX)^{m-l}(UP)^{n-l}$ doch noch einen Factor (UX) hat, entgegen der Voraussetzung. Es kann also eine Form mit dem Factor (UX) keine Normalform sein.

2) *Die Coefficienten der Elementarcovarianten $G_0, G_1, G_2, \cdots$ sind von einander unabhängig, bis auf die Beschränkung, welche durch das Bestehen des Gleichungssystems $\Delta G_i = 0$ bedingt wird.*

Dies folgt unmittelbar aus der Eindeutigkeit der Reihenentwickelung. Denn seien $G_0', G_1', \cdots$ irgend welche Normalformen mit denselben Ordnungszahlen, wie $G_0, G_1, \cdots$ so kann man, indem man an Stelle von G_i die Form G_i' setzt, eine Form F mit den Ordnungszahlen (m, n) herstellen. Entwickelt man nun diese Form nach ihren Elementarcovarianten $G_0, G_1, \cdots$, so müssen dieselben wegen der Eindeutigkeit der Reihenentwickelung mit den Formen G_0' $G_1' \cdots$ zusammenfallen.

Hieraus ergibt sich eine nicht unwichtige Folgerung:

Dass die $\binom{m+\lambda-2}{\lambda-1}\binom{n+\lambda-2}{\lambda-1}$ Bedingungsgleichungen $\Delta F = 0$ von einander unabhängig sind.

Wären sie nämlich nicht unabhängig, so würde die Normalform F_0 mehr willkürliche Constanten haben, als die Differenz der Constantenzahlen des Connexes (m, n) und des Connexes $(m-1, n-1)$ beträgt.

Dann aber hätten die Formen $G_1, G_2, \cdots$ zusammen weniger unabhängige Constanten, als ein Connex $(m-1, n-1)$, was unmöglich, da man einen Connex $(m-1, n-1)$ in eine nach Formen $G_1, G_2, \cdots$ fortschreitende Reihe entwickeln kann, und diese Formen nach Satz 2) beliebig angenommen werden können. Es ergibt sich also die Zahl N der unabhängigen Constanten einer Normalform (m, n) gleich der Differenz der Constantenzahlen eines Connexes (m, n) und eines Connexes $(m-1, n-1)$:

$$N = \frac{m+n+\lambda-1}{\lambda-1} \cdot \binom{m+\lambda-2}{\lambda-2} \cdot \binom{n+\lambda-2}{\lambda-2}. \tag{7}$$

3) *Hat die Form $F = (BX)^m (UP)^n$ den Factor $(UX)^\varkappa$, so verschwinden in der Reihenentwickelung von F die $\varkappa$ ersten Glieder F_0, $F_1, \cdots F_{\varkappa-1}$.*

Zum Beweise hat man nur $F = (BX)^m (UP)^n = (UX)^\varkappa (B'X)^{m-\varkappa} (UP')^{n-\varkappa}$ zu setzen, und links auf die Form $(BX)^m (UP)^n$, rechts aber auf die Form $(B'X)^{m-\varkappa}(UP')^{n-\varkappa}$ die Reihenentwickelung anzuwenden. Rechts fehlen die Glieder mit den Factoren $(UX)^0, \cdots (UX)^{\varkappa-1}$, also, wegen der Eindeutigkeit der Entwickelung, auch links. —

Die Bedingung dafür, dass F den Factor $(UX)^\varkappa$, aber nicht den Factor $(UX)^{\varkappa+1}$ hat, lässt sich so ausdrücken, dass im Falle U und X nahezu vereinigt liegen, sonst aber allgemeine Lage haben, die Grössen F und $(UX)^\varkappa$ Differentiale gleicher Ordnung sind. Denn dann hat nach dem Satz I des § 1 nicht allein F den Factor (UX), sondern auch noch $F.(UX)^{-1}, \cdots F.(UX)^{-(\varkappa-1)}$, nicht aber $F.(UX)^{-\varkappa}$.

4) *Ist die identische Covariante* $(UX)^\varkappa$ *zu* $F = (BX)^m (UP)^n$ *apolar, so verschwinden in der Reihenentwickelung von* F *alle Glieder vom* $\varkappa + 1^{\text{ten}}$ *an — und umgekehrt.*

Es kann nämlich die Polare $(BP)^\varkappa (BX)^{m-\varkappa} (UP)^{n-\varkappa}$ von $(UX)^\varkappa$ in Bezug auf F nicht identisch verschwinden, ohne dass ihre einzelnen Elementarcovarianten verschwinden. Diese sind aber, bis auf Zahlencoefficienten, identisch mit den Formen $G_\varkappa, G_{\varkappa+1}, \cdots$.

Dieser Satz ist ein Ausfluss eines allgemeineren Theorems. Wir gelangen zur Erkenntniss desselben auf Grund einer Bemerkung, deren Inhalt zwar trivial erscheinen wird, aber doch, mit Rücksicht auf später anzustellende Betrachtungen, ausdrücklich hervorgehoben werden mag:

5) Lässt man in der Entwickelung der Form F Veränderliche und Symbole ihre Rolle wechseln, so erhält man wieder eine Entwickelung nach Normalformen. — Dies folgt unmittelbar daraus, dass die Zahlen m und n in die Coefficienten $a_{i\varkappa}$ und b_i symmetrisch eingehen.

Ersetzt man also in unseren Reihenentwickelungen die Veränderlichen U und X durch die Symbole einer Form $\Phi = (B'X)^n (UP')^m$, so erhält man eine Entwickelung der simultanen Invariante $(BP')^m (B'P)^n$, welche auf zwei verschiedene Arten in eine Gordan'sche Reihenentwickelung übergeführt werden kann — dadurch, dass man die Symbole B, P und dadurch, dass man die Symbole B', P' durch Coefficienten wirklicher linearer Formen ersetzt. Hieraus ergibt sich zunächst:

6) *Ist* $\Psi_i = (B_i X)^{n-i} (UP_i)^{m-i}$ *irgend eine Normalform mit den Ordnungszahlen* $n - i$, $m - i$, *und ist die Form* F *conjugirt zu jedem Product von der Form* $(UX)^i . \Psi_i$, *so verschwindet in der Reihenentwickelung der Form* F *die Elementarcovariante* G_i, *und umgekehrt.*

Das Conjugirt-Sein der Form F zu der Form $(UX)^i (B_i X)^{n-i} (UP_i)^{m-i}$ wird nämlich ausgedrückt durch das Verschwinden der Invariante

$$[F, (UX)^i \Psi_i] = (BP)^i (BP_i)^{m-i} (B_i P)^{n-i}.$$

Nehmen wir nun an, dass die Normalform $(B_i X)^{n-i} (UP_i)^{m-i}$ als Elementarcovariante eines allgemeinen Connexes $(B'X)^n (UP')^m$ gegeben sei, so erhalten wir an Stelle vorstehender Invariante eine Reihenentwickelung, in welcher statt der Symbole B_i, P_i die Symbole B', P' auftreten. Diese Symbole dürfen wir nun durch Veränderliche U, X ersetzen; dann erhalten wir aber nach 5) gerade die Reihenentwickelung der Form G_i; es ist also G_i identisch Null. Umgekehrt kann ebenso aus dem Verschwinden von G_i auf das Conjugirt-Sein der Form F und der Formen $(UX)^i . \Psi_i$ geschlossen werden. —

Betrachten wir nun irgend eine der Formen $F_\varkappa = b_\varkappa (UX)^\varkappa G_\varkappa$ ($\varkappa \neq i$) als Grundform, und wenden auf diese das eben bewiesene Theorem an, so gelangen wir zu dem folgenden Satz:

7) *Seien* $F = (BX)^m (UP)^n$ *und* $\Phi = (B'X)^n (UP')^m$ *irgend zwei Connexe mit den Ordnungszahlen* (m, n), *bezüglich* (n, m), *und seien*

$$F = \sum F_i = \sum^i b_i (UX)^i G_i, \; \Phi = \sum \Phi_i = \sum^i b_i (UX)^i \Psi_i$$

deren Entwickelungen nach Elementarcovarianten; so ist jedes Glied der ersten Reihe conjugirt zu jedem Gliede der zweiten Reihe, mit Ausnahme desjenigen, welches denselben Index i hat.

Hieraus ergibt sich endlich noch der allgemeinere Satz:

8) *Sind die Reihenentwickelungen der Formen F und* Φ *so beschaffen, dass keine zwei Glieder in beiden Entwickelungen denselben Index haben, so sind die Formen F und* Φ *conjugirt, unabhängig von den Werthen ihrer Coefficienten; und umgekehrt, ist eine Form F conjugirt zu jeder Form* Φ, *in deren Reihenentwickelung nur gewisse Glieder auftreten, so fehlen in der Entwickelung von F die entsprechenden Glieder.*

Dieses Theorem schliesst offenbar den Satz 4) ein; denn nehmen wir an, dass die Entwickelung von Φ erst mit dem Gliede $\Phi_{\varkappa-1}$ beginnt, so muss, nach unserem Satze, die Entwickelung von F mit dem Gliede $F_{\varkappa-1}$ abbrechen. Dies aber ist der Satz 4). —

Bezeichnen wir, wie oben, die simultane Invariante $(BP')^m (B'P)^n$ der Formen F und Φ durch das Symbol $[F, \Phi]$, so haben wir

$$(8) \qquad [F_i, \Phi_\varkappa] = b_i b_\varkappa [(UX)^i G_i, (UX)^\varkappa \Psi_\varkappa] = 0 \; (i \neq \varkappa),$$

wenn aber $i = \varkappa$, wegen der vorstehenden Gleichung:

$$[b_i (UX)^i G_i, (UX)^i \Psi_i] = [F, (UX)^i \Psi_i]$$
$$= (BP)^i (BP_i')^{m-i} (B_i'P)^{n-i} = [G_i, \Psi_i];$$ es ist also dann

$$(9) \qquad [F_i, \Phi_i] = b_i^2 [(UX)^i G_i, (UX)^i \Psi_i] = b_i [G_i, \Psi_i]$$

Auf Grund dieser Bemerkung können wir unsere Reihenentwickelung auch als eine *Entwickelung der Invariante* $[F, \Phi]$ schreiben:

$$(10) \qquad [F, \Phi] = \sum^i b_i [G_i, \Psi_i],$$

und dies ist vielleicht die zweckmässigste (weil völlig symmetrische und allgemeinste) Gestalt, welche man der Gordan'schen Reihe geben kann. —

Schliesslich mag noch ein Satz ausgesprochen werden, welcher von der Form handelt, in welcher die einzelnen Entwickelungsglieder $F_0, F_1 \ldots$ in unserer Reihe auftreten. Es mag genügen, ihn für die Form $F_0 = G_0$ anzugeben.

9) *Verschwindet keine der Elementarcovarianten $G_0, G_1, G_2, \cdots$ identisch, so ist auch die in Satz I besprochene Reihenentwickelung der Form G_0 eindeutig.* —

Denn dann hat keine der Formen $(BP)_0, (BP)_1, (BP)_2, \cdots$ den Factor (UX); es kann also ganz wie unter 1) geschlossen werden, dass G_0 nicht auf zwei verschiedene Arten in eine Reihe entwickelt werden kann, deren allgemeines Glied die Form $a_\varkappa\,(UX)^\varkappa\,(BP)_\varkappa$ hat.

Verschwinden dagegen einige der Elementarcovarianten G_i, etwa $G_\varkappa, G_{\varkappa'}, \cdots$ so wird die Reihenentwickelung von F_0 vielgestaltig. Man kann diesen Umstand benutzen, um die Coefficienten von $(UX)^\varkappa, (UX)^{\varkappa'}, \cdots$ zum Verschwinden zu bringen, und erhält dann wieder eine eindeutig bestimmte Form der Entwickelung.

§ 4.

Die zweite Gordan'sche Reihenentwickelung*).

Eine ganz ähnliche Reihenentwickelung, wie die im vorigen Paragraphen betrachtete, besteht für Formen mit zwei Veränderlichen gleicher Art Y und Z oder V und W.

Bevor wir zu deren Ableitung übergehen, wollen wir, wie in § 3, einige Definitionen aufstellen, welche zur Vereinfachung der Aussprache der zu entwickelnden Sätze dienen sollen.

Wir bezeichnen zwei Formen $F = (AY)^m (BZ)^n$ und $\Phi = (VP)^m (WQ)^n$, deren Veränderliche im Falle $m = n$ einander in bestimmter Weise zugeordnet sind, dann als *„conjugirt"*, wenn die Invariante

$$[F, \Phi] = (AP)^m (BQ)^n$$

den Werth Null hat. Unter der *„Polare"* einer Form $(V\overline{P})^{m_1} (W\overline{Q})^{n_1}$ $(m_1 \leqq m,\ n_1 \leqq n)$ in Bezug auf die Form F verstehen wir die simultane Covariante

$$(A\overline{P})^{m_1} (B\overline{Q})^{n_1} (AY)^{m-m_1} (BZ)^{n-n_1};$$

ist dieselbe identisch Null, so heisst die erste Form zur zweiten *„apolar"*.

Besonders wichtig ist der Fall, wo die erste Form eine Potenz der identischen Covariante (UVW), also etwa gleich $(UVW)^\varkappa$ ist. Die Polare dieser Form in Bezug auf die Form F wird:

$$D^\varkappa F = (ABU)^\varkappa (AY)^{m-\varkappa} (BZ)^{n-\varkappa},$$

also eine lineare Covariante von F. Ist dieselbe Null, unabhängig von U, Y, Z, so heisst die identische Covariante $(UVW)^\varkappa$ *„apolar"* zu F.

*) Mit diesem Paragraphen kehren wir wieder zur Behandlung des besonderen Falles eines Gebietes 3ter Stufe ($\lambda = 3$) zurück; die aufzustellenden Sätze lassen sich übrigens ohne Weiteres auf den allgemeinen Fall ausdehnen, nur werden einige Formeln etwas umständlicher.

„Ist die identische Covariante (UVW) *apolar zu der Form* $F = (AY)^m (BZ)^n$, *so ist* F *eine Polare einer Form mit einer Veränderlichen:* $(NX)^{m+n} = (AX)^m (BX)^n$; *— und umgekehrt."*

Die Bedingung dafür, dass F eine Polare der Form $(AX)^m (BX)^n$ sei, ist nämlich die, dass man in dem Ausdruck $(AY_1)\cdots(AY_m)(BZ_1)\cdots(BZ_n)$ irgend zwei Veränderliche Y und Z vertauschen könne, ohne seinen Werth zu ändern; d. h. es muss sein:

$$(AY_1)(AY_2)\cdots(AY_m)(BZ_1)(BZ_2)\cdots(BZ_n)$$
$$= (AZ_1)(AY_2)\cdots(AY_m)(BY_1)(BZ_2)\cdots(BZ_n).$$

Diese Bedingung ist aber gleichbedeutend mit der anderen:

$$(AY_1)(AY)^{m-1}(BZ_1)(BZ)^{n-1} = (AZ_1)(AY)^{m-1}(BY_1)(BZ)^{n-1}$$

oder mit $0 = \{(AY_1)(BZ_1) - (AZ_1)(BY_1)\}(AY)^{m-1}(BZ)^{n-1}$

oder mit $0 = (ABU)(AY)^{m-1}(BZ)^{n-1} = DF$.

Setzt man in der Form $D^\varkappa F$ die Veränderlichen $Y = Z = X$, so erhält man eine *Normalform*, wie man sich sofort überzeugt.

Wir bezeichnen die Reihe dieser Normalformen:

$$G_0 = (NX)^{m+n} = (N_0X)^{m+n} = (AX)^m (BX)^n$$
$$G_1 = (M_1U)(N_1X)^{m+n-2} = (ABU)(AX)^{m-1}(BX)^{n-1}$$
$$G_2 = (M_2U)^2 (N_2X)^{m+n-4} = (ABU)^2 (AX)^{m-2}(BX)^{n-2}$$
$$\cdots\cdots\cdots\cdots\cdots$$

als *„Elementarcovarianten"* von F; unter der *„zugehörigen Form"* einer solchen Normalform verstehen wir in unserem Zusammenhang die Covariante

$$F_i = \beta_i (M_iYZ)^i (N_iY)^{m-i} (N_iZ)^{n-i},$$

wo β_i einen noch näher zu bestimmenden Zahlencoefficienten bedeutet; und ähnlich wollen wir, um den nachstehenden Satz einfach ausdrücken zu können, unter der *zugehörigen Form* der Form $D^\varkappa F$ für einen Augenblick die folgende verstehen*):

$$(AB\widehat{YZ})^\varkappa (AY)^{m-\varkappa}(BZ)^{n-\varkappa}$$
$$= \{(AY)(BZ) - (AZ)(BY)\}^\varkappa (AY)^{m-\varkappa}(BZ)^{n-\varkappa}.$$

Nach diesen Vorbereitungen können wir nun den Satz aussprechen:

I. *Die Polare* $(NY)^m (NZ)^n$ *der ersten Elementarcovariante* $(NX)^{m+n}$ *der Form* F *lässt sich in eine Reihe entwickeln, deren allgemeines Glied (bis auf einen Zahlencoefficienten) die zugehörige Form der Polare* $D^\varkappa F$ *von* $(UVW)^\varkappa$ *in Bezug auf* F *ist.*

---

*) Ich glaube mich dieser Ausdrucksweise in Ermangelung einer besseren bedienen zu dürfen, da der Ausdruck „zugehörige Formen" jetzt wohl von Niemand mehr im Sinne von „Invarianten und Covarianten" gebraucht wird, wie es früher üblich war.

Gelingt es uns nämlich, auf der rechten Seite der Gleichung

$$(NY)^m (NZ)^n = \Sigma \alpha_\varkappa \{(AY)(BZ) - (AZ)(BY)\}^\varkappa (AY)^{m-\varkappa} (BZ)^{n-\varkappa}$$

die Verhältnisse der Constanten $\alpha_\varkappa$ so zu bestimmen, dass die Anwendung der Operation D identisch Null liefert, und nehmen wir ausserdem $\alpha_0 = 1$, so stellt diese Gleichung wirklich eine für alle Werthe von Y und Z richtige Identität dar. Denn die rechte Seite wird dann nach dem obigen Satz eine Polare, und zwar eine Polare der Form $(AX)^m (BX)^n = (NX)^{m+n}$, da sie durch die Substitution $Y = Z = X$ in diese Form übergeht. Nun ist aber

$$(1) \quad \begin{cases} m\, n\, D\, \{(AY)(BZ) - (AZ)(BY)\}^l (AY)^{m-l} (BZ)^{n-l} \\ \quad = l\,(m+n-l+1)\, \{(AY)(BZ) - (AZ)(BY)\}^{l-1} \\ \quad\quad . (AY)^{m-l} (BZ)^{n-l} (ABU) \\ \quad + (m-l)(n-l)\, \{(AY)(BZ) - (AZ)(BY)\}^l \\ \quad\quad . (AY)^{m-l-1} (BZ)^{n-l-1} (ABU) \end{cases}$$

also

$$\Sigma\, \alpha_\varkappa\, m\, n\, D\, \{(AY)(BZ) - (AZ)(BY)\}^\varkappa (AY)^{m-\varkappa} (BZ)^{n-\varkappa}$$
$$= \Sigma\, \{(\varkappa+1)(m+n-\varkappa)\, \alpha_{\varkappa+1} + (m-\varkappa)(n-\varkappa)\, \alpha_\varkappa\}.$$
$$. (ABU)\, \{(AY)(BZ) - (AZ)(BY)\}^\varkappa (AY)^{m-\varkappa-1} (BZ)^{n-\varkappa-1}.$$

Dieser Ausdruck verschwindet identisch, wenn jeder einzelne Coefficient gleich Null ist; man erhält mithin für die Coefficienten $\alpha_\varkappa$ eine Recursionsformel, welche aus der des vorigen Paragraphen durch die Annahme $\lambda = 2$ hervorgeht, und daher als Werth von $\alpha_\varkappa$ die Grösse

$$(2) \qquad \alpha_\varkappa = (-1)^\varkappa \frac{\binom{m}{\varkappa}\binom{n}{\varkappa}}{\binom{m+n}{\varkappa}}$$

liefert.

Führt man in der aufgestellten Reihenentwickelung links an Stelle der Symbole N ebenfalls Symbole A und B ein, und bildet nun die Polare nach bekannten Regeln, so erhält man eine Identität, die auch dann noch richtig bleibt, wenn man die symbolischen Factoren (AY), (AZ), (BY), (BZ) durch ebenso viele beliebige Grössen ersetzt; und wir hätten offenbar die Coefficienten $\alpha_\varkappa$ auch auf Grund dieser Bemerkung bestimmen können. Wir haben aber hiervon abgesehen, um die Analogie mit den Entwickelungen des vorigen Paragraphen festzuhalten, wo eine ähnliche Vereinfachung nicht möglich ist. —

Ebenso, wie $(NY)^m (NZ)^n$, die zugehörige Form der Elementarcovariante $(NX)^{m+n}$, lässt sich aber auch die zugehörige Form F_i der Elementarcovariante $(M_i U)^i (N_i X)^{m+n-2i}$ in eine Reihe entwickeln, welche nach zugehörigen Formen der Covarianten $D^{i+\varkappa} F$ fortschreitet.

Denn zunächst hat man, auf Grund des Satzes I, für die Polare $(M_i U)^i (N_i Y)^{m-i} (N_i Z)^{n-i}$ der Form $(M_i U)^i (N_i X)^{m+n-2i}$ die Entwickelung:

$$(3) \quad \begin{aligned} &(M_i U)^i (N_i Y)^{m-i} (N_i Z)^{n-i} = (ABU)^i. \\ &. \sum^{\varkappa} \alpha_{i\varkappa} \{(AY)(BZ) - (AZ)(BY)\}^{\varkappa} (AY)^{m-i-\varkappa} (BZ)^{n-i-\varkappa}, \end{aligned}$$

wo

$$(4) \qquad \alpha_{i\varkappa} = (-1)^{\varkappa} \frac{\binom{m-i}{\varkappa}\binom{n-i}{\varkappa}}{\binom{m+n-2i}{\varkappa}}.$$

Hier hat man aber nur $U = \widehat{YZ}$ zu setzen, d. h. links $(M_i YZ)$ an Stelle von $(M_i U)$, und rechts $(AY)(BZ) - (AZ)(BY)$ an Stelle von (ABU) zu schreiben, um die fragliche Entwickelung zu erhalten.

Aus diesen letzteren Entwickelungen setzt sich nun die Grundform selbst wieder in linearer Weise zusammen, genau so wie die Connexe F des § 3 aus ihren Covarianten $F_0, F_1, \ldots$:

II. *Jede Form $F = (AY)^m (BZ)^n$ lässt sich in eine Reihe entwickeln, welche nach zugehörigen Formen ihrer Elementarcovarianten G_i fortschreitet.*

Die Reihe lautet, mit Beibehaltung der oben eingeführten Bezeichnungen:

$$(5) \qquad F = \Sigma F_i = \Sigma \beta_i (M_i YZ)^i (N_i Y)^{m-i} (N_i Z)^{n-i},$$

wo

$$(6) \qquad \beta_i = \frac{\binom{m}{i}\binom{n}{i}}{\binom{m+n-i+1}{i}},$$

und die Ausdrücke für die Formen $(M_i YZ)^i (N_i Y)^{m-i} (N_i Z)^{n-i}$ den Formeln (3) und (4) zu entnehmen sind.

Von dieser Entwickelung ist nun ganz Aehnliches zu sagen, wie von der des § 3:

1) *Die Reihenentwickelung II ist eindeutig;* oder: Man kann die Null nicht in eine Reihe entwickeln, welche nach zugehörigen Formen von Normalformen fortschreitet. Gäbe es nämlich eine Entwickelung von der Form

$$\begin{aligned} 0 = (N_0 Y)^m (N_0 Z)^n &+ (M_1 YZ)(N_1 Y)^{m-1} (N_1 Z)^{n-1} \\ &+ (M_2 YZ)^2 (N_2 Y)^{m-2} (N_2 Z)^{n-2} + \cdots, \end{aligned}$$

wobei $(M_i U)^i (N_i X)^{m+n-i}$ irgend eine Normalform bedeutet, das erste Glied also insbesondere eine Polare der Form $(N_0 X)^{m+n}$ ist, so erhielte man eine widersprechende Gleichung, sobald man $Y = Z$ setzt, ausser wenn das erste Glied Null ist. Es muss also das erste Glied identisch verschwinden. Nun wende man auf den Rest der Reihe die Operation D an (Formel (1)), und setze nachher wieder $Y = Z$. Dann folgt $(M_1 U)(N_1 X)^{m+n-2} = 0$, es verschwindet also auch das zweite Glied der Reihe; u. s. f. Ebenso ergibt sich der wichtige Satz:

1b) *Das identische Verschwinden der zugehörigen Form F_i einer Elementarcovariante G_i von F zieht das Verschwinden der Elementarcovariante selbst nach sich.*

Man erhält nämlich nach Formel (1) durch i-malige Anwendung der Operation D auf die Form F_i eine Summe von Gliedern, welche sich auf ein Vielfaches der Form G_i reducirt, sobald man nachträglich $Y = Z = X$ setzt.

Auch der Satz 1b) hat sein Analogon in der Theorie der Reihenentwickelung des § 3. Wir brauchten jenen Satz jedoch nicht ausdrücklich hervorzuheben, da er selbstverständlich ist.

2) *Die Coefficienten der Elementarcovarianten $G_0, G_1, G_2, \ldots$ sind von einander unabhängig, bis auf die Beschränkung, welche durch das Bestehen des Gleichungssystems $\Delta G_i = 0$ $(i = 1, 2, \ldots)$ bedingt wird.* — Beweis wie in § 3, Nr. 2.

3) *Kann die Form $F = (AY)^m (BZ)^n$ mit einem Factor vom Typus $(PYZ)^\varkappa$ geschrieben werden, so verschwinden die $\varkappa$ ersten Elementarcovarianten $G_0, G_1, \ldots G_{\varkappa-1}$ (und mit ihnen die $\varkappa$ ersten Glieder der Reihenentwickelung von F).*

Man beweist dies sofort durch wirkliche Bildung der Formen $G_0, G_1, \ldots G_{\varkappa-1}$.

Die Bedingung dafür, dass F mit einem Factor vom Typus $(PYZ)^\varkappa$ geschrieben werden kann, ist die, dass im Falle Y und Z benachbarte, aber sonst allgemeine Lage haben, F und $(XYZ)^\varkappa$ Differentiale gleicher Ordnung sind; wobei vorausgesetzt wird, dass der Punkt X der Verbindungslinie von Y und Z nicht benachbart liegt. Setzt man nämlich $Z = Y + \lambda \overline{Y}$, so müssen in der Entwickelung von F nach Potenzen von λ die Coefficienten von $\lambda^0, \lambda^1, \ldots \lambda^{\varkappa-1}$ fehlen, wie es auch in der Entwickelung von $(XYZ)^\varkappa = \lambda^\varkappa (XY\overline{Y})^\varkappa$ der Fall ist. Daraus folgt aber sofort das Verschwinden der $\varkappa$ ersten Glieder in der Entwickelung (3).

4) *Ist die identische Covariante $(UVW)^\varkappa$ zu $F = (AY)^m (BZ)^n$ apolar, so verschwinden die Elementarcovarianten $G_\varkappa, G_{\varkappa+1}, \ldots$; die Reihenentwickelung von F bricht also mit dem $\varkappa^{\text{ten}}$ Gliede ab — und umgekehrt.*

Es kann nämlich die Form

$$(ABU)^\varkappa (AY)^{m-\varkappa} (BZ)^{n-\varkappa},$$

in welcher wir zunächst nur Y und Z als Veränderliche betrachten wollen, nicht identisch verschwinden, ohne dass ihre Elementarcovarianten:

$$(ABU)^{\varkappa}(AB\overline{U})^{l}(AX)^{m-\varkappa-l}(BX)^{n-\varkappa-l}$$

identisch Null sind; und zwar muss dies unabhängig von U geschehen. Die vorstehende Form ist aber eine Polare der Elementarcovariante

$$G_{\varkappa+l}=(ABU)^{\varkappa+l}(AX)^{m-\varkappa-l}(BX)^{n-\varkappa-l},$$

welche mithin ebenfalls Null ist.

5) Lässt man in der Entwickelung der Form F Veränderliche und Symbole ihre Rolle wechseln, so erhält man wieder eine Entwickelung nach zugehörigen Formen von Elementarcovarianten.

Diese neue Entwickelung ist jedoch nicht von gleicher Art, wie die ursprüngliche, sondern gehört der dualistisch gegenüberstehenden Klasse an: Punkte und Linien, Liniensymbole und Punktsymbole haben gleichzeitig ihre Rolle vertauscht. Sie lautet:

$$\Phi=(VP)^m(WQ)^n=\sum^{i}\beta_i\{(VP)(WQ)-(WP)(VQ)\}^i.$$

$$\sum^{\varkappa}\alpha_{i\varkappa}\{(VP)(WQ)-(WP)(VQ)\}^{\varkappa}\cdot(VP)^{m-i-\varkappa}(WQ)^{n-i-\varkappa}.$$

Für die Elementarcovarianten der Form Φ führen wir die folgenden Bezeichnungen ein:

$$\Psi_0=(\mathfrak{M}U)^{m+n}=(\mathfrak{M}_0U)^{m+n}=(UP)^m(UQ)^n$$

$$\Psi_1=(\mathfrak{N}_1X)(\mathfrak{M}_1U)^{m+n-2}=(PQX)(UP)^{m-1}(UQ)^{n-1}$$

$$\Psi_2=(\mathfrak{N}_2X)^2(\mathfrak{M}_2U)^{m+n-4}=(PQX)^2(UP)^{m-2}(UQ)^{n-2}$$

. . . .

Als „zugehörige Form" einer solchen Form Ψ_i bezeichnen wir jetzt natürlich die Form

$$\Phi_i=\beta_i(\mathfrak{N}_iVW)^i(\mathfrak{M}_iV)^{m-i}(\mathfrak{M}_iW)^{n-i}.$$

Es gilt nun der Satz:

6) *Ist* $\Psi_i=(\mathfrak{N}_iX)^i(\mathfrak{M}_iU)^{m+n-2i}$ *irgend eine Normalform, ferner* $\Phi_i=\beta_i(\mathfrak{N}_iVW)^i(\mathfrak{M}_iV)^{m-i}(\mathfrak{M}_iW)^{n-i}$ *deren zugehörige Form, und ist die Form* $F=(AY)^m(BZ)^n$ *conjugirt zu* Φ_i, *unabhängig von den Werthen der Coefficienten von* Ψ_i, *so verschwindet die Elementarcovariante* G_i *von* F, *und umgekehrt.*

Das Conjugirt-Sein der Formen F und Φ_i wird ausgedrückt durch das Verschwinden der Invariante

$$[F,\Phi_i]=\beta_i(\mathfrak{N}_iAB)^i(\mathfrak{M}_iA)^{m-i}(\mathfrak{M}_iB)^{n-i}.$$

Denken wir uns nun die Form Ψ_i als Elementarcovariante einer Form Φ gegeben, so wird auf Grund der Formel (3), oder vielmehr der dualistisch gegenüberstehenden Formel die vorstehende Invariante gleich dem Ausdruck

$$\beta_i \sum^l \alpha_{il} \{(AP)(BQ) - (BP)(AQ)\}^{i+l} (AP)^{m-i-l} (BQ)^{n-i-l}.$$

Die Coefficienten der Form Φ sind jetzt völlig unabhängige Grössen; wir dürfen daher die Symbole P und Q in vorstehendem Ausdruck durch Veränderliche Y und V ersetzen; dann aber erhält man gerade das $i+1^{te}$ Glied der Entwickelung von F. Wie unter 1b) gezeigt wurde, ist die gefundene Bedingung gleichbedeutend mit dem Verschwinden der Form G_i.

Nehmen wir nun eines der Entwickelungsglieder F_i von F als Grundform, und wenden auf dieses den eben bewiesenen Satz an, so ergibt sich als Folge der Eindeutigkeit der Entwickelung von F der Satz:

7) *Seien*

$$F = \Sigma F_i \quad \Phi = \Sigma \Phi_i$$

die Reihenentwickelungen irgend zweier Formen:

$$F = (AY)^m (BZ)^n, \quad \Phi = (VP)^m (WQ)^n$$

nach zugehörigen Formen ihrer Elementarcovarianten (G_i, Ψ_i); *so ist jedes Glied der ersten Reihe conjugirt zu jedem Gliede der zweiten Reihe, mit Ausnahme desjenigen, welches denselben Index i hat.*

Hieraus ergibt sich weiterhin ein *Theorem* 8), welches völlig gleichlautend ist mit dem Theorem 8) des § 3. An Stelle der Formeln (8), (9), (10) des vorigen Paragraphen aber treten diese:

$$(8) \qquad [F_i, \Phi_\varkappa] = 0 \quad (i \neq \varkappa)$$

$$(9) \qquad [F_i, \Phi_i] = \beta_i [G_i, \Psi_i]$$

$$(10) \qquad [F, \Phi] = \Sigma \beta_i [G_i, \Psi_i].$$

Die Formel (9) sagt aus, dass die zugehörigen Formen zweier entsprechender Normalformen F_i, Φ_i immer dann conjugirt sind, wenn die Normalformen selbst conjugirt sind.

Auch das *Theorem* 9) findet sich völlig gleichlautend wieder.

Wir brechen hier die Theorie der Reihenentwickelungen ab, um uns zu einigen wichtigen Anwendungen der bis jetzt gewonnenen Ergebnisse zu wenden. Wir werden indessen später Veranlassung nehmen, noch einmal auf diese Reihen zurückzukommen.

§ 5.

Zweiter Fundamentalsatz der symbolischen Methode.

Mit Hilfe der Reihenentwickelungen des § 3 und § 4 gelingt es sofort, aus einem symbolischen Producte

$$(AX)^m (BY)^m (CZ)^m,$$

von welchem man weiss, dass es den Factor $(XYZ)^m$ enthält, diesen Factor abzuscheiden. Entwickelt man nämlich zunächst nur in Bezug auf die Veränderlichen Y, Z, so muss nach § 4, Satz 3) diese Reihenentwickelung sich auf ihr letztes Glied reduciren; man erhält also

$$\frac{1}{\binom{m+1}{m}} (AX)^m \{(BY)(CZ) - (BZ)(CY)\}^m.$$

Entwickelt man nun die Form $(AX)^m (BCU)^m$, so muss auch diese Entwickelung nach § 3, Satz 3) sich auf ihr letztes Glied reduciren; man erhält also für sie den Werth

$$\frac{1}{\binom{m+2}{m}} (UX)^m (ABC)^m,$$

mithin:

$$(1)\quad (AX)^m (BY)^m (CZ)^m = \frac{1}{\binom{m+1}{1} \binom{m+2}{2}} \cdot (XYZ)^m \cdot (ABC)^m.$$

Der zweite Factor dieses Products ist, bis auf einen Zahlencoefficienten, die m^{te} Potenz des symbolischen Factors (ABC).

Auf Grund dieser Bemerkung gelingt nun der Beweis des fundamentalen Theorems:

1. *Jede ganze Invariante einer beliebigen Zahl von linearen Formen:*

$$(PV),\ (QV),\ (RV), \ldots\ (AY),\ (BY),\ (CY), \ldots$$

ist eine ganze Function von Invarianten, welche den drei Typen angehören:

$$(PQR),\ (AP),\ (ABC).$$ [15]

Eine ganze Invariante ist eine Function der Coefficienten $A_i, B_i, \ldots$ $P_i, Q_i, \ldots$ der gegebenen Formen, welche dem Gebiet I angehört, und die Eigenschaft besitzt, nach Ausführung einer allgemeinen linearen Transformation einen Factor anzunehmen, welcher eine Potenz der Transformationsdeterminante ist (§ 1).

Wir denken uns nun die lineare Transformation durch das Gleichungssystem gegeben:

$$
\begin{aligned}
Y_1 &= X_1\overline{Y}_1 + X_1'\overline{Y}_2 + X_1''\overline{Y}_3 \\
Y_2 &= X_2\overline{Y}_1 + X_2'\overline{Y}_2 + X_2''\overline{Y}_3 \qquad (2)\\
Y_3 &= X_3\overline{Y}_1 + X_3'\overline{Y}_2 + X_3''\overline{Y}_3,
\end{aligned}
$$

und bezeichnen die Formen, welche durch dieselbe aus den Formen (AY), (PV) hervorgehen, mit $(\overline{A}\overline{Y})$, $(\overline{P}\overline{V})$.

Dann hat man:

$$(3) \qquad (AY) = (AX)\overline{Y}_1 + (AX')\overline{Y}_2 + (AX'')\overline{Y}_3 = (\overline{A}\overline{Y}),$$

und, auf Grund der Formel (3) des § 1:

$$(4) \quad \varDelta(PV) = (PX'X'')\overline{V}_1 + (XPX'')\overline{V}_2 + (XX'P)\overline{V}_3 = \varDelta(\overline{P}\overline{V}),$$

wenn

$$\varDelta = (XX'X'') = |\ X_1 X_2' X_3''\ |$$

die Determinante der Transformation bedeutet.

Bilden wir jetzt die vorgelegte Invariante als Function der Coefficienten der transformirten Formen $(\overline{A}\overline{Y})$, $(\overline{B}\overline{Y})$, ... $(\overline{P}\overline{V})$, ..., so wird sie gleich einem Bruche, dessen Zähler eine ganze Function der Grössen

$$(AX),\ (AX'),\ (AX'');\ (BX),\ \ldots;\ (PX'X''),\ (XPX''),\ \ldots,$$

homogen in X, X', X'' ist, und dessen Nenner eine Potenz von $\varDelta$ ist. Der Zähler dieses Ausdrucks zerfällt aber in das Product einer Potenz von $(XX'X'')$, und eines zweiten, von den Grössen X freien Factors, der ursprünglichen Invariante.

Identificiren wir nun den Zähler mit der linken Seite der Gleichung (1), so erhalten wir rechts bei Ausführung der Entwickelung statt des Factors $(ABC)^m$ eine ganze Function der Invarianten (PQR), (AP), (ABC); was zu beweisen war. — Uebrigens ist hiermit nicht allein gezeigt, dass eine jede Invariante in symbolischer Form darstellbar ist, sondern zugleich auch ein Weg angegeben, auf dem man von einer unsymbolischen Form einer Invariante zu deren symbolischer Darstellung gelangen kann.

Die Factoren (ABC) und (AP) erhalten bei Ausführung unserer Transformation den Factor $\varDelta$, die Factoren (PQR) den Factor $\varDelta^2$; woraus sich auf's Neue eine früher gemachte Bemerkung ergibt. (§ 1, S. 33. 34.)

Durch das Theorem I, in Verbindung mit dem Theorem I des § 2 ist die symbolische Darstellung aller ganzen Invarianten ihrer allgemeinen Form nach gekennzeichnet, sowie zugleich ein Hilfsmittel gegeben, um solche Invarianten in unbegrenzter Zahl zu bilden. Sie erscheinen in Gestalt symbolischer Producte mit Factoren, welche einem der Typen (ABC), (AP), (PQR) angehören. Solche Factoren entstehen nun durch Anwendung der Operationen Π, P, Π' auf Producte der Form $(AX)^{m_1}(BY)^{m_2}(CZ)^{m_3}$, $(AX)^m(UP)^n$, $(UP)^{n_1}(VQ)^{n_2}(WR)^{n_3}$ und nachherige Division durch ganze Zahlen (S. 23); umgekehrt kann man sich auch jedes symbolische Product von Factoren jener drei Typen durch wiederholte Anwendung dieser Differentialprocesse entstanden denken, sofern man sich nur entschliesst, die Grundform nöthigenfalls mehrere Male in verschiedenen Veränderlichen zu schreiben. Wir können daher den Fundamentalsatz I in seiner Anwendung auf *beliebige* Formen auch so aussprechen:

II. *Alle ganzen Invarianten beliebiger Grundformen entstehen aus diesen durch wiederholte Anwendung der Processe*

$$\Pi = \left|\frac{\partial}{\partial X_1}\ \frac{\partial}{\partial Y_2}\ \frac{\partial}{\partial Z_3}\right|, \quad \Pi' = \left|\frac{\partial}{\partial U_1}\ \frac{\partial}{\partial V_2}\ \frac{\partial}{\partial W_3}\right|,$$

$$P = \frac{\partial^2}{\partial X_1 \partial U_1} + \frac{\partial^2}{\partial X_2 \partial U_2} + \frac{\partial^2}{\partial X_3 \partial U_3},$$

und der elementaren Rechnungsoperationen der Addition und Multiplication, sowie der Division durch ganze Zahlen.

Eine wesentliche Voraussetzung für die Gültigkeit des Theorems II in seiner Ausdehnung auf Formen von höherer als der ersten Ordnung liegt darin, dass die Coefficienten der Grundformen als unbeschränkt veränderliche Grössen gelten können. Denn hierauf beruht ja die bei der Ableitung verwerthete Ersetzung einer ganzen homogenen Function der Coefficienten der Grundformen durch eine ebensolche Function der Coefficienten linearer Formen, und die dadurch ermöglichte Zurückführung des Theorems II auf das Theorem I. Bilden wir eine ganze homogene Function der Coefficienten einer Covariante der Grundform, und verlangen von ihr die Invarianteneigenschaft, so wird auch diese Function als ein symbolisches Product jener drei Factoren darstellbar, geschrieben in Symbolen der Grundform. Da aber die Coefficienten einer Covariante im Allgemeinen nicht als unabhängige Grössen gelten können, so folgt keineswegs, dass diese Function auch als ein symbolisches Product mit Factoren (ABC), (AP), (PQR) geschrieben werden kann, deren Symbole jener Covariante angehören. Oder anders ausgedrückt: Es kann nicht geschlossen werden, dass die Eigenschaft einer Invariante, in ihrem Ausdruck die Coefficienten der Grundform nur verbunden als Coefficienten einer gewissen Covariante zu enthalten, immer auch durch die symbolische Schreibart sichtbar gemacht werden kann. Indessen ist die genannte Eigenschaft eine rein formale, und daher von geringer Bedeutung. In jedem Falle, wo eine Invariante, die nicht mit Symbolen einer gewissen Covariante geschrieben werden kann, dennoch eine ganze Function der Coefficienten dieser letzteren ist, wird man die daraus fliessende Eigenschaft der Invariante, zugleich mit jener Covariante zu verschwinden, immer auch ohne Benutzung jener Thatsache ableiten können. —

Ist hiernach die von uns in den Begriff der ganzen Invariante eingeschlossene Unabhängigkeit der Coefficienten der Grundformen von einander eine wesentliche Voraussetzung der Schlüsse, auf welchen die Herleitung des Theorems II beruht, so gibt es doch eine grosse Klasse von Fällen, in welchen diese Voraussetzung nicht erfüllt ist, das Theorem II aber trotzdem gilt:

III. *Das Theorem II bleibt auch dann noch richtig, wenn man an Stelle der unbeschränkt veränderlichen Grundformen solche Formen (mit mehreren Veränderlichen) setzt, deren Coefficienten durch die Forderung des Verschwindens linearer Covarianten aneinander gebunden sind.*

Diese wichtige Verallgemeinerung des Theorems II beruht auf einem Satze, dessen Beweis wir, um den Zusammenhang nicht zu unterbrechen, an eine spätere Stelle verschieben wollen (§ 8), woselbst wir ihn natürlich unabhängig vom Satze III führen werden. Derselbe besagt, dass man eine jede Form F der genannten Art (noch auf unendlich viele Weisen) als lineare Covariante einer anderen Form F_1 darstellen kann, welche dieselben Ordnungszahlen hat, wie F, deren Coefficienten nun aber unabhängige Grössen sind. F geht dann aus F_1 wieder dadurch hervor, dass man nachträglich die Bedingung des Verschwindens einer Anzahl von linearen Covarianten hinzufügt. Sei nun J eine ganze homogene Function der Coefficienten von F mit Invarianteneigenschaft, oder wie wir nach I, § 4, S. 20 sagen, eine ganze Invariante von F, so können wir nach diesem Hilfssatze aus J sofort eine ganze Invariante J_1 der Form F_1 herleiten, indem wir eben die Form F als Covariante von F_1 auffassen. Diese Invariante J_1 ist nach Satz II symbolisch darstellbar. Sie geht wieder in J über, wenn man nachträglich jene Covarianten gleich Null setzt; hierdurch aber wird die symbolische Schreibart nicht aufgehoben.

Der Fall, von welchem hier die Rede ist, tritt zum Beispiel ein, wenn F eine *Normalform* ist. Wir haben also insbesondere auch gezeigt, dass die ganzen Invarianten von Normalformen immer darstellbar sind durch symbolische Producte mit Factoren der Typen (ABC), (AP), (PQR).

Die Sätze II und III handeln von den auf die Veränderlichen bezüglichen Processen, durch welche die verschiedenen Invarianten beliebiger Grundformen aus diesen letzteren entstehen. Man kann aber auch durch Differentiation bereits vorliegender Invarianten nach den Coefficienten der Grundformen unmittelbar neue Invarianten herleiten, ohne zu den Grundformen selbst zurückzukehren. Wenn nun auch solche Operationen zur Bildung der Invarianten, und zur Erforschung der zwischen ihnen bestehenden Identitäten nicht erforderlich sind, so sind sie doch in vielen Fällen von Nutzen, wie schon das einfachste Beispiel, der wichtige Aronhold'sche Process zeigt. Kann man nun auch diese allgemeineren Processe in erschöpfender Weise charakterisiren? Wir sehen uns ausser Stande, diese Frage zu beantworten. Dagegen lässt sich etwas Allgemeines aussagen, wenn man das Problem anders stellt, und nach den Differentiationsprocessen fragt, welchen *an sich* die Invarianteneigenschaft zukommt; also nach Processen von der Art, wie wir sie im Satze IV des § 2 kennen gelernt haben. Es mag genügen, den folgenden Satz zu formuliren:

IV. *Sei Φ ein invarianter Differentiationsprocess, dargestellt durch eine analytische Function der Coefficienten der von einander unabhängigen Formen $F, F_1 \ldots F_r$, ferner der $0^{\text{ten}} \ldots k^{\text{ten}}$ partiellen Differentialquotienten einer unbestimmten analytischen Function $\mathfrak{F}$ der Coefficienten von F; so ist Φ eine Function von ganzen simultanen Invarianten der Evectanten $\mathfrak{F}^{(0)} \ldots \mathfrak{F}^{(\varkappa)}$ von $\mathfrak{F}$, ferner der Formen $F, F_1 \ldots F_r$.*

Oder, wenn wir zugleich auf das „Gebiet“ Rücksicht nehmen, welchem die Function Φ angehört:

Der Process Φ $(\mathfrak{F})$ kann erzeugt werden durch wiederholte Anwendung des Evectantenprocesses und der Processe Π, P, Π', ferner der elementaren Rechnungsoperationen, welche in dem die Function Φ enthaltenden Gebiete zulässig sind.

Es tritt also zu den auch sonst zu verwendenden Operationen nur der eine Evectantenprocess hinzu. Ist z. B. Φ eine ganze Function ihrer Argumente, so kann jeder Process Φ $(\mathfrak{F})$ so hergestellt werden: Man wendet auf die Function $\mathfrak{F}$ zuerst mehrmals den Evectantenprocess an, auf die so erhaltenen Formen $\mathfrak{F}^{(0)} = \mathfrak{F}$, $\mathfrak{F}^{(1)} \ldots \mathfrak{F}^{(\varkappa)}$ und die Formen $F, F_1 \ldots F_r$ (die alle in verschiedenen Veränderlichen zu schreiben sind) hierauf die Operationen der Addition, Multiplication, sowie der Division durch ganze Zahlen, endlich die Processe Π, P, Π' in beliebiger Combination.

Zunächst können wir die Differentialquotienten von $\mathfrak{F}$ durch die mit geeigneten Zahlenfactoren multiplicirten Coefficienten der betreffenden Evectanten ersetzen. Dadurch verwandelt sich Φ in eine analytische Function der Coefficienten der Formen $\mathfrak{F}^{(0)} \ldots \mathfrak{F}^{(\varkappa)}$, $F, F_1 \ldots F_r$. Da wir wissen, dass der Evectantenprocess gegenüber linearen Transformationen invariant ist, so können wir das Theorem II in Verbindung mit den Sätzen des ersten Abschnittes anwenden, und haben damit den Satz IV bewiesen — vorausgesetzt nur, dass zwischen den Coefficienten der Formen $\mathfrak{F}^{(0)} \dots \mathfrak{F}^{(\varkappa)}$, F, $F_1 \dots F_r$ keine anderen Relationen bestehen, als wir im Satze III zugelassen haben. Diese Voraussetzung trifft nun in der That zu. Da wir nämlich die analytische Function $\mathfrak{F}$ keiner Beschränkung unterworfen haben, so werden wir die Werthe ihrer Differentialquotienten als von einander sowohl, wie von den Werthen der Coefficienten von F, $F_1 \dots F_r$ unabhängige Grössen ansehen können. Darin liegt, dass die Coefficienten jeder der aufgezählten Formen als unabhängig betrachtet werden können von denen der übrigen Formen. Die Coefficienten jeder einzelnen Form $\mathfrak{F}^{(i)}$ sind freilich nicht von einander unabhängig — es ist ja immer eine ganze Gruppe unter ihnen demselben Product aus einem Zahlenfactor und einem i^{ten} Differentialquotienten von $\mathfrak{F}$ gleich. Die Beschränkung, der diese Formen unterworfen sind, lässt sich aber vollständig dadurch ausdrücken, dass man verlangt, es sollen die verschiedenen in sie eintretenden Veränderlichengruppen $(V^{(1)}, Y^{(1)}) \dots (V^{(i)}, Y^{(i)})$ unter einander vertauschbar sein, ohne dass die Form dabei ihren Werth ändert (S. 41); das heisst aber nichts Anderes als: es sollen gewisse lineare Covarianten von $\mathfrak{F}^{(i)}$ verschwinden. —

Durch diesen allgemeinen Satz IV, den man leicht noch auf die Fälle ausdehnen mag, wo die Function $\mathfrak{F}$ simultan nach den Coefficienten mehrerer der Formen F, $F_1 \dots F_r$ differentiirt wird, werden die betrachteten Differentiationsprocesse auf eine gemeinsame Quelle zurückgeführt, ähnlich wie durch den Satz II die ganzen Invarianten beliebiger Formen aus einem gemeinsamen Ursprung hergeleitet werden. Indessen haftet dem Satze IV noch eine Unvollkommenheit an, die der hier entwickelten Theorie im Allgemeinen fremd ist. Dieselbe liegt darin, dass wir die Function $\mathfrak{F}$ als eine *beliebige* analytische Function angenommen haben, nicht aber insbesondere als eine *homogene* Function, während doch in unserem Zusammenhange diese letzteren allein von Interesse sind. Setzen wir nun aber für $\mathfrak{F}$ eine übrigens unbestimmte homogene Function, und verlangen nun von der Function Φ die Invarianteneigenschaft, so werden wir die Schlüsse, durch welche wir zu dem Satze IV gelangten, nicht mehr machen können. Es sind nämlich jetzt die Werthe der Differentialquotienten von $\mathfrak{F}$ nicht mehr von einander unabhängig, sondern es bestehen zwischen ihnen zahlreiche algebraische Identitäten, die sich aus den Gleichungen des Euler'schen Theorems ergeben; wir können daher den Satz II nicht mehr anwenden, wir müssten denn der Function Φ ausdrücklich die Beschränkung auferlegen, dass sie die Invarianteneigenschaft auch dann noch behalten soll, wenn man in ihrem Ausdruck von jenen Identitäten absieht, also die verschiedenen Evectanten durch ebenso viele unabhängige Formen ersetzt. —

Für manche Untersuchungen ist es nützlich, den symbolischen Factoren, aus welchen sich eine Invariante oder Covariante zusammensetzt, gewisse, sogleich näher zu definirende Zahlen zuzuordnen. Beschränken wir uns auf Invarianten, so geben diese Zahlen einfach an, wieviele Symbole in dem betreffenden Factor vereinigt sind; sie sind also bezüglich 3, 2, 3 für die drei Typen (ABC), (AP), (PQR). Ziehen wir aber auch Covarianten in Betracht, also solche Invarianten, in welchen gewisse lineare Grundformen als „Veränderliche" ausgezeichnet werden, so erscheint eine etwas abweichende Definition zweckmässig.

*Wir bezeichnen als „Gewicht" eines symbolischen Factors die Anzahl der in ihm stehenden Symbole der Grundformen, vermindert um die Anzahl der in ihm enthaltenen Symbole von Veränderlichen.**)

Das Gewicht eines symbolischen Factors ist hiernach nicht mehr allein abhängig von seiner Zugehörigkeit zu einem der obigen drei Typen, sondern auch davon, wieviele der in ihm auftretenden Symbole veränderlichen linearen Formen angehören. Wir haben im Ganzen 12 Möglichkeiten, die nachstehend mit den zugehörigen Gewichtszahlen verzeichnet sind:

$$\begin{array}{ccccc} (UVW) & (XYZ) & (UX) & (AUV) & (PXY) \\ -3 & -3 & -2 & -1 & -1 \end{array}$$

$$\begin{array}{cc} (AX) & (UP) \\ 0 & 0 \end{array}$$

$$\begin{array}{ccccc} (ABU) & (PXY) & (AP) & (ABC) & (PQR) \\ 1 & 1 & 2 & 3 & 3 \end{array}$$

Als „Gewicht" einer Invariante oder Covariante bezeichnen wir die Summe der Gewichte ihrer einzelnen symbolischen Factoren.

Man überzeugt sich leicht, dass alle Glieder einer Invariante, welche als Summe von anderen Invarianten gegeben ist, das nämliche

---

*) Bei den binären Formen bezeichnen wir als „Gewicht" die entsprechende Zahl, ***getheilt durch zwei,*** schreiben also den Factoren (xy), (ax), (ab) beziehungsweise die Gewichte -1, 0, $+1$ zu. Mit der hieraus sich ergebenden Definition des Gewichtes einer Covariante $\Pi\,(ab)\,(ax)$ als der Zahl der Factoren (ab) befinden wir uns zwar nicht in formaler, wohl aber in materieller Uebereinstimmung mit der gebräuchlichen Definition.

Gewicht haben müssen; und dass insbesondere eine Gleichheit zweier Invarianten nicht bestehen kann ohne Gleichheit ihrer Gewichte. Das Gewicht einer Invariante ist also eine derselben zugehörige Zahl, ebenso wie der Grad, welche ganz unabhängig ist von der symbolischen Schreibart; man kann sie auch leicht unabhängig davon definiren. Das Gewicht einer Grundform ist Null.

Führt man statt einer oder mehrer der Veränderlichen neue lineare Grundformen ein, so ändert sich im Allgemeinen das Gewicht, aber jederzeit um eine gerade Zahl. Wir nennen eine Form *„gerade"* oder *„ungerade"*, je nachdem ihr Gewicht gerade oder ungerade ist. Eine Form ist gerade oder ungerade, je nachdem die Zahl ihrer Determinantenfactoren gerade oder ungerade ist.[16])

§ 6.

Die symbolischen Identitäten.

Durch den Satz I des vorigen Paragraphen ist die Lösung der auf Seite 47 gestellten Fundamentalaufgabe in ihrer reducirten Form so weit gefördert, dass wir in der That das allgemeine Bildungsgesetz einer Invariante übersehen können. Hiermit ist indessen das Problem noch nicht erledigt. Wir haben zwar eine endliche Anzahl von Operationen — die Processe Π, P, Π' —, von welchen wir wissen, dass wir durch ihre wiederholte Anwendung auf irgend welche Grundformen *alle* Invarianten derselben und *nur* Invarianten erhalten. Wie Beispiele lehren, gilt aber keineswegs der Satz, dass man eine jede vorgelegte Invariante durch diese Processe nur auf *eine* Weise erzeugen kann — der symbolische Ausdruck einer Invariante ist im Allgemeinen vielgestaltig. Der Grund hierfür liegt darin, dass die einfachsten Invarianten (der Typen (ABC), (AP), (PQR)), welche in dem System einer Anzahl von r linearen Formen vorkommen, nur bei ganz kleinen Werthen von r von einander unabhängig sind. Da man nun diese Vielgestaltigkeit auf keine Weise vermeiden kann, so bleibt Nichts übrig, als Mittel zu suchen, um sie vollständig zu übersehen, das heisst Kennzeichen anzugeben, um zu entscheiden, wann zwei auf verschiedenen Wegen erzeugte Invarianten einander gleich sind, oder, was auf dasselbe hinausläuft, wann eine Invariante den Werth Null hat. Hierbei kann es sich natürlich nicht um eine blose Verification durch wirkliches Ausrechnen handeln, sondern um eine Methode, die aus dem symbolischen Ausdruck $\Sigma\Pi\{(ABC), (AP), (PQR)\}$ einer Invariante selbst heraus ihre Eigenschaft, Null zu sein, erkennen lässt. Es kommt also hier darauf an, alle möglichen Identitäten zwischen den ganzen Invarianten

(ABC), (AP), (PQR) einer unbegrenzten Zahl von linearen Formen anzugeben; denn auf eine solche Identität kommt ja nach § 5 jeder symbolische Ausdruck, welcher den Werth Null hat, zurück. Unter einer *„Identität zwischen ganzen Invarianten"* (sogenannter Syzygy) ist hier, um triviale Fälle auszuschliessen, zu verstehen eine ganze Function Φ gewisser ganzer Invarianten $J_1 \dots J_r$, welche selbst eine ganze Invariante ist, und identisch den Werth Null hat, aber nicht mehr identisch verschwindet, wenn man in ihrem Ausdruck $J_1 \dots J_r$ durch ebensoviele unabhängig veränderliche Grössen ersetzt. Kennt man eine Anzahl solcher Identitäten $\Phi_1 = 0 \dots \Phi_\varkappa = 0$, so kann man aus ihnen neue herleiten, dadurch dass man die Invarianten $\Phi_1 \dots \Phi_\varkappa$ unter einander und mit den Invarianten $J_1 \dots J_r$ multiplicirt, die Producte mit irgend welchen Zahlencoefficienten versehen addirt, und die Summe gleich Null setzt. Wir werden daher die Identitäten von der Form $\Phi = 0$ eintheilen können in *„zerlegbare"*, welche auf die geschilderte Weise aus einfacheren Identitäten entstehen, und *„unzerlegbare"*, bei welchen eine ähnliche Reduction nicht möglich ist. Da eine zerlegbare Identität eine einfache algebraische Folge von unzerlegbaren Identitäten ist, so sagt sie uns nichts wesentlich Neues; das ganze Interesse wird sich daher auf die unzerlegbaren Identitäten werfen.

Wir behaupten nun:

In dem unbegrenzten System der linearen Formen (U_1X), (U_2X), $\dots (UY)$, (UZ), $\dots$, (UX_1), (UX_2), $\dots (VX)$, $WX)$, $\dots$ *bestehen zwischen den elementaren Invarianten der drei Typen* $(U_iU_kU_l)$, (U_iX_k), $(X_iX_kX_l)$ *nur die folgenden unzerlegbaren Identitäten:*

I.

$$A = (X_2X_3X_4)(UX_1) - (X_3X_4X_1)(UX_2) + (X_4X_1X_2)(UX_3) - (X_1X_2X_3)(UX_4) = 0$$

$$A' = (U_2U_3U_4)(U_1X) - (U_3U_4U_1)(U_2X) + (U_4U_1U_2)(U_3X) - (U_1U_2U_3)(U_4X) = 0$$

$$B = (X_2X_3X_4)(X_1YZ) - (X_3X_4X_1)(X_2YZ) + (X_4X_1X_2)(X_3YZ) - (X_1X_2X_3)(X_4YZ) = 0$$

$$B' = (U_2U_3U_4)(U_1VW) - (U_3U_4U_1)(U_2VW) + (U_4U_1U_2)(U_3VW) - (U_1U_2U_3)(U_4VW) = 0$$

$$C = (U_1U_2U_3)(X_1X_2X_3) - |(U_1X_1)(U_2X_2)(U_3X_3)| = 0,$$

geschrieben in beliebigen Symbolen.

Die linke Seite jeder anderen Identität $J = 0$ *kann durch identische Umformungen in Theile zerlegt werden, welche einzeln je einen der Ausdrücke* $A \dots C$ *als Factor haben; sofern unter einer identischen Um-*

formung eine solche verstanden wird, bei welcher die Invarianten $(U_iU_kU_l) = -(U_kU_iU_l) = \ldots, (U_iX_k) \ldots, \ldots$ *nicht in ihre Bestandtheile aufgelöst, und wie unabhängig veränderliche Grössen behandelt werden.*[17])

Oder anders ausgedrückt: Wenn eine ganze Function Φ der Invarianten $(U_iU_kU_l)$, (U_iX_k), $(X_iX_kX_l)$ identisch den Werth Null hat, so hat sie ihn *vermöge* der Identitäten $A = 0 \ldots C = 0$, ausgenommen den trivialen Fall, wo die Function Φ ihren Werth Null auch dann noch beibehält, wenn man die Invarianten der linearen Formen durch ebensoviele unabhängige Grössen mit 3, bezüglich zwei Indices: $a_{ikl} = -a_{kil} = \ldots$, $b_{ik} \ldots$, $c_{ikl} \ldots$ ersetzt.

Zum Beweise betrachten wir in der verschwindenden Invariante J zunächst nur zwei Formen gleicher Art, etwa Y und Z als veränderlich, und wenden die zweite Reihenentwickelung (§ 4) an. Die Invariante J kann nun nicht identisch verschwinden, ohne dass alle einzelnen Glieder dieser Reihe, und mithin auch ihre Elementarcovarianten identisch Null sind. Von diesen Elementarcovarianten $J_0, J_1, J_2, \ldots$ enthält die erste statt der beiden Veränderlichen Y und Z nur eine Veränderliche X; aus ihr entsteht das erste Glied der Reihenentwickelung von J durch den Polarenprocess. (§ 4, S. 62.) Die übrigen, $J_1, J_2, \ldots$ enthalten statt der beiden Veränderlichen Y und Z die Veränderlichen X und U, aber diese treten in ihnen in einer niedrigeren Gesammtordnung auf. Das $\varkappa + 1^{\text{te}}$ Glied der Reihenentwickelung von J entsteht aus $J_\varkappa$ dadurch, dass man erstens auf die Veränderliche X einen Polarenprocess anwendet, durch welchen an ihre Stelle die Veränderlichen Y und Z treten, dann $U = \widehat{YZ}$, d. h. $U_1 = Y_2Z_3 - Y_3Z_2$, $U_2 = Y_3Z_1 - Y_1Z_3$, $U_3 = Y_1Z_2 - Y_2Z_1$ setzt, und alle Determinanten (ABU) nach der Formel

$$(AB\,\widehat{YZ}) = (AY)(BZ) - (AZ)(BY)$$

umwandelt. Die so erhaltene Reihenentwickelung von J ist eine identische Umformung, wenigstens so lange man (wie wir es thun) die Operation: Zwei Reihen einer Determinante vertauschen, und das entgegengesetzte Vorzeichen nehmen — auch als eine identische Umformung ansieht. (S. 62.)

Nun sind zwei Fälle denkbar:

1) Die Elementarcovariante $J_\varkappa$ verschwindet identisch, indem ihre Glieder nöthigenfalls mit Reihenvertauschung und Vorzeichenwechsel von Determinantenfactoren (PQR), (ABC) einander gegenseitig zerstören; 2) es ist dies nicht der Fall. Dann entwickele man die Invariante $J_\varkappa$ wieder in Bezug auf zwei Veränderliche gleicher Art.

Für jede ihrer Elementarcovarianten J_{kl} treten wieder dieselben beiden Möglichkeiten ein; im zweiten Fall entwickele man wieder, u. s. f. Da $J_\varkappa$ entweder eine Veränderliche weniger enthält, als J, oder einen niedrigeren Gesammtgrad hat, als J, von $J_{\varkappa l}$ aber in Bezug auf $J_\varkappa$ dasselbe zu sagen ist, so ist ersichtlich, dass man nach einer endlichen Zahl von Wiederholungen dieses Versuches auf eine Reihe von Formen J', J'' ... gelangen muss, welche sämmtlich identisch Null sind, dadurch, dass ihre Glieder sich gegenseitig zerstören. Die allgemeine Form eines solchen Ausdruckes $J^{(\mu)}$ ist

$$\Sigma H.Q,$$

wo H irgend eine der verschwindenden Summen

$$(X_1 X_2 X_3) + (X_1 X_3 X_2), \quad (U_1 U_2 U_3) + (U_1 U_3 U_2)$$
$$(X_1 X_2 X_3) + (X_3 X_2 X_1), \quad (U_1 U_2 U_3) + (U_3 U_2 U_1)$$

in beliebigen Indices geschrieben, bedeutet.

Aus diesen Ausdrücken ΣHQ geht nun J, bis auf Vielfache der Grössen H, wieder dadurch hervor, dass man wiederholt den Polarenprocess und die Operationen $U = \widehat{YZ}$, $X = \widehat{VW}$ anwendet, die Formeln

$$\text{(II)} \qquad \begin{aligned} (VW\widehat{YZ}) &= (VW.YZ) = (\widehat{VW}YZ) \\ &= (VY)(WZ) - (VZ)(WY) \end{aligned}$$

benutzt, endlich über eine Anzahl auf diese Art entstandener Ausdrücke die Summe nimmt.

Wir haben also zu untersuchen, was durch die drei genannten Operationen aus den Ausdrücken $\Sigma H.Q$ entstehen kann. Die Behauptung ist, dass das Resultat mod. der Ausdrücke H die Form $\Sigma E.R$ hat, wo E irgend einen der Ausdrücke A, A', B, B', C bedeutet; dies ist der zu beweisende Satz.

Nun genügt es offenbar, die aufgeführten Operationen statt auf die Ausdrücke $\Sigma H.Q$ auf die Grössen H allein anzuwenden, da uns die Form der aus dem zweiten Factor Q entstehenden Grösse nicht weiter interessirt. Aber auch von den Ausdrücken H brauchen wir nur einen zu untersuchen, da die anderen ganz gleichartig gebaut sind.

Nehmen wir diesen:

$$(VUW) + (WUV).$$

Die Anwendung des Polarenprocesses auf diese Summe gibt nichts Neues: sie wiederholt sich nur in anderen Veränderlichen. Dagegen gibt die Anwendung der Formeln 2) zwei neue Ausdrücke: Wir erhalten durch die Substitutionen $V = \widehat{X_2 X_3}$, $W = \widehat{X_4 X_1}$ den Ausdruck A, und durch die weitere Substitution $U = \widehat{YZ}$ den Ausdruck B. Zu ihnen haben wir, als durch die dualistisch entgegenstehenden Operationen entstanden, die Ausdrücke A' und B' zu fügen.

Wir haben jetzt die nämlichen drei Operationen auf die Ausdrücke A, A', B, B' anzuwenden, und zu untersuchen, was aus ihnen entsteht. Die Anwendung des Polarenprocesses liefert wieder nichts Neues, ausgenommen in dem besonderen Fall, wo in einem der Ausdrücke B, B' zwei der Veränderlichen (etwa X_4 und Z, bez. U_4 und W) zusammenfallen. Schreiben wir dann an Stelle von B und B' beziehungsweise B_0 und B_0', wo z. B.

$$B_0 = (YX_1X_2)(YX_3X_4) + (YX_1X_3)(YX_4X_2) + (YX_1X_4)(YX_2X_3),$$

so erhalten wir durch Anwendung des Polarenprocesses auf die Veränderliche Y:

$$\begin{aligned}
&(YX_1X_2)(ZX_3X_4) + (YX_1X_3)(ZX_4X_2) + (YX_1X_4)(ZX_2X_3)\\
&+ (ZX_1X_2)(YX_3X_4) + (ZX_1X_3)(YX_4X_2) + (ZX_1X_4)(YX_2X_3)\\
&= \{(YX_1X_2)(ZX_3X_4) + (YX_1X_3)(ZX_4X_2) + (YX_1X_4)(ZX_2X_3)\\
&\qquad - (X_1X_2X_3)(YX_4Z)\}\\
&+ \{(ZX_1X_2)(YX_3X_4) + (ZX_1X_3)(YX_4X_2) + (ZX_1X_4)(YX_2X_3)\\
&\qquad - (X_1X_2X_3)(ZX_4Y)\},
\end{aligned}$$

d. h., bis auf Vielfache von H wieder eine Summe von zwei Ausdrücken B. Wir erhalten also durch Anwendung des Polarenprocesses auf B_0 oder B_0' keinen wesentlich neuen Ausdruck.

Dagegen erhalten wir durch Anwendung der beiden anderen Operationen einen neuen Ausdruck, C; z. B., indem wir in A an Stelle von $X_4 : \widehat{U_2 U_3}$ schreiben. Untersuchen wir nun die fünf Ausdrücke A, A', B, B', C nach derselben Methode, so kommen wir immer nur auf Ausdrücke, die sich wieder aus A, A', B, B', C modd. H additiv zusammensetzen lassen.

Da nämlich der Inbegriff der Ausdrücke A, A', B, B', C zu sich selbst dualistisch ist, und die Anwendung des Polarenprocesses nichts Neues mehr liefert, brauchen wir zum Beweis der letzteren Behauptung nur noch die eine Operation $X = \widehat{VW}$ auf die Ausdrücke A, A', B, B', C anzuwenden.

Durch Anwendung dieser Operation auf A erhalten wir, wie gesagt, C; durch Anwendung auf A' den Ausdruck B'; setzen wir in B etwa $Z = \widehat{UV}$, so erhalten wir sofort zwei Theile mit Factoren A. Ein etwas verwickelteres Resultat ergibt sich, wenn wir etwa $X_4 = \widehat{UV}$ setzen, nämlich:

$$\begin{aligned}
&(X_1X_2X_3)\,[(UY)\,(VZ) - (VY)\,(UZ)] \\
&- (X_1YZ)\,[(UX_2)\,(VX_3) - (VX_2)\,(UX_3)] \\
&- (X_2YZ)\,[(UX_3)\,(VX_1) - (VX_3)\,(UX_1)] \\
&- (X_3YZ)\,[(UX_1)\,(VX_2) - (VX_1)\,(UX_2)] \\
= (UX_1)\,&\{(X_2YZ)\,(VX_3) - (X_3YZ)\,(VX_2) + (X_2X_3Y)\,(VZ) \\
&\quad - (X_2X_3Z)\,(VY)\} \\
+ (UX_2)\,&\{(X_3YZ)\,(VX_1) - (X_1YZ)\,(VX_3) + (X_3X_1Y)\,(VZ) \\
&\quad - (X_3X_1Z)\,(VY)\} \\
+ (UX_3)\,&\{(X_1YZ)\,(VX_2) - (X_2YZ)\,(VX_1) + (X_1X_2Y)\,(VZ) \\
&\quad - (X_1X_2Z)\,(VY)\} \\
+ (VY)\,&\{(X_2X_3Z)\,(UX_1) + (X_3X_1Z)\,(UX_2) + (X_1X_2Z)\,(UX_3) \\
&\quad - (X_1X_2X_3)\,(UZ)\} \\
- (VZ)\,&\{(X_2X_3Y)\,(UX_1) + (X_3X_1Y)\,(UX_2) + (X_1X_2Y)\,(UX_3) \\
&\quad - (X_1X_2X_3)\,(UY)\},
\end{aligned}$$

also wieder modd. H ein Ausdruck von der Form ΣAR.

Setzen wir endlich in C: $X_3 = \widehat{VW}$, so erhalten wir

$$\begin{aligned}
&(U_1U_2U_3)\,[(VX_1)\,(WX_2) - (WX_1)\,(VX_2)] \\
&+ (U_1VW)\,[(U_3X_1)\,(U_2X_2) - (U_2X_1)\,(U_3X_2)] \\
&+ (U_2VW)\,[(U_1X_1)\,(U_3X_2) - (U_3X_1)\,(U_1X_2)] \\
&+ (U_3VW)\,[(U_2X_1)\,(U_1X_2) - (U_1X_1)\,(U_2X_2)],
\end{aligned}$$

einen Ausdruck, der sich auf die Form $\Sigma A'R$ bringen lässt, mit Hilfe der Formel, welche der zuletzt aufgestellten dualistisch gegenübersteht.

Hiermit ist gezeigt, dass durch wiederholte Anwendung des Polarenprocesses, der Operationen $U = \widehat{XY}$, $X = \widehat{UV}$ und der Formeln (II) auf Ausdrücke von der Form ΣHQ immer nur Ausdrücke von der Form $\Sigma HQ' + \Sigma ER$ entstehen, und damit ist der aufgestellte Satz bewiesen. —

Für die Auffassung der symbolischen Rechnungen als einer Gruppe rein formaler Operationen erscheint noch die Bemerkung von Interesse, dass die Ausdrücke ΣER durch die Umformungen (II) unter einander vertauscht werden: ihr Inbegriff ist *invariant* gegenüber diesen Substitutionen. Ersetzt man die Invarianten $(X_iX_kX_l)$ durch irgend welche Grössen mit drei Indices a_{ikl}, u. s. w., so besteht zwischen diesen letzteren natürlich gar keine Identität. Setzt man dann die Ausdrücke H gleich Null, adjungirt also die Gleichungen $a_{ikl} + a_{kil} = H = 0$, so wird die allgemeinste Identität zwischen diesen Grössen nunmehr $\Sigma H.Q = 0$; adjungirt man weiter die Gleichungen (II), so treten zu ihnen die Identitäten $\Sigma E.R = 0$. —

Es ist nützlich, zur Vergleichung einen Blick auf die Ableitung des Theorems zu werfen, welches dem Satze dieses Paragraphen in der Lehre von den binären Formen entspricht. Dasselbe besagt, dass jede ganze Invariante $J = \Sigma\Pi(ab)$ der linearen Formen (ax), (bx), ..., welche identisch den Werth Null hat, durch identische Umformungen in Theile zerlegt werden kann, deren jeder einen Factor vom Typus $(ab)(cd) + (ac)(db) + (ad)(bc)$ hat — sofern unter einer identischen Umformung eine solche verstanden wird, bei der die Coefficienten der linearen Formen nicht aus ihren Verbindungen $(ab) = -(ba)$ gerissen werden.[18]) Wendet man nun auf $\Sigma\Pi(ab)$ die Reihenentwickelung der Theorie der binären Formen an, indem man zwei der Symbole a und b durch x und y bezeichnet — so wird das erste Glied dieser Reihe *nicht* „identisch" gleich einer Polare, wie bei den ternären Formen; sondern es geht erst in eine Polare über unter Benutzung der *nicht „identischen"* Umformung $(xy)(\alpha\beta) = (\alpha x)(\beta y) - (\alpha y)(\beta x)$. Es wird also das erste Glied der Reihe congruent einer Polare modulo $(ab)(cd) + (ac)(db) + (ad)(bc)$; allgemein wird das $\varkappa^{te}$ Glied der Reihe congruent dem Product aus $(xy)^{\varkappa-1}$ und einer Polare modulo $(ab)(cd) + (ac)(db) + (ad)(bc)$. Es kann also $J = \Sigma\Pi(ab)$ durch eine identische Umformung in drei Theile zerlegt werden von folgenden Eigenschaften. Der erste ist eine Polare einer Form J_1 mit einer Veränderlichen weniger; der zweite hat die Form $(xy) . J_2$, der dritte aber hat den Factor $(ab)(cd) + (ac)(db) + (ad)(bc)$.

Daraus, dass J nicht verschwinden kann, ohne dass J_1 und J_2 einzeln verschwinden, folgt dann der Satz, bei erneuter Anwendung derselben Schlussweise auf die einfacheren Formen J_1 und J_2. Der Satz fliesst also aus einer *anderen* Quelle, als der entsprechende Satz bei den ternären Formen.

Für binäre, wie für ternäre Formen lässt sich die Stellung des gewonnenen Ergebnisses im System dadurch kennzeichnen, dass nunmehr wenigstens theoretisch der Nachweis erbracht ist, dass man durch Rechnen mit den elementaren Invarianten linearer Formen, unter Zuziehung der zwischen ihnen bestehenden unzerlegbaren Identitäten, und mit Anwendung des in § 2 dargelegten Reciprocitätsgesetzes zu allen Identitäten gelangen kann, welche zwischen den Invarianten beliebiger Formen bestehen; dass also der Inbegriff dieser Rechnungen, die sogenannte symbolische Methode, ausreicht, um alle Aufgaben zu lösen, welche in das Gebiet der ganzen Invarianten fallen. (Man vergleiche auch Abschn. I, § 5.) Ein regelrechtes Verfahren, um alle Invarianten mit gegebenen Gradzahlen systematisch zu bestimmen, und alle zwischen ihnen bestehenden Identitäten zu erschöpfen, haben wir aber noch nicht. Ein solches würde die Erledigung der folgenden Fundamentalaufgabe erfordern:

In dem System beliebiger Formen $F_1 \dots F_r$ ein vollständiges System von linear unabhängigen Invarianten anzugeben, welchen gegebene Gradzahlen $G_1 \dots G_r$ zukommen; und alle übrigen Invarianten mit denselben Gradzahlen durch jene auszudrücken.

Zur Behandlung dieses Problems bedürfen wir einiger Vorbereitungen, auf die wir im nächsten Paragraphen eingehen werden. —

Hier noch einige Bemerkungen über das Rechnen mit den Identitäten $A = 0 \dots C = 0$, sowie über Identitäten zwischen ganzen Invarianten überhaupt.

Die Identität $C = 0$, welche den Multiplicationssatz der Determinanten vorstellt, ermöglicht es offenbar, in einem symbolischen Product mit p_1 Factoren des Typus (ABC) und p_2 Factoren des Typus (PQR), im Falle $p_1 \geqq p_2 > 0$, p_2 Factorenpaare $(ABC)(PQR)$ wegzuschaffen und durch Factoren des Typus (AP) zu ersetzen. Die noch übrig bleibenden $(p_1 - p_2)$ Determinantenfactoren gehören dann dem einen Typus, (ABC), an, und lassen sich durch symbolische Rechnung auf keine Weise mehr beseitigen. Die Zahl $p_1 - p_2$ ist also, ähnlich wie das Gewicht, eine der Invariante eigenthümliche Zahl, welche nicht abhängt von ihrer symbolischen Schreibart; es ist die durch 3 getheilte Differenz der Summe der Ordnungszahlen und der Summe der Klassenzahlen der an der Bildung der Invariante betheiligten Grundformen; wobei jede Grundform so oft in Anschlag zu bringen ist, als die bezügliche Gradzahl der Invariante angibt. (Vgl. § 1, S. 33.)

Hat man nun zwei Invarianten, mit den zugehörigen Zahlen p_1, p_2, p_1', p_2', und ist $p_1 < p_2$, $p_2' < p_1'$, so ergibt sich sofort der durch seine zahlreichen Anwendungen wichtige Satz: *Das Product zweier derartiger Invarianten ist immer ausdrückbar durch andere Formen,* nämlich durch solche, bei welchen die Differenz der Zahl der Determinantenfactoren beider Arten einen numerisch kleineren Werth hat, als in jeder der beiden ursprünglichen Invarianten.

Die Identitäten $A = 0 \dots C = 0$ enthalten sämmtlich Determinantenfactoren. Es gibt indessen auch Identitäten, welche nur Factoren vom Typus (AP) enthalten. Setzen wir in der Identität $A = 0$ für U der Reihe nach U_1, U_2, U_3, U_4, und eliminiren dann die Verhältnissgrössen $(X_2X_3X_4) : (X_3X_4X_1) : (X_4X_1X_2) : (X_1X_2X_3)$, so erhalten wir die einfachste Identität dieser Art, nämlich

(III) $$D = |\,(U_1X_1) \dots (U_4X_4)\,| = 0.$$

Nach unserem Satze muss die linke Seite derselben ausdrückbar sein durch $A \dots C$. In der That finden wir auf dem angegebenen Wege

$$D = (U_2U_3U_4)\left\{\begin{array}{l}(X_2X_3X_4)(U_1X_1) - (X_3X_4X_1)(U_1X_2)\\ + (X_4X_1X_2)(U_1X_3) - (X_1X_2X_3)(U_1X_4)\end{array}\right\}$$
$$-(U_1X_1)\{(X_2X_3X_4)(U_2U_3U_4) - |(U_2X_2)(U_3X_3)(U_4X_4)|\}$$
$$+(U_1X_2)\{(X_3X_4X_1)(U_2U_3U_4) - |(U_2X_3)(U_3X_4)(U_4X_1)|\}$$
$$-(U_1X_3)\{(X_4X_1X_2)(U_2U_3U_4) - |(U_2X_4)(U_3X_1)(U_4X_2)|\}$$
$$+(U_1X_4)\{(X_1X_2X_3)(U_2U_3U_4) - |(U_2X_1)(U_3X_2)(U_4X_3)|\}.$$

Wir haben hier zugleich das für die allgemeine Theorie wichtigste Beispiel einer zerlegbaren Identität zwischen ganzen Invarianten.

Eine zerlegbare Identität ist immer eine algebraische Folge von unzerlegbaren Identitäten; es kann indessen auch eintreten, dass eine Identität $\Phi_\varkappa = 0$ eine Folge von gewissen anderen $\Phi_1 \dots \Phi_{\varkappa-1}$ ist, ohne doch durch dieselben (in Form einer ganzen Function) ausdrückbar zu sein. Dies findet statt, wenn eine Identität von der Form

$$\bar{J}_1\Phi_1 + \cdots + \bar{J}_\varkappa\Phi_\varkappa = 0$$

(in welcher $\bar{J}_1 \dots \bar{J}_\varkappa$ gewisse Verbindungen der in $\Phi_1 \dots \Phi_\varkappa$ auftretenden Invarianten $J_1 \dots J_r$ oder auch (bis auf $\bar{J}_\varkappa$) blose Zahlen bedeuten) auch dann noch erfüllt ist, wenn man die Invarianten $J_1 \dots J_r$ durch ebensoviele unabhängige Grössen ersetzt. Wir mögen solche Identitäten als „*Zwischenrelationen*" (Intersyzygies) bezeichnen. Im Falle keine Zwischenrelationen bestehen, nennen wir die Identitäten $\Phi_1 = 0 \dots \Phi_\varkappa = 0$ „*unabhängig*", im entgegengesetzten Falle „von einander abhängig".

Ein einfaches Beispiel solcher Zwischenrelationen bietet uns das System von fünf linearen Formen $(UX_1) \dots (UX_5)$. Zwischen deren 10 Invarianten vom Typus $(X_iX_\varkappa X_l)$ bestehen fünf Identitäten vom Typus $B = 0$; die erste sei etwa:

$$\bar{B}_1 = (X_1X_2X_3)(X_1X_4X_5) + (X_1X_2X_4)(X_1X_5X_3) + (X_1X_2X_5)(X_1X_3X_4) = 0;$$

die übrigen $\bar{B}_2 = 0 \dots \bar{B}_5 = 0$ ergeben sich aus ihr durch cyklische Vertauschung der Indices. Je drei von diesen Identitäten sind von einander unabhängig, je vier aber sind durch eine Zwischenrelation verknüpft, von welchen die erste lautet

$$Z_1 = (X_3X_4X_5)\bar{B}_2 - (X_4X_5X_2)\bar{B}_3 + (X_5X_2X_3)\bar{B}_4 - (X_2X_3X_4)\bar{B}_5 = 0,$$

während man die übrigen wieder durch cyklische Vertauschung erhält.

Es wäre von Interesse, in einigen Beispielen die Natur der analytischen Gebilde zu untersuchen, die entstehen, wenn man in den Identitäten zwischen Invarianten diese letzteren durch unabhängige Grössen ersetzt.

§ 7.

Reihenentwickelungen für Formen mit beliebig vielen Veränderlichen.

Wir haben bereits im vorigen Paragraphen von dem Umstande Gebrauch gemacht, dass auch Formen mit mehr als zwei Veränderlichen sich durch lineare Covarianten von Normalformen ausdrücken lassen. Entwickeln wir, wie in § 6, eine Form F mit beliebig vielen Veränderlichen beider Arten zunächst etwa in Bezug auf zwei Veränderliche gleicher Art, so erhalten wir F dargestellt durch eine Summe von Formen, von welchen die erste aus einer Form mit einer Veränderlichen weniger durch den Polarenprocess entsteht, die übrigen aber „zugehörige Formen" von Covarianten von F sind, welche in allen Veränderlichen zusammen eine niedrigere Gesammt-Ordnung haben. Es leuchtet ein, dass bei Wiederholung dieser Operation F schliesslich durch eine Reihe anderer Formen ausgedrückt wird, welche aus Normalformen durch einfache invariante Processe entstehen, und als lineare Covarianten dieser Normalformen zu bezeichnen sind. Wir wollen sie *„zugehörige Formen"* der Normalformen nennen, unter Festhaltung der in § 4 eingeführten Bezeichnung.

Wir haben somit für F die identische Umformung:

$$F = F_0 + F_1 + F_2 + \cdots, \tag{1}$$

worin die Formen F_i dieselben Ordnungszahlen haben, wie die Form F, und die zugehörigen Formen der *„Elementarcovarianten"* G_i von F vorstellen, welche letztere Normalformen sind.

Den Inbegriff der Formen G_i nennen wir *„ein vollständiges System von Elementarcovarianten"* *) — vorbehaltlich einer später vorzunehmenden Erweiterung dieses Begriffes.

Eindeutig ist nun die Reihenentwickelung (1) *nicht.* Man hat ja die Wahl, mit welchem Paar von Veränderlichen man die Entwickelung beginnen will (man braucht auch nicht nothwendig mit zwei Veränderlichen gleicher Art zu beginnen), und erhält so im Allgemeinen verschiedene Formen F_i und auch verschiedene Systeme von Elementar-

*) *Clebsch* braucht den nicht gerade glücklich gewählten Ausdruck: *„Eigentlich reducirtes äquivalentes System"*.

covarianten G_i. Indessen lassen sich doch einige der in § 3 und § 4 aufgestellten Sätze auch auf diese allgemeinere Reihenentwickelung übertragen. Wir führen die Folgenden an:

1) [Satz 1b), § 4.] *Das identische Verschwinden der zugehörigen Form F_i einer Elementarcovariante G_i zieht das Verschwinden der Form G_i selbst nach sich.*

Zum Beweise nehme man die Form F_i als Grundform, und entwickele sie zunächst in Bezug auf irgend zwei Veränderliche gleicher Art. Unter den erhaltenen Elementarcovarianten $G_{i\varkappa}$ muss mindestens eine sein, die für beliebige Werthe der Coefficienten von F_i nicht identisch verschwindet; denn sonst wäre ja F_i selbst Null, und kein Entwickelungsglied der Reihe 1). Aus dem Verschwinden von F_i kann nun, nach dem Früheren, auf das Verschwinden dieser Elementarcovariante geschlossen werden, und ebenso auf das Verschwinden jeder anderen Elementarcovariante, die nicht von selbst Null ist. Jetzt nehme man eine weitere Veränderliche hinzu, und entwickele jede der gefundenen Elementarcovarianten auf's Neue. Damit fahre man so lange fort, bis man eine Reihe von Normalformen erhält, deren Verschwinden mit dem Verschwinden von F_i gleichbedeutend ist. Diese Normalformen sind nun sämmtlich Vielfache von G_i. Denn sie sind lineare Covarianten dieser Form; es folgt aber aus einer im Beweise des Satzes 1) in § 3 (S. 56) angestellten Betrachtung, dass eine Normalform keine anderen linearen Covarianten besitzt, die wiederum Normalformen sind, als ihre eigenen Vielfachen.

Es ist damit gezeigt, dass aus dem Verschwinden von F_i das Verschwinden von G_i folgt, und zwar das Verschwinden nur dieser einen Elementarcovariante von F. Hieraus schliesst man ohne Schwierigkeit:

„*Wendet man auf eines der Entwickelungsglieder F_i der Reihe* (1) *den Process an, durch welchen die Elementarcovariante $G_\varkappa$ aus F entsteht, so erhält man Null oder G_i, je nachdem $\varkappa \neq i$ oder $\varkappa = i$.*“

Und hieraus folgt noch weiter:

„Wendet man die Reihenentwickelung (1) auf eines der Entwickelungsglieder F_i als Grundform an, so erhält man die identische Gleichung $F_i = F_i$, da alle übrigen Glieder der rechten Seite verschwinden“.

2) [Satz 2), § 3 und § 4.] *Die Coefficienten der Elementarcovarianten $G_0, G_1, G_2, \ldots$ sind von einander unabhängig bis auf die Beschränkung, welche durch das Bestehen des Gleichungssystems $\Delta G_i = 0$ $(i = 0, 1, 2 \ldots)$ herbeigeführt wird.*[19])

Dies folgt unmittelbar daraus, dass derselbe Satz gilt für die einzelnen Reihenentwickelungen, durch deren Zusammensetzung die Reihenentwickelung (1) entstanden ist. Die Formen G_0, G_1, G_2, ... können als völlig allgemeine Normalformen ihrer Ordnungszahlen angesehen werden; die Summe ihrer Constantenzahlen ist gleich der Constantenzahl von F.

3) [Satz 5), § 3 und 4.] *Lässt man in der Entwickelung* (1) *der Form F Veränderliche und Symbole ihre Rolle wechseln, so erhält man wieder eine Entwickelung nach zugehörigen Formen von Normalformen welche der ersten dualistisch gegenübersteht.*

Wir stellen eine Form, welche der Form

$$F = (B_1 X_1)^{m_1} (B_2 X_2)^{m_2} \dots (U_1 P_1)^{n_1} \dots$$

dualistisch gegenübersteht („contragredient“ ist), durch das Zeichen

$$\Phi = (U_1' P_1')^{m_1} (U_2' P_2')^{m_2} \dots (B_1' X_1')^{n_1} \dots,$$

dar, und die simultane Invariante

$$(B_1 P_1')^{m_1} (B_2 P_2')^{m_2} \dots, (B_1' P_1)^{n_1} \dots,$$

deren Verschwinden das „*Conjugirt-Sein*“ beider Formen ausdrückt, durch das Zeichen $[F, \Phi]$. Diese Invariante geht aus F einfach dadurch hervor, dass man die Veränderlichen von F durch die entsprechenden Symbole von Φ ersetzt. Statt der Form F entwickeln wir nun sogleich die Invariante $[F, \Phi]$, und zwar zunächst in Bezug auf zwei Symbole von Φ, oder in Bezug auf die entsprechenden beiden Symbole von F, was nach § 3 und § 4 auf dasselbe hinausläuft. Statt der beiden benutzten Symbole von F führen wir nun in jedes Glied der Reihenentwickelung die Symbole der zugehörigen Elementarcovarianten ein, und verfahren ebenso in Bezug auf die entsprechenden Symbole von Φ. Dann erhält man, nach Formel (10), § 3 und § 4, eine Summe von Ausdrücken, deren jeder dieselbe Form hat, wie die Invariante $[F, \Phi]$. Nun entwickele man weiter, führe wieder für die neuen Elementarcovarianten beiderseits neue Symbole ein, u. s. f. Da alle auf diesem Wege entstehenden Ausdrücke zu sich selbst dualistisch sind, so erhält man schliesslich eine völlig symmetrische Entwickelung:

$$(2) \qquad [F, \Phi] = c_0 [G_0, \Psi_0] + c_1 [G_1, \Psi_1] + \cdots,$$

worin die G_i, Ψ_i die entsprechenden Elementarcovarianten der Formen F und Φ sind. Ersetzt man nun in den Ausdrücken der ersteren Formen die Symbole von Φ wieder durch Veränderliche, so erhält man die Entwickelung (1); ersetzt man aber die Symbole von F durch Veränderliche, so erhält man eine Entwickelung von Φ:

$$(3) \qquad \Phi = \Phi_0 + \Phi_1 + \Phi_2 + \cdots,$$

welche der Entwickelung von F dualistisch gegenübersteht, und aus jener dadurch hervorgeht, dass man Veränderliche und Symbole ihre Bedeutung vertauschen lässt.

Die in der Entwickelung (2) *auftretenden Zahlencoefficienten* $c_0, c_1, c_2, \ldots$ *sind sämmtlich positive rationale Zahlen.*

Dies folgt unmittelbar daraus, dass die Constanten $b_\varkappa$ und $\beta_\varkappa$ (§ 3 und § 4) positive rationale Zahlen sind.

4) [Satz 6), § 3 und § 4.] *Sind* $F = \Sigma F_i$ *und* $\Phi = \Sigma \Phi_i$ *zwei einander dualistisch gegenüberstehende Reihenentwickelungen der Formen* F *und* Φ, *und ist die Form* F *conjugirt zu dem Gliede* Φ_i *der zweiten Reihenentwickelung, für alle Werthe der Coefficienten der Form* Ψ_i, *von welcher dieses Glied abhängt, so verschwindet in der Reihenentwickelung von* F *das Glied* F_i *und umgekehrt.*

Um dies einzusehen, hat man nur in der Invariante $[F, \Phi_i]$, deren Verschwinden vorausgesetzt wird, die Symbole von Φ durch ebensoviele Veränderliche zu ersetzen: Man erhält dann unmittelbar die Form F_i. Es gelten also auch die Sätze:

5) [Satz 7), § 3 und § 4.] *Jedes Glied der Entwickelung der Form* F *ist conjugirt zu jedem Glied der gegenüberstehenden Entwickelung der Form* Φ, *mit Ausnahme desjenigen, welches ihm selbst gegenübersteht.*

6) [Satz 8), § 3 und § 4.] *Enthält die Entwickelung von* Φ *nur gewisse Glieder, und ist* F *zu* Φ *conjugirt, gleichgültig, welche Werthe die Coefficienten von* Φ *im Uebrigen besitzen, so fehlen in der Entwickelung von* F *die entsprechenden Glieder.*

Es gelten also die Formeln

$$[F_i, \Phi_\varkappa] = 0 \quad (i \neq \varkappa), \tag{4}$$

$$[F_i, \Phi_i] = c_i [G_i, \Psi_i], \tag{5}$$

welche die Verallgemeinerung sind der Formeln (8) und (9) des § 3 und § 4.

Es wurde bereits hervorgehoben, dass das von uns zu Grunde gelegte System von Elementarcovarianten G_i der Form F nicht das einzig mögliche ist. Es fragt sich nun, wie die verschiedenen vollständigen Systeme von Elementarcovarianten derselben Grundform unter einander zusammenhängen. Wir wollen diese Frage etwas allgemeiner fassen, indem wir jetzt die oben erwähnte nachträgliche Erweiterung im Begriffe eines *„vollständigen Systems von Elementarcovarianten"* vornehmen: Wir wollen nunmehr unter einem solchen überhaupt jedes System von linear unabhängigen Normalformen verstehen, welche lineare Covarianten von F sind, und ausserdem die Eigenschaft besitzen, dass sich F als Summe von linearen Covarianten („*zugehörigen Formen*“) jener Normalformen darstellen lässt. Ueber den Zusammenhang der verschiedenen Systeme dieser Art gibt der Satz Auskunft:

7) *Aus einem vollständigen System von Elementarcovarianten einer Form F erhält man alle übrigen, indem man alle Formen mit denselben Ordnungszahlen (μ, ν) in eine Gruppe zusammenfasst, und nun statt der Formen einer jeden Gruppe durch eine auflösbare lineare Substitution mit rationalen Zahlencoefficienten irgend welche neue Normalformen (μ, ν) einführt.*

Es sei (G_i) das bisher betrachtete System von Elementarcovarianten von F, (G_i') irgend ein anderes, $F = \Sigma F_i'$ eine zu letzterem gehörige Reihenentwickelung (die nicht nothwendig durch wiederholte Anwendung der Gordan'schen Reihen entstanden zu sein braucht). Es seien nun $G_{(1)}, G_{(2)}, \ldots G_{(r)}$ diejenigen der Formen G_i, welche gewisse Ordnungszahlen (μ, ν) haben, und es seien $P_1, P_2, \ldots P_r$ die Processe, durch welche die Formen $G_{(i)}$ aus der Grundform F entstehen, so dass $P_i F = G_{(i)}$. Dann können wir diese Processe auf der rechten und linken Seite der Identität $F = \Sigma F_i'$ anwenden, und erhalten so die Reihe der Gleichungen:

$$\begin{array}{c} G_{(1)} = \Sigma P_1 F_i' \\ \cdots\cdots \\ \cdots\cdots \\ G_{(r)} = \Sigma P_r F_i'. \end{array}$$

Nach Voraussetzung stehen hier links r linear unabhängige Normalformen; rechts aber stehen lineare Combinationen der Formen G_i'. Denn die Anwendung des Processes $P_\varkappa$ auf eine Form F_i' liefert Null, wenn die Ordnungszahlen von G_i' nicht gerade (μ, ν) sind, und sie liefert Null oder ein Vielfaches von G_i', wenn die Ordnungszahlen von G_i' mit (μ, ν) übereinstimmen. Es stehen also auf der rechten Seite in jeder Gleichung mindestens eine und in allen Gleichungen zusammen mindestens r linear unabhängige Formen G_i' mit den Ordnungszahlen (μ, ν). Es können aber auch nicht mehr als r solcher Formen $G'_{(i)}$ vorhanden sein, da die G_i' linear unabhängig sein sollen, und sich die Formen $G'_{(i)}$ ebenso wieder durch die Formen $G_{(i)}$ ausdrücken müssen.

Es befinden sich also unter dem zweiten Systeme von Elementarcovarianten ebenfalls r Formen $G'_{(1)} \ldots G'_{(r)}$ mit den Ordnungszahlen (μ, ν), und beide Systeme sind durch Relationen verknüpft von der Form:

$$(6) \qquad \begin{array}{c} G_{(1)} = \lambda_{11} G'_{(1)} + \cdots + \lambda_{1r} G'_{(r)} \\ \cdots\cdots\cdots\cdots \\ \cdots\cdots\cdots\cdots \\ G_{(r)} = \lambda_{r1} G'_{(1)} + \cdots + \lambda_{rr} G'_{(r)}. \end{array}$$

Die Grössen $\lambda_{11} \ldots \lambda_{rr}$ sind sämmtlich rationale Zahlen; die Determinante des Gleichungssystems ist von Null verschieden.

Aber auch umgekehrt können wir willkürlich vermöge der Gleichungen (6) in die Entwickelung von F statt der Formen $G_{(1)} \ldots G_{(r)}$ die Formen $G'_{(1)} \ldots G'_{(r)}$ einführen: Wir erhalten dann eine neue Darstellung von F durch zugehörige Formen eines vollständigen Systems von Elementarcovarianten, eine Entwickelung, die in mancher Hinsicht die ursprüngliche vertreten kann. Es versteht sich nach dem Gesagten, dass auch diese neue Reihenentwickelung die Eigenschaft hat, dass das Verschwinden der Grundform das Verschwinden aller einzelnen Entwickelungsglieder und der zugehörigen Normalformen nach sich zieht. Sie ist die *allgemeinste* Reihenentwickelung der Form F nach „zugehörigen Formen" eines vollständigen Systems von Elementarcovarianten:

8) *Zu jedem vollständigen System von Elementarcovarianten gehört eine und nur eine Reihenentwickelung der Form F.*

Sind nämlich $F = \Sigma F_i'$ und $F = \Sigma F_i''$ zwei Reihenentwickelungen der Form F, und bestehen zwischen den betreffenden Elementarcovarianten die Beziehungen $G_i'' = G_i'$, so können wir die Differenz bilden und erhalten dann

$$0 = \Sigma (F_i' - F_i''),$$

worin das i^{te} Glied eine lineare Covariante einer Normalform $G_i' = H_i$ ist. Seien nun Π_i' und Π_i'' die Processe, durch welche die Formen F_i' und F_i'' aus H_i entstehen, so dass

$$\Pi_i' H_i = F_i',\ \Pi_i'' H_i = F_i'',$$

so können wir obige Gleichung auch so schreiben:

$$0 = \Sigma (\Pi_i' - \Pi_i'') H_i;$$

und diese Gleichung muss richtig sein für alle Werthe der Coefficienten der Formen H_i. Setzen wir daher $H_0 = 0,\ H_1 = 0, \cdots H_{i-1} = 0,\ H_{i+1} = 0 \cdots$, so erhalten wir $\Pi_i' H_i = \Pi_i'' H_i$ oder $F_i' = F_i''$. —

Die Reihenentwickelung $F = \Sigma F_i'$, welche wir durch die Transformation (6) aus der ursprünglichen Reihe $F = \Sigma F_i$ erhalten haben, nimmt übrigens nicht an allen Eigenschaften theil, welche der letzteren Entwickelung zukamen. Vertauscht man nämlich in der neuen Reihe die Bedeutung der Veränderlichen und Symbole, so erhält man im Allgemeinen *nicht* die der ersten dualistisch gegenüberstehende Entwickelung $\Phi = \Sigma \Phi_i'$. Transformirt man aber, um eine zu sich selbst dualistische Formel zu erhalten, in der Reihenentwickelung der Invariante $[F, \Phi]$ gleichzeitig mit den Formen $G_{(i)}$ die ihnen dualistisch gegenüberstehenden Formen $\Psi_{(i)}$ durch die Substitutionen

$$
(6b)\qquad \begin{aligned}
\Psi_{(1)} &= \lambda_{11}\,\Psi'_{(1)} + \cdots + \lambda_{1r}\,\Psi'_{(r)}\\
&\;\cdot\;\cdot\;\cdot\;\cdot\;\cdot\;\cdot\;\cdot\;\cdot\;\cdot\;\cdot\\
&\;\cdot\;\cdot\;\cdot\;\cdot\;\cdot\;\cdot\;\cdot\;\cdot\;\cdot\;\cdot\\
\Psi_{(r)} &= \lambda_{r1}\,\Psi'_{(1)} + \cdots + \lambda_{rr}\,\Psi'_{(r)},
\end{aligned}
$$

so erhält man eine Reihenentwickelung der Invariante $[F, \Phi]$, die im Allgemeinen einen weniger einfachen Bau zeigt, als die ursprüngliche Reihe. Die Sätze 4), 5), 6) gelten daher jetzt nur noch mit Einschränkungen: Die Formel $[F_i', \Phi_\varkappa'] = 0$ $(i \neq \varkappa)$ ist im Allgemeinen nur dann noch richtig, wenn die Formen G_i', $\Psi_\varkappa'$ verschiedene Ordnungszahlen haben.

Unter den mit Hilfe der Formeln (6) aus der ursprünglichen Reihe hervorgegangenen Entwickelungen gibt es aber ausgezeichnete, für welche die Formel $[F_i', \Phi_\varkappa'] = 0$ $(i \neq \varkappa)$ allgemein besteht, und auf welche daher auch die Sätze 4), 5), 6) ausgedehnt werden können. Wir wollen dieselben *„normale Entwickelungen“* nennen. *Wir wollen nun untersuchen, unter welchen Bedingungen die transformirte Entwickelung $F = \Sigma F_i'$ eine normale ist.*

Da alle anderen Elementarcovarianten von F durch die Substitutionen (6) nicht berührt werden, und ausserdem immer $[F'_{(i)}, \Phi'_\varkappa]$ gleich Null ist, sobald $\Psi'_\varkappa$ nicht zu den Formen $\Psi'_{(\varkappa)}$ mit den Ordnungszahlen (μ, ν) gehört, so dürfen wir, ohne der Allgemeinheit zu schaden, die Annahme machen, dass die ursprüngliche Entwickelung von F nur aus den Gliedern besteht, die von den Formen $G_{(1)} \cdots G_{(r)}$ abhängen. Wir werden also an Stelle der Gleichungen 1), 2), 3) die folgenden setzen:

$$
(7)\qquad \begin{cases}
F = F_{(1)} + F_{(2)} + \cdots + F_{(r)}\\
[F, \Phi] = c_{(1)}\,[G_{(1)}, \Psi_{(1)}] + \cdots + c_{(r)}\,[G_{(r)}, \Psi_{(r)}]\\
\Phi = \Phi_{(1)} + \Phi_{(2)} + \cdots + \Phi_{(r)}.
\end{cases}
$$

Wir transformiren nun die Formen $G_{(i)}$ durch die Substitutionen (6), und die Formen $\Psi_{(i)}$ durch die Substitutionen (6b).

Wir denken uns dann diese Ausdrücke in die Formeln (7) eingeführt, und deren rechte Seiten nach den Formen $G'_{(i)}$, $\Psi'_{(\varkappa)}$ geordnet. Um dies einfach bewerkstelligen zu können, bezeichnen wir wieder durch Π_i den Process, durch welchen die Form $F_{(i)}$ aus ihrer Elementarcovariante $G_{(i)}$ entsteht, und ebenso durch $\overline{\Pi}_i$ den Process, durch welchen $\Phi_{(i)}$ aus $\Psi_{(i)}$ hervorgeht, setzen also

$$
F_{(i)} = \Pi_i\,G_{(i)},\quad \Phi_{(i)} = \overline{\Pi}_i\,\Psi_{(i)}.
$$

Führen wir diese Ausdrücke in die Formeln (7) ein, so können wir die Transformation (6) und (6b) ohne Weiteres ausführen, und erhalten dann die folgenden Gleichungen:

$$(8)\qquad \begin{aligned} F &= F'_{(1)} + F'_{(2)} + \cdots + F'_{(r)} \\ \Phi &= \Phi'_{(1)} + \Phi'_{(2)} + \cdots + \Phi'_{(r)}, \end{aligned}$$

worin

$$(9)\qquad \begin{aligned} F'_{(i)} &= \{\lambda_{1i}\,\Pi_1 + \lambda_{2i}\,\Pi_2 + \cdots + \lambda_{ri}\,\Pi_r\}\; G'_{(i)} \\ \Phi'_{(i)} &= \{\lambda_{1i}\,\overline{\Pi}_1 + \lambda_{2i}\,\overline{\Pi}_2 + \cdots + \lambda_{ri}\,\overline{\Pi}_r\}\; \Psi'_{(i)}. \end{aligned}$$

Nun wird aber, wegen der Relationen:

$$(4)\qquad [\Pi_i\, G_{(i)},\, \overline{\Pi}_\varkappa\, \Psi_{(\varkappa)}] = 0 \quad (i \neq \varkappa)$$

$$(5)\qquad [\Pi_i\, G_{(i)},\, \overline{\Pi}_i\, \Psi_{(i)}] = c_{(i)}\, [G_{(i)}, \Psi_{(i)}]:$$

$$(10)\qquad [F'_{(i)}, \Phi'_{(\varkappa)}] = \{c_{(1)}\,\lambda_{1i}\,\lambda_{1\varkappa} + \cdots + c_{(r)}\,\lambda_{ri}\,\lambda_{r\varkappa}\}\; [G'_{(i)}, \Psi'_{(\varkappa)}]$$

Damit die Reihenentwickelungen (8) normale werden können, ist also nothwendig das Bestehen der $\frac{r \cdot r-1}{2}$ Relationen:

$$(11)\qquad c_{(1)}\,\lambda_{1i}\,\lambda_{1\varkappa} + \cdots + c_{(r)}\,\lambda_{ri}\,\lambda_{r\varkappa} = 0 \quad (i \neq \varkappa;\; i, \varkappa = 1, 2, \cdots r),$$

welche ein aus der Theorie der quadratischen Formen wohlbekanntes Gleichungssystem darstellen. Sind diese Bedingungen erfüllt, so wird die Reihenentwickelung der Invariante $[F, \Phi]$ nach Einführung der Symbole der Formen $G'_{(i)}$, $\Psi'_{(i)}$ ebenfalls eine Summe von r Gliedern:

$$(12)\qquad [F, \Phi] = \Sigma\, \{c_{(1)}\,\lambda_{1i}^2 + \cdots + c_{(r)}\,\lambda_{ri}^2\}\; [G'_{(i)}, \Psi'_{(i)}],$$

deren Coefficienten wie die Coefficienten $c_{(1)} \cdots c_{(r)}$ der ursprünglichen Reihe positive Zahlenwerthe haben. Die gefundene Reihenentwickelung kann die ursprüngliche in jeder Hinsicht vertreten. Das i^{te} Glied derselben kann auch so geschrieben werden:

$$[F, \Phi'_{(i)}] = [F'_{(i)}, \Phi'_{(i)}] = [F'_{(i)}, \Phi].$$

Führt man aber in den letzten Ausdruck statt der Symbole von Φ Veränderliche ein, so erhält man unmittelbar die Form $F'_{(i)}$. Verschwindet also $[F, \Phi'_{(i)}]$, unabhängig von den Werthen der Coefficienten der Normalform $\Psi'_{(i)}$, so verschwindet $F'_{(i)}$; es gilt also für diese neue Reihenentwickelung nicht allein der Satz 5), sondern auch 4) und 6). Diejenigen normalen Entwickelungen, welche unmittelbar durch wiederholte Anwendung der Gordan'schen Reihen entstehen, haben weiter nichts Ausgezeichnetes.

Die Bedeutung, welche den hier näher untersuchten Reihenentwickelungen mit Rücksicht auf die allgemeine Theorie der Invarianten zukommt, erhellt, soweit sie hier schon auseinandergesetzt werden kann, aus der folgenden, im Wesentlichen von *Clebsch* herrührenden[19]) Betrachtung.

Der allgemeine Gegenstand der Theorie der ternären Formen sind ursprünglich Formen mit beliebig vielen Veränderlichen $X_1, X_2, \cdots,$

$U_1, U_2, \cdots$; es liegt keine Veranlassung vor, sich auf Formen mit nur einer Veränderlichen X und einer Veränderlichen U zu beschränken. Nun ist aber im Vorstehenden gezeigt, dass eine jede Grundform sich als lineare Covariante einer Anzahl anderer Formen darstellen lässt, die höchstens eine Veränderliche X und höchstens eine Veränderliche U enthalten, und überdies Normalformen sind. Jede Invariante der Grundform verwandelt sich dadurch in eine ganze Function von simultanen Invarianten dieser Normalformen, deren Coefficienten allerdings nicht völlig unabhängig, sondern durch die Relationen $\Delta G_i = 0$ an einander gebunden sind. Darin liegt eine Reduction des Grundproblems, in einem gegebenen Formensystem alle Invarianten mit gegebenen Gradzahlen zu bestimmen: Man darf in dieser Aufgabe an Stelle der allgemeinen Formen mit beliebig vielen Veränderlichen die viel einfacheren Normalformen setzen. Eine noch weiter gehende Reduction des Problems in diesem Sinne, also eine Ersetzung der Normalformen durch noch einfachere Formen, ist nicht möglich. Eine solche einfachere Form müsste eine lineare Covariante der Normalform, und als solche symbolisch darstellbar sein, nach einem von uns bereits auf S. 70 benutzten Satz, dessen vollständigen Beweis wir im nächsten Paragraphen erbringen werden. Daraus folgt dann sofort, dass eine Normalform keine lineare Covariante besitzen kann, ausser denen, welche aus ihr durch Multiplication mit identischen Covarianten und durch die Operationen $U = \widehat{XY}$ und $X = \widehat{UV}$ entstehen. Diese Formen sind aber alle weniger einfach, als die Normalform selbst.

Aus der hiermit gegebenen Reduction folgt dann sogleich noch eine zweite, die von nicht geringerer Bedeutung ist. Die Erfahrung hat gezeigt, dass man die Eigenschaften eines bestimmten Formensystems keineswegs durch Betrachtung der Invarianten allein erschöpfen kann, sondern dass man diesem System noch weitere Formen hinzufügen muss, die von uns als „Veränderliche" bezeichneten linearen Formen. Solche Veränderliche treten ja schon in den Grundformen selbst auf, und es wird unter Umständen die Adjunction von noch weiteren nöthig, wenn es sich darum handelt, das Entstehungsgesetz der Invarianten aufzudecken, oder specielle Formensysteme durch Gleichungen zu charakterisiren. So drängt sich schon in der Theorie einer ternären quadratischen Form $(AX)^2$ die Covariante $(ABU)^2$ unwillkürlich der Betrachtung auf; man kann die Eigenschaft einer quadratischen Form, ein volles Quadrat zu werden, nicht anders ausdrücken, als dadurch, dass man verlangt, es soll die Form $(ABU)^2$ unabhängig von U den Werth Null haben. Wo ist nun hier die Grenze? Wieviele lineare Formen muss man adjungiren, um alle Gleichungssysteme dieser

Art darstellen zu können, und ist die Adjunction linearer Formen überhaupt ausreichend? Wir werden auf diese Frage später (in § 10) noch einmal zurückkommen. Hier sei soviel bemerkt, dass man für Probleme dieser Art mit der Adjunction von zwei Veränderlichen X und U ausreicht, und dass man in dem Systeme gegebener Grundformen nur die Invarianten und diejenigen Covarianten zu betrachten braucht, welche Normalformen sind. Sei vorgelegt eine ganze Invariante J der Formen $F_1 \cdots F_r, F_{r+1} \cdots F_s$, und sei verlangt, dass J verschwinden soll unabhängig von den Werthen der Coefficienten von $F_{r+1} \cdots F_s$. Dann können wir durch wiederholte Anwendung des Evectantenprocesses aus J eine Form herleiten, welche ausser den Coefficienten von $F_1 \cdots F_r$ nur noch die Coefficienten linearer Formen $X_1, X_2, \cdots U_1, U_2, \cdots$ enthält, welche unabhängig von den Werthen dieser letzteren verschwindet, und deren Verschwinden nach dem Euler'schen Satze auch wieder das Verschwinden von J nach sich zieht. Das Verschwinden jener Evectante aber ist gleichbedeutend mit dem Verschwinden ihrer Elementarcovarianten, und diese sind Normalformen.

Die hinsichtlich der Reihenentwickelungen bewiesenen Sätze gestatten also eine *engere Umgrenzung des Stoffes* der Invariantentheorie:

Es wird bei grossen Classen von Aufgaben genügen, nur *Normalformen* als Grundformen zu nehmen, und in deren Systeme nur simultane Invarianten und solche Covarianten zu betrachten, welche wieder Normalformen sind. Es ist theoretisch wichtig, sich die Bedeutung dieser Bemerkung klar gemacht zu haben. Bei concreten Aufgaben ist es aber meistens bequemer, statt der covarianten Normalformen überhaupt solche Formen zu betrachten, welche höchstens ein X und höchstens ein U enthalten, also von der Forderung abzusehen, dass sie Normalformen sein sollen. Den Inbegriff der so umschriebenen Bildungen bezeichnet man gewöhnlich im engeren Sinne als das *„Formensystem“* der gegebenen Grundformen. Da dasselbe im Grunde ein simultanes System der gegebenen Formen und zweier linearer Formen ist, so ist es zweckmässig, demselben als „Covariante vom Grade Null“ die identische Covariante (UX) hinzuzufügen.

§ 8.

Verkürzte Reihenentwickelungen.

Wir haben im vorigen Paragraphen gezeigt, dass man jede Form mit beliebig vielen Veränderlichen durch eine Reihe anderer ausdrücken kann, welche zugehörige Formen von Normalformen sind, die zusammen ein vollständiges System von Elementarcovarianten der gegebenen Form bilden; wir haben weiterhin gesehen, wie man von einer solchen Entwickelung zu allen übrigen übergehen kann, und insbesondere auch zu denjenigen Entwickelungen, welche wir „normale" nannten. Jede normale Entwickelung konnte ersetzt werden durch eine Entwickelung der Invariante $[F, \Phi]$, deren Verschwinden das „Conjugirt-Sein" der Form F zu einer dualistisch gegenüberstehenden Form Φ ausdrückt:

$$[F, \Phi] = \Sigma c_i [G_i, \Psi_i].$$

Die Formen G_i sind hier die Formen des vollen Systems von Elementarcovarianten, die Formen Ψ_i die dualistisch gegenüberstehenden Covarianten von Φ, die Coefficienten c_i positive rationale Zahlen.

Wir wollen nun diese Untersuchung auch auf den Fall ausdehnen, wo die Coefficienten der Form F nicht mehr unabhängig, sondern zum Theil an einander gebunden sind, dadurch, dass gewisse vorgelegte *lineare* Covarianten von F identisch gleich Null gesetzt werden. Wir wollen eine solche Form, um einen bequemen Ausdruck zu haben, als eine *„verkürzte Form F"* bezeichnen.

Auch bei verkürzten Formen F lassen sich immer Reihenentwickelungen angeben, welchen alle wesentlichen Eigenschaften der in § 7 betrachteten Reihenentwickelungen zukommen.

Die vorgelegten linearen Covarianten dürfen wir, ohne Beschränkung der Allgemeinheit unserer Untersuchung, als Normalformen betrachten; denn wir können ja nach dem Früheren das Verschwinden beliebiger Formen immer dadurch ausdrücken, dass wir Normalformen gleich Null setzen. Seien nun $\Gamma_1, \cdots \Gamma_\varrho$ die Processe, durch welche diese Formen aus F entstehen, so dass $\Gamma_1 F = 0 \cdots \Gamma_\varrho F = 0$ die gegebenen Bedingungsgleichungen sind, und sei

$$F = F_0 + F_1 + F_2 + \cdots$$

eine normale Reihenentwickelung von F.

Dann werden die vorgelegten Bedingungsgleichungen

$$0 = \Gamma_\varkappa F_0 + \Gamma_\varkappa F_1 + \Gamma_\varkappa F_2 + \cdots$$

Es ist aber $\Gamma_\varkappa F_i$ entweder Null, oder ein Vielfaches von G_i, nach einem bereits mehrfach benutzten Satze. Man erhält mithin als Ausdruck der gegebenen Bedingungen schliesslich eine Reihe von Gleichungssystemen der Form:

$$(1) \qquad \begin{array}{c} \mu_{11} G_{(1)} + \cdots + \mu_{1r} G_{(r)} = 0 \\ \cdot \quad \cdot \quad \cdot \quad \cdot \quad \cdot \quad \cdot \quad \cdot \quad \cdot \\ \cdot \quad \cdot \quad \cdot \quad \cdot \quad \cdot \quad \cdot \quad \cdot \quad \cdot \\ \mu_{\varrho 1} G_{(1)} + \cdots + \mu_{\varrho r} G_{(r)} = 0, \end{array}$$

worin die Formen $G_{(1)} \cdots G_{(r)}$ wie in § 9 ein System von linear unabhängigen Elementarcovarianten mit gleichen Ordnungszahlen (μ, ν) vorstellen, die Grössen $\mu_{11} \cdots \mu_{\varrho r}$ aber rationale Zahlen sind.

Nehmen wir an, dass in jedem solchen Gleichungssystem bereits alle Gleichungen fortgelassen sind, welche sich als eine Folge vorhergehender Gleichungen herausstellen, so können wir vermöge der Gleichungen des Systems die Formen $G_{(1)} \cdots G_{(r)}$ durch $r - \varrho$ von ihnen, oder allgemeiner durch $r - \varrho$ neue Formen $G'_{(1)} \cdots G'_{(r-\varrho)}$ ausdrücken, indem wir die Gleichungen (1) in bekannter Weise durch rationalzahlige Substitutionen der Form

$$(2) \quad \begin{array}{l} G_{(1)} = \lambda_{11} G'_{(1)} + \cdots + \lambda_{1,r-\varrho} G'_{(r-\varrho)} \\ \cdots\cdots\cdots\cdots\cdots \\ \cdots\cdots\cdots\cdots\cdots \\ G_{(r)} = \lambda_{r1} G'_{(1)} + \cdots + \lambda_{r,r-\varrho} G'_{(r-\varrho)} \end{array}$$

befriedigen. Führen wir diese Ausdrücke in die Reihenentwickelung von F ein, und ordnen nach Formen, welche von $G'_{(1)} \cdots G'_{(r-\varrho)}$ abhängen, verfahren wir ferner ebenso hinsichtlich aller übrigen Gleichungssysteme, die zu anderen Zahlenpaaren (μ', ν') $(\mu'', \nu'') \cdots$ gehören, so erhalten wir schliesslich eine Entwickelung der Form F:

$$(3) \qquad F \equiv F_0' + F_1' + F_2' + \cdots \pmod{\Gamma_\varkappa F},$$

welche nach zugehörigen Formen der Elementarcovarianten G_i' fortschreitet, die nun sämmtlich wieder unabhängige Coefficienten haben (abgesehen natürlich von den Relationen $\varDelta G_i' = 0$). Durch diesen Ausdruck von F werden die Relationen $\Gamma_\varkappa F = 0$ in allgemeinster Weise identisch erfüllt; er gilt nur unter der Voraussetzung des Verschwindens der Ausdrücke $\Gamma_\varkappa F$. Da wir die Coefficienten der Formen G_i', wie gesagt, als unabhängige Grössen ansehen dürfen, so haben wir mithin das Problem gelöst:

„*Die allgemeinste Form F hinzuschreiben, für welche gewisse vorgelegte lineare Invarianten oder Covarianten (letztere identisch) verschwinden.*"

Wir können diese Form F, und zwar noch auf unendlich viele Arten, als Covariante einer anderen Form F_1 darstellen, welche dieselben Ordnungszahlen hat, wie F, deren Coefficienten aber sämmtlich von einander unabhängig sind. Dies ist der in § 5, S. 70 benutzte Hilfssatz.

Die Willkürlichkeit, welche den Constanten $\lambda_{i\varkappa}$ der Gleichungen (2) noch innewohnt, kann man immer dazu verwenden, auch die verkürzte Entwickelung (3) insbesondere in eine „*normale*" zu verwandeln, d. h. in eine Reihe, welche zu der dualistisch gegenüberstehenden Reihe in der Beziehung steht, welche durch die Sätze 4), 5), 6) des vorigen Paragraphen ausgedrückt wird; und zwar ist dies noch auf $\infty^{\frac{r-\varrho \cdot r-\varrho+1}{2}}$

verschiedene Arten möglich, wenn wir von der Beschränkung absehen, die darin liegt, dass die Constanten $\lambda_{i\varkappa}$ rationale Zahlen sein sollen.

Man kann nämlich zunächst von der normalen Theilentwickelung der Form F, welche wir vorläufig noch als eine allgemeine Form annehmen:

$$F'_{(1)} + F'_{(2)} + \cdots + F'_{(r)}$$

vermöge der Substitutionen:

$$(4)\quad \begin{aligned} G_{(1)} &= \lambda_{11}\, G'_{(1)} + \cdots\cdots\cdots + \lambda_{1,r-\varrho}\, G'_{(r-\varrho)} \\ &\quad + \lambda_{1,r-\varrho+1}\, G'_{(r-\varrho+1)} + \cdots + \lambda_{1r}\, G'_{(r)} \\ &\quad \cdots\cdots\cdots\cdots\cdots \\ &\quad \cdots\cdots\cdots\cdots\cdots \\ G_{(r)} &= \lambda_{r1}\, G'_{(1)} + \cdots\cdots\cdots + \lambda_{r,r-\varrho}\, G'_{(r-\varrho)} \\ &\quad + \lambda_{r,r-\varrho+1}\, G'_{(r-\varrho+1)} + \cdots + \lambda_{rr}\, G'_{(r)} \end{aligned}$$

zu einer neuen, ebenfalls normalen Theilentwickelung übergehen. Nun ist die quadratische Form

$$c_{(1)}\,\lambda_1^2 + \cdots + c_{(r)}\,\lambda_r^2,$$

welche durch die entsprechenden Substitutionen

$$\begin{aligned} \lambda_1 &= \lambda_{11}\,\lambda'_1 + \cdots + \lambda_{1r}\,\lambda'_r \\ &\cdots\cdots\cdots\cdots \\ &\cdots\cdots\cdots\cdots \\ \lambda_r &= \lambda_{r1}\,\lambda'_1 + \cdots + \lambda_{rr}\,\lambda'_r \end{aligned}$$

auf eine neue Summe von r Quadraten transformirt wird, eine definite, nach einer in § 7 gemachten Bemerkung. Es kann daher die Discriminante

$$(5)\quad \begin{vmatrix} c_{(1)} & 0 & \cdots & 0 & \mu_{11} & \cdots & \mu_{\varrho 1} \\ 0 & c_{(2)} & \cdots & 0 & \mu_{12} & \cdots & \mu_{\varrho 2} \\ \cdot & \cdot & \cdots & \cdot & \cdot & \cdots & \cdot \\ 0 & 0 & \cdots & c_{(r)} & \mu_{1r} & \cdots & \mu_{\varrho r} \\ \mu_{11} & \mu_{12} & \cdots & \mu_{1r} & 0 & \cdots & 0 \\ \cdot & \cdot & \cdots & \cdot & \cdot & \cdots & \cdot \\ \mu_{\varrho 1} & \mu_{\varrho 2} & \cdots & \mu_{\varrho r} & 0 & \cdots & 0 \end{vmatrix}$$

des Gleichungssystems

$$\begin{aligned} c_{(1)}\,\lambda_1^2 + \cdots + c_{(r)}\,\lambda_r^2 &= 0 \\ \mu_{11}\,\lambda_1 + \cdots + \mu_{1r}\,\lambda_r &= 0 \\ \cdots\cdots\cdots\cdots \\ \mu_{\varrho 1}\,\lambda_1 + \cdots + \mu_{\varrho r}\,\lambda_r &= 0 \end{aligned}$$

nicht verschwinden, weil die Constanten $\mu_{11} \ldots \mu_{\varrho r}$ sämmtlich reelle

Grössen sind, und nach Voraussetzung nicht alle Unterdeterminanten der aus ihnen gebildeten Matrix gleichzeitig verschwinden. Man kann in Folge dessen die rationalen Zahlen $\lambda_{11} \ldots \lambda_{rr}$ noch auf unendlich viele Arten so bestimmen, dass die Gleichungen (11), § 7, und ausserdem noch die $\varrho\,(r-\varrho)$ Gleichungen

$$(6) \qquad \mu_{i1}\,\lambda_{1\varkappa} + \mu_{i2}\,\lambda_{2\varkappa} + \cdots + \mu_{ir}\,\lambda_{r\varkappa} = 0 \quad \begin{matrix} i = 1, 2, \cdots \varrho \\ \varkappa = 1, 2, \cdots r - \varrho \end{matrix}$$

erfüllt sind, dass mithin die Bedingungen (1) durch die folgenden ersetzt werden können:

$$(7) \qquad G'_{(r-\varrho+1)} = 0, \; G'_{(r-\varrho+2)} = 0, \cdots G'_{(r)} = 0.$$

Man hat also jetzt eine normale Theilentwickelung:

$$(8) \qquad F'_{(1)} + F'_{(2)} + \cdots + F'_{(r-\varrho)} + F'_{(r-\varrho+1)} + \cdots + F'_{(r)},$$

aus welcher die verkürzte, den Bedingungen $\Gamma_\varkappa\,F = 0$ genügende Theilentwickelung einfach dadurch entsteht, dass man die ϱ letzten Glieder fortlässt.

Dadurch aber verliert die Reihe (8), ebenso wie die Reihenentwickelung von F, welcher sie als Theil angehört, nicht die Eigenschaften, die in den Sätzen 4), 5), 6) des § 7 ihren Ausdruck finden. In den Gleichungen $[F'_{(i)}, \Phi'_{(\varkappa)}] = 0$ gehen die Indices i und $\varkappa$ jetzt von 1 bis $r - \varrho$; aus dem Bestehen der Gleichung $[F, \Phi'_{(i)}] = 0$ für alle Werthe der Coefficienten von $G'_{(i)}$ kann auch jetzt auf das Verschwinden der Elementarcovariante $F'_{(i)}$ geschlossen werden. Denn man hat nach wie vor: $[F, \Phi'_{(i)}] = [F'_{(i)}, \Phi]$, und darf auch jetzt im letzten Ausdruck die Symbole von Φ durch unabhängige Veränderliche ersetzen, da die hierbei zutretenden Glieder wegen des Verschwindens der Formen $G'_{(r-\varrho+1)} \ldots G'_{(r)}$ wieder in Wegfall kommen. Es ist also die Reihenentwickelung

$$(9) \qquad [F, \Phi] \equiv c_0'\,[G_0', \Psi_0'] + c_1'\,[G_1', \Psi_1'] + \cdots (\text{modd. } \Gamma_\varkappa\,F)$$

gleichbedeutend mit der Reihe (3), und natürlich ebenso auch mit der dualistisch gegenüberstehenden Reihe. Die Constanten $c_0', c_1', \ldots$ sind von Null verschiedene, positive rationale Zahlen. Man übersieht, dass auch die übrigen Sätze des § 7, nämlich 1), 2), 3), 7), 8) und die letzten Betrachtungen, welche vom Uebergang von einer normalen Entwickelung zu den anderen handeln, ohne Weiteres auf die Entwickelungen verkürzter Formen übertragen werden können. Natürlich ist zu beachten, dass alle Entwickelungen nur bis auf Vielfache von Formen bestimmt sind, welche von den verschwindenden Covarianten $\Gamma_\varkappa\,F$ abhängen. —

Die Allgemeinheit, in welcher wir die Sätze dieses Paragraphen formuliren konnten, beruht wesentlich auf der scharfen Umgrenzung des von uns zu Grunde gelegten Invariantenbegriffs. Hätten wir die seither übliche Definition der Invariante zu Grunde gelegt, so würden wir den Constanten $\mu_{11} \dots \mu_{\varrho r}$ auch imaginäre Werthe haben beilegen können (d. h. die Formen $\Gamma_\varkappa F$ dürften auch „numerisch irrationale Invarianten“ sein, nach der auf Seite 13 gegebenen Definition dieses Begriffes). Dann aber ist die Determinante (5) nicht nothwendig von Null verschieden. Wir haben also dann einen Ausnahmefall zu berücksichtigen, in welchem es unmöglich wird, die verkürzte Reihenentwickelung in eine „normale“ überzuführen.

§ 9.

Identitäten zwischen ganzen Invarianten.

Die Entwickelungen der §§ 7 und 8 gestatten uns nunmehr, die auf Seite 81 formulirte Fundamentalaufgabe allgemein zu lösen, d. h. eine endliche Zahl von ausführbaren Operationen anzugeben, durch deren Anwendung man in jedem gegebenen Falle zum Ziele gelangt. Aus Rücksicht auf die Darstellung beschränken wir uns auf den Fall, wo es sich um die simultanen Invarianten im System einer Normalform (m, n) und der beiden veränderlichen linearen Formen, also um das System der Invarianten und Covarianten einer Normalform (m, n) handelt. In dieser Beschränkung lautet das Problem:

„Man soll aus den Covarianten p^{ten} Grades einer Normalform (m, n):

$$f = (BX)^m (UP)^n$$

ein vollständiges System von linear unabhängigen Normalformen mit den Ordnungszahlen (μ, ν) herausheben, und alle übrigen covarianten Normalformen (μ, ν) p^{ten} Grades durch dieselben ausdrücken.“

Alle Covarianten p^{ten} Grades der Form f sind *lineare* Covarianten der einen, in p verschiedenen Veränderlichenpaaren geschriebenen Form:

$$\left.\begin{aligned} F &= f_1^{(1)} \cdot f_2^{(2)} \cdots f_p^{(p)}, \\ \text{worin} \qquad & \\ f^{(i)} &= f = (B_i X)^m (U P_i)^n, \\ f_\varkappa^{(i)} &= (B_i X_\varkappa)^m (U_\varkappa P_i)^n. \end{aligned}\right\} \quad (1)$$

Die Coefficienten der Form F sind natürlich nicht unabhängig von einander. Ausser höheren Relationen, die uns hier zunächst nicht angehen, bestehen zwischen ihnen eine Anzahl linearer Relationen, welche aussagen, dass man die Symbole der Formen $f^{(1)}, f^{(2)}, \dots f^{(p)}$ unter einander vertauschen darf; und zwar wissen wir, dass diese die *einzigen* Relationen sind, welchen die Symbole der Normalformen $f^{(1)}, f^{(2)}, \dots f^{(p)}$ zu genügen haben, damit wir eine in den Coefficienten einer jeden von ihnen lineare Invariante oder Covariante als symbolische Darstellung einer Invariante oder Covariante p^{ten} Grades der Form f ansehen können. Statt die Symbole der Formen $f^{(i)}$ zu vertauschen, können wir in der Form F auch die mit ihnen verknüpften Veränderlichen vertauschen, und haben somit in den Relationen:

$$(2) \qquad \left.\begin{aligned} & f_1^{(1)} \cdots f_{i-1}^{(i-1)} f_i^{(i)} f_{i+1}^{(i+1)} \cdots f_p^{(p)} \\ - & f_i^{(1)} \cdots f_{i-1}^{(i-1)} f_1^{(i)} f_{i+1}^{(i+1)} \cdots f_p^{(p)} \end{aligned}\right\} = 0$$

$$(i = 2, 3, \cdots p)$$

die nothwendigen und ausreichenden Bedingungen dafür, dass die symbolische Darstellung der Form F als der Ausdruck einer Covariante p^{ten} Grades der Form f angesehen werden kann. Ersetzen wir die linken Seiten dieser Gleichungen durch ihre Elementarcovarianten $\Gamma_\varkappa F$, so können wir nunmehr die Form F mit der im vorigen Paragraphen betrachteten Form, und die Relationen $\Gamma_\varkappa F = 0$ mit den dort behandelten Relationen identificiren, und die dort erhaltenen Resultate auch in unserem Falle anwenden.

Wir gelangen so zu einer Reihenentwickelung der Form F, welche die Bedingungsgleichungen (2) identisch erfüllt, und welche nach zugehörigen Formen eines Systems von linear unabhängigen Elementarcovarianten fortschreitet. Unter letzteren hat man nur diejenigen Formen $G'_{(1)} \ldots G'_{(r-\varrho)}$ herauszuheben, welche die gegebenen Ordnungszahlen (μ, ν) haben (falls überhaupt solche vorhanden sind), um die Lösung des ersten Theiles unserer Aufgabe zu erhalten. Damit erledigt sich aber sogleich auch das zweite Problem. Denn sei K irgend eine lineare Covariante von F mit den Ordnungszahlen (μ, ν), und sei Θ der Process, durch welchen dieselbe aus F entsteht, so dass $K = \Theta F$, so hat man die Operation Θ nur auf beiden Seiten der Theilentwickelung

$$F \equiv F'_{(1)} + \cdots + F'_{(r-\varrho)}$$

anzuwenden, um die Form K als lineare Function der Formen $G'_{(1)} \ldots G'_{(r-\varrho)}$ darzustellen.

Es muss sofort die vollständige Uebereinstimmung der Relationen (2) mit den Relationen auffallen, durch welche die Evectanten einer Invariante ausgezeichnet sind (S. 41). In der That ist die Form (1) nichts Anderes, als die durch $p!$ getheilte p^{te} Evectante der Invariante $[f, \varphi]^p$ in Bezug auf die zu f dualistische Form φ. Sei Φ diejenige Form, welche zu φ in derselben Beziehung steht, wie F zu f; so ist $[f, \varphi]^p = [F, \Phi]$. Jede normale Reihenentwickelung der Form F wird auch hier passend durch die einfacher gebaute Entwickelung dieser Invariante ersetzt, mit deren Hilfe man ebenfalls alle wünschenswerthen Reductionen leisten kann.

Das hiermit gewonnene, allerdings ziemlich umständliche Verfahren ist ausreichend, um alle möglichen Invarianten gegebenen Grades in einem vorgelegten Formensystem zu bestimmen. Die in der Wahl der Elementarinvarianten von F noch vorhandene Willkür wird man benutzen, um als unabhängige Formen gegebenen Grades möglichst viele solche zu nehmen, welche sich als ganze Functionen von Formen niederen Grades darstellen lassen; man wird in jedem einzelnen Falle durch eine endliche Zahl von Versuchen im Stande sein zu entscheiden, wieviele der Covarianten gegebenen Grades durch solche niedere Formen ausdrückbar sind. In allen den Fällen, wo gegebene Grundformen ein „endliches Formensystem“ haben, d. h. ein System von ganzen Invarianten und Covarianten, durch welche sich alle anderen rational und ganz ausdrücken lassen, wird man durch die entwickelte Methode auch zu den Relationen gelangen können, welche zur Aufstellung dieses Formensystems führen; und zwar wird die Methode ausreichen, um in jedem Falle zu entscheiden, ob das gefundene Formensystem ein kleinstes ist, oder nicht.

Die angegebene Methode wird man mit Vortheil auch dann noch verwenden können, wenn die Grundform f keine allgemeine mehr ist, sondern in ihrer Veränderlichkeit durch das Verschwinden gewisser Covarianten p^{ten} oder niederen Grades eingeschränkt wird: Dieser Umstand zieht das Verschwinden gewisser weiterer linearer Covarianten der Form F nach sich, die man nun den Formen $\Gamma_\varkappa F$ hinzuzufügen hat. Indessen ist für diesen Fall unsere Methode nicht mehr als eine allgemeine anzusehen. Denn wegen der höheren Relationen, welche zwischen den Coefficienten der Form F noch bestehen, zieht das Verschwinden einer Covariante p^{ten} Grades im Allgemeinen noch das Verschwinden weiterer Covarianten p^{ten} und sogar niederen Grades nach sich; und um diese alle aufzufinden, hat man nicht früher ein Mittel, als bis man das Formensystem einer allgemeinen Form f mit allen zugehörigen Identitäten aufgestellt hat.

Solche Formen f, für welche gewisse Covarianten verschwinden, hat Herr *Gordan* bei seinem Beweise der Endlichkeit aller Formensysteme binärer und besonderer ternärer Formen verwendet. [*Gordan-Kerschensteiner*, Nr. 202 u. ff.] Bei Untersuchungen dieser Art kommt der angegebene Mangel nicht in Betracht; denn hier gerade wird von den höheren Relationen abgesehen, welche das Zerfallen der Form F in einzelne Factoren zur Folge haben.

Es ist nicht ohne Interesse, dass man die genannten Relationen, welche die zerfallende Form F von einer allgemeinen Form mit vertauschbaren Veränderlichen-Systemen unterscheiden, alle aufstellen kann.

7*

Die unzerlegbaren unter ihnen sind sämmtlich vom zweiten Grade in den Symbolen von F. Die Form F ordnet jedem Veränderlichensystem $X_1, U_1, \ldots X_{p-1}, U_{p-1}, X_p$ eine Curve n^{ter} Classe zu, deren Gleichung ist:

$$(B_1 X_1)^m (U_1 P_1)^n \cdots (B_{p-1} X_{p-1})^m (U_{p-1} P_{p-1})^n (B_p X_p)^m (U P_p)^n = 0.$$

Man hat jetzt nur auszudrücken, dass diese Curve sich nicht ändert, wenn man die Veränderlichen $X_1 \ldots X_{p-1}$, $U_1 \ldots U_{p-1}$ durch andere Veränderliche $X_1' \ldots X_{p-1}'$, $U_1' \ldots U_{p-1}'$ ersetzt. Stellt man dann auch noch die übrigen analogen Bedingungen auf, und löst alle gefundenen Ausdrücke in ihre Elementarcovarianten auf, so erhält man durch Nullsetzen dieser letzteren das gesuchte System von Bedingungsgleichungen in Gestalt einer Reihe von Covarianten zweiten Grades von F, welche den Werth Null haben müssen.

Hier mag noch ein Satz seine Stelle finden, der eine brauchbare Controlle dafür abgibt, ob man bei Aufstellung eines vollständigen Systems von linear unabhängigen Covarianten p^{ten} Grades einer Normalform f richtig gerechnet hat.

Bringt man in einem vollständigen System von linear unabhängigen Covarianten p^{ten} Grades einer Normalform (m, n) jede Normalform (μ, ν) mit der Constantenzahl $\frac{1}{2}(\mu+1)(\nu+1)(\mu+\nu+2)$ in Anschlag, so ist die Summe aller dieser Zahlen gleich

$$\binom{N+p-1}{p},$$

wobei $N = \frac{1}{2}(m+1)(n+1)(m+n+2)$ die Zahl der linear unabhängigen Constanten der Grundform bedeutet.

Die zu bestimmende Zahl ist nämlich gleich der Anzahl der linear unabhängigen Constanten der Form F (Formel 1). Diese aber hat offenbar soviele linear unabhängige Constante, als eine algebraische Form p^{ter} Ordnung in einem Gebiete N^{ter} Stufe. Dies ist die oben angegebene Zahl. Die Erweiterung des Theorems auf simultane Systeme beliebiger Formen lautet:

Seien $N_1, N_2, \ldots N_r$ die Constantenzahlen irgend welcher Formen $f_1, f_2, \ldots f_r$ mit beliebig vielen Veränderlichen, und bilden wir alle covarianten linear unabhängigen Normalformen, welche bezüglich die Gradzahlen $p_1, p_2, \ldots p_r$ haben; so enthalten diese zusammen

$$\binom{N_1+p_1-1}{p_1}\binom{N_2+p_2-1}{p_2}\cdots\binom{N_r+p_r-1}{p_r}$$

*linear unabhängige Constante**).

*) Für r binäre Formen mit den Ordnungszahlen $n_1 \ldots n_r$ findet sich analog die Constantenzahl aller Covarianten mit den Gradzahlen $p_1 \ldots p_r$ gleich

§ 10.

Invariante Gleichungen. — Das Transformationsproblem.

Die Bedeutung der Invariantentheorie für die projective Geometrie beruht wesentlich darauf, dass man alle algebraischen Systeme algebraisch darstellbarer Figuren, welche durch die Gruppe aller linearen Transformationen der Ebene in sich selbst übergeführt werden, durch gleich Null gesetzte Invarianten oder Covarianten algebraischer Formen darstellen kann. Dies wollen wir jetzt beweisen.

Wir denken uns eine ebene Figur bestimmt durch eine Reihe von gleich Null gesetzten algebraischen Formen $F_1, F_2, \ldots F_\varrho$; ein algebraisches System solcher Figuren wird dann gekennzeichnet durch eine Reihe von algebraischen Gleichungen zwischen den Coefficienten von $F_1, F_2, \ldots F_\varrho$; und zwar durch solche Gleichungen, in welchen die Coefficienten jeder einzelnen Form F_i *rational*, *ganz* und *homogen* auftreten. Die Coefficienten dieser Gleichungen selbst können beliebige rationale oder irrationale Zahlen, oder auch zum Theil Parameter sein, deren Bestimmung vorbehalten bleibt. Wir wollen nun der Einfachheit halber solche Gleichungen, in welchen Irrationalitäten auftreten, ausser Betracht lassen: Wir denken uns statt der irrationalen Zahlen neue Parameter eingeführt, und begnügen uns, die aufzustellenden Sätze für solche Functionen auszusprechen, welche ausser den Coefficienten der Formen F_i nur rationale Zahlen und homogen auftretende Parameter enthalten; wobei wir uns den Parametern irgend welche feste aber nicht im Voraus bestimmte Werthe beigelegt denken. (Vgl. I, § 2, S. 14.) Wir nennen nun eine Gleichung $\Pi = 0$ eine „*invariante Gleichung*“, wenn die Function Π ihren Werth Null auch dann noch beibehält, wenn man auf die algebraischen Formen, deren Coefficienten die Argumente von Π bilden, eine beliebige lineare Transformation ausführt, und nun dieselbe Function aus den Coefficienten der transformirten Formen (Π') bildet; wenn also das Bestehen der Gleichung $\Pi = 0$ immer auch das der Gleichung $\Pi' = 0$ nach sich zieht. Eine Reihe von Gleichungen $\Pi_1 = 0, \Pi_2 = 0, \cdots$ heisst ebenso ein „*invariantes Gleichungssystem*“, wenn aus dem gleichzeitigen Bestehen der Gleichungen $\Pi_1 = 0, \Pi_2 = 0, \ldots$ für die Coefficienten gewisser Formen $F_1, F_2, \ldots$ das Bestehen derselben Gleich-

---

$$\binom{n_1+p_1}{p_1}\binom{n_2+p_2}{p_2}\cdots\binom{n_r+p_r}{p_r}.$$

Für den Fall $r = 1$ ist dieser Satz bereits von Herrn *Sylvester* auf einem anderen Wege abgeleitet worden[20]).

ungen ($\Pi_1' = 0$, $\Pi_2' = 0, \ldots$) für die Coefficienten der Formen $F_1', F_2', \ldots$ folgt, welche aus den Formen F durch eine beliebige lineare Transformation hervorgehen. Für algebraische Functionen Π der genannten Classe gelten nun die Sätze:

I. *Ist* $\Pi = 0$ *eine invariante Gleichung, und ist* Π *eine Function des Stammbereiches* (I), *so ist* Π *eine ganze Invariante.*

II. *Ist* $\Pi_1 = 0$, $\Pi_2 = 0, \ldots$ *ein invariantes Gleichungssystem, und ist jede der Functionen* Π_i *eine Function des Stammbereiches, so kann dasselbe Gleichungssystem auch dargestellt werden durch das Nullsetzen aller Coefficienten einer oder mehrerer Covarianten,*[21]) *welche Normalformen sind* (sofern man nämlich unter den „Normalformen" auch blose Invarianten mit einschliesst).

Beweisen wir sogleich den allgemeineren Satz II. Es soll das gleichzeitige Bestehen der Gleichungen $\Pi_1 = 0$, $\Pi_2 = 0, \ldots$ das Bestehen der Gleichungen $\Pi_1' = 0$, $\Pi_2' = 0, \ldots$ zur Folge haben, und zwar bei allen Werthen der Coefficienten der angewandten linearen Transformation. Schreiben wir nun diese letztere in der Form (2), S. 68, und schreiben wir andrerseits die Functionen Π symbolisch, indem wir statt der Coefficienten der Formen F Potenzen und Producte der Coefficienten linearer Formen (AY), (BY), ... (VP), ... einführen, so wird jede der Functionen Π_1', Π_2', ... ein Aggregat von symbolischen Producten (AX), (AX'), ... $(PX'X'')$, ..., und alle diese Functionen müssen nun verschwinden unabhängig von X, X', X''. Das identische Verschwinden einer Form mit den Veränderlichen X, X', X'' zieht aber, nach dem Früheren, das Verschwinden einer Reihe von Normalformen nach sich, und ist umgekehrt auch wieder durch das Verschwinden der letzteren bedingt. Man kann also, statt den Inbegriff der Functionen Π_1, Π_2, ... gleich Null zu setzen, auch diese Normalformen gleich Null setzen; und damit ist der Satz II bewiesen, da die Functionen Π_1', Π_2', ... im Falle der identischen Transformation wieder in die Functionen Π_1, Π_2, ... übergehen. — Den Satz I erhält man als besonderen Fall des Satzes II, da dann die Veränderlichen X, X', X'' ganz in Wegfall kommen müssen. Man kann ihn aber auch leicht unmittelbar ableiten. Denn ist $\Pi = 0$ eine invariante Gleichung, und ist Π im Bereiche I unzerlegbar, so kann man nach Satz I, § 1 ohne Weiteres auf das Bestehen einer Gleichung von der Form $\Pi = c\,\Pi'$ schliessen, wo c nur noch von den Transformationscoefficienten abhängt; dann aber folgt, nach Satz II, § 1 weiter, dass Π eine ganze Invariante ist.

Ist aber Π zerlegbar, so wird jeder unzerlegbare Factor, gleich Null gesetzt, schon für sich allein eine invariante Gleichung ergeben, und ist mithin eine ganze Invariante. Man erhält also durch Nullsetzen von ganzen Invarianten und Covarianten wirklich die (im Sinne der Functionentheorie) allgemeinsten invarianten algebraischen Systeme von algebraischen Formen.

Besondere Beachtung verdient der Umstand, dass sich durch die entwickelte Methode aus den Gleichungen $\Pi_i = 0$ solche Invarianten und Covarianten ergeben, welche symbolisch mit Factoren der Typen (ABC), (AP), (PQR) geschrieben werden können. Wenn also auch nicht der Satz gilt, dass man bei Formen mit beschränkt-veränderlichen Coefficienten die ganzen Functionen mit Invarianteneigenschaft als ganze Functionen symbolischer Producte dieser Art darstellen kann — so gilt doch wenigstens der andere Satz, dass man die in Betracht kommenden Beschränkungen selbst durch gleich Null gesetzte symbolische Producte erschöpfen kann. (Vgl. I. Absch. § 4, S. 20.)

Betrachten wir eine Anzahl der Formen $F_1 \dots F_\varrho$, etwa $F_1 \dots F_\lambda$ als gegeben, die übrigen $F_{\lambda+1} \dots F_\varrho$ als veränderlich, so wollen wir den Inbegriff aller Formen $F_{\lambda+1} \dots F_\varrho$, welche den Gleichungen $\Pi_1 = 0$, $\Pi_2 = 0 \dots$ genügen, als eine den Formen $F_1 \dots F_\lambda$ zugeordnete „*covariante Formenschaar*" bezeichnen. Solche covariante Formenschaaren bilden z. B. alle Formen mit geeigneten Ordnungszahlen, welche sich durch die Potenzen und Producte der Formen $F_1 \dots F_\lambda$ linear ausdrücken lassen, ferner alle Formen, welche zu denselben Grundformen $F_1 \dots F_\lambda$ apolar sind, oder zu welchen diese letzteren apolar sind, u. s. w. Ein besonders merkwürdiges Beispiel bildet die in § 2 S. 50 betrachtete lineare Formenschaar, welcher die Evectanten der sämmtlichen Invarianten einer Grundform F angehören. Aus unserem Satze folgt, dass alle diese Schaaren, in welchen keineswegs die einzelne Form eine Covariante der Grundformen $F_1 \dots F_\lambda$ zu sein braucht, sich definiren lassen durch gleich Null gesetzte simultane Invarianten und Covarianten der Formen $F_1 \dots F_\lambda$, $F_{\lambda+1} \dots F_\varrho$. Wir werden später eine simultane Covariante bestimmen, deren Verschwinden die Abhängigkeit zwischen der Grundform F und der Evectante einer übrigens nicht weiter bestimmten Invariante von F ausdrückt. —

Betrachten wir wieder ein System von Formen $F_1 \dots F_\varrho$, und denken uns dasselbe der Gesammtheit aller linearen Transformationen unterworfen. Dann werden wir unendlich viele andere Systeme erhalten, von denen jedes einzelne $F_1' \dots F_\varrho'$ mit Rücksicht auf seine invarianten Eigenschaften das ursprüngliche vertreten kann, also in gewissem Sinne als von jenem nicht verschieden (ihm gleichwerthig, äquivalent) betrachtet werden darf. Ebenso dürfen als gleichwerthig dem ursprünglichen System alle diejenigen angesehen werden, welche aus dem System der Formen $F_1 \ldots F_\varrho$ oder dem transformirten System $F_1' \ldots F_\varrho'$ dadurch hervorgehen, dass man die einzelnen Formen mit willkürlichen Parametern multiplicirt, da wir ja nur solche Functionen der Coefficienten der Formen $F_1 \ldots F_\varrho$ betrachten, welche homogen sind in Bezug auf die Coefficienten jeder einzelnen Grundform. Die Antwort auf die Frage: Wann zwei Formensysteme in diesem Sinne gleichwerthig sind, ergibt sich leicht aus den Sätzen I und II. Ersetzen wir den Inbegriff der Formen $r_i F_i$ durch den Inbegriff der Gleichungen $F_i = 0$, was offenbar gestattet ist, so können wir diese Antwort so ausdrücken:

III. *Es sei vorgelegt ein System von algebraischen Formen* F_1, $F_2, \ldots F_\varrho$, *und ein anderes* $F_1', F_2' \ldots F_\varrho'$, *dessen Formen beziehungsweise dieselben Ordnungszahlen haben, wie die Formen* F. *Die nothwendige und ausreichende Bedingung dafür, dass das Gleichungssystem* $F_1 = 0 \ldots F_\varrho = 0$ *durch lineare Transformation in das Gleichungssystem* $F_1' = 0 \ldots F_\varrho' = 0$ *übergeführt werden kann, ist alsdann die, dass in dem System der Formen* F' *zwischen den ganzen Invarianten und Covarianten dieselben Relationen bestehen, wie in dem System der Formen* F.

Unter einer „Relation" zwischen ganzen Invarianten verstehen wir hier eine solche Beziehung, welche sich durch das Null-Setzen einer nicht identisch verschwindenden rationalen oder doch nur numerisch irrationalen ganzen Invariante ausdrücken lässt.[22])

Zunächst ist klar, dass die angegebene Bedingung jedenfalls nothwendig ist; zwei Gleichungssysteme $F_i = 0$ und $F_i' = 0$, zwischen deren entsprechenden Formen Relationen mit verschiedenen Coefficienten bestehen, können durch lineare Transformation sicher nicht in einander übergeführt werden. Wir haben also nur noch einzusehen, dass das angegebene Kennzeichen auch ausreichend ist.

Um bei dem Beweise dieses Satzes die Analogie mit geläufigen anschaulichen Vorstellungsweisen hervortreten zu lassen, und so eine kürzere und einfachere Ausdrucksweise zu ermöglichen, wollen wir, wie früher (S. 14), die sämmtlichen N Coefficienten der Formen F_1, $F_2, \ldots$ als Cartesische Coordinaten in einem „Raume von N Dimensionen" R deuten. Jedem Formensystem F, in dessen Formen wir die Coefficienten zunächst als unabhängige Grössen ansehen, entspricht dann ein bestimmter Punkt P des Raumes R. Wir mögen nun zunächst bemerken:

„Die Gesammtheit aller durch die linearen Transformationen der Ebene bestimmten linearen Transformationen der Formen F bildet zusammen mit den Transformationen:

$$F_1' = r_1 F_1, \ldots \quad F_\varrho' = r_\varrho F_\varrho,$$

worin $r_1 \ldots r_\varrho$ beliebige Parameter bedeuten, eine continuirliche Transformationsgruppe $\mathfrak{G}_{8+\varrho}$ des Raumes R.*) Ein Punkt P von R geht bei den Transformationen dieser Gruppe in die Punkte eines algebraischen Raumes M von $8 + \varrho - \sigma$ Dimensionen über, wobei σ ($\geqq 0$, < 8) die Parameterzahl der Gruppe von linearen Transformationen ist, welche das Gleichungssystem $F_1 = 0 \ldots F_\varrho = 0$ in sich selbst überführen“.

Das Erste ist selbstverständlich. Die Richtigkeit der zweiten Behauptung erkennen wir, wenn wir auf die Formen F zuerst alle Transformationen $F_i' = r_i F_i$ anwenden; der Punkt P geht dann in ∞^ϱ Punkte P' über. Die Mannigfaltigkeit der Formen F' gestattet nun noch gerade so viele (σ) lineare Transformationen von der Determinante Eins, als das Gleichungssystem $F_1 = 0 \ldots F_\varrho = 0$. Der Punkt P' nimmt also bei Hinzufügung der linearen Transformationen von der Determinante Eins nicht $\infty^{\varrho+8}$, sondern nur $\infty^{\varrho+8-\sigma}$ verschiedene Lagen an; und diese bilden, wie in dem Hilfssatze gesagt, natürlich eine zusammenhängende, und zwar algebraische Mannigfaltigkeit M.

Diese Mannigfaltigkeit M, sowie auch den Inbegriff der ihren Punkten zugeordneten Formen, bezeichnen wir als einen *„Körper“*. Derselbe hat die charakteristische Eigenschaft, dass seine Punkte durch die Transformationen der Gruppe $\mathfrak{G}_{8+\varrho}$ transitiv transformirt werden, d. h. dass ein jeder Punkt allgemeiner Lage des Körpers durch Transformationen der Gruppe in jeden anderen übergeführt werden kann; es versteht sich von selbst, dass jede andere Mannigfaltigkeit, welche durch die Transformationen der Gruppe in sich selbst übergeführt wird (*„invariante Mannigfaltigkeit“*) von solchen Körpern beschrieben werden kann.

Der Körper M, welcher also die Dimension $8 + \varrho - \sigma$ hat, kann durch ein System algebraischer Gleichungen zwischen den Coefficienten von $F_1 \ldots F_\varrho$ dargestellt werden; und zwar dürfen wir annehmen, dass diese Gleichungen homogen sind in den Coefficienten jeder einzelnen Form F_i, da M die Transformationen $F_i' = r_i F_i$ gestattet. Diese Gleichungen bilden aber, nach unserer Definition, ein „invariantes Gleichungssystem“. Es wird sich also nach Satz II jede durch einen ihrer Punkte P bestimmte oder „erzeugte“ Mannigfaltigkeit M durch Nullsetzen gewisser (im Allgemeinen numerisch irrationaler) ganzer Invarianten und Covarianten darstellen lassen.

---

*) Auf diese, und einige andere hier zu betrachtende Gruppen werden wir später noch zurückkommen.

Nehmen wir nun an, der Punkt P' sei ein Punkt, für dessen entsprechende Formen diese Invarianten verschwinden, so ist er ein Punkt des Körpers M. Daraus kann indessen im Allgemeinen noch nicht gefolgert werden, dass der Punkt P durch eine Transformation unserer $(8+\varrho)$-gliedrigen Gruppe in den Punkt P' übergeführt werden kann. Denn, obwohl M durch die Gruppe $\mathfrak{G}_{8+\varrho}$ transitiv transformirt wird, so kann es doch auf M gewisse Punkte geben, in welche man den Punkt P nicht durch eine Transformation von der Determinante Eins überführen kann, ohne dass gleichzeitig einige der Coefficienten der Transformation in's Unendliche wachsen. Es werden also zu unseren Gleichungen gewisse Ungleichungen hinzugefügt werden müssen, welche besagen, dass P' kein solcher Ausnahmspunkt ist. Sei nun P_1 ein Ausnahmspunkt, und wenden wir auf die zugehörigen Formen wieder die ∞^8 linearen Transformationen und die ∞^ϱ multiplicativen Aenderungen an, so erhalten wir eine aus Ausnahmspunkten bestehende algebraische Mannigfaltigkeit M_1, welche ganz auf M enthalten ist, wiederum einen Körper vorstellt, und ebenso wie M selbst durch gleich Null gesetzte Invarianten und Covarianten dargestellt werden kann. Unter diesen werden sich auch alle die Invarianten und Covarianten befinden, durch deren Verschwinden die Mannigfaltigkeit M gekennzeichnet wird; das Nicht-Verschwinden der neu hinzugetretenen Formen wird dann die Bedingung dafür, dass ein Punkt P' von M nicht auf M_1 liegt. Gleiches gilt für einen zweiten Ausnahmspunkt P_2 von M, der nicht auf M_1 liegt: Er erzeugt eine Mannigfaltigkeit M_2, die wieder ebenso ausgeschlossen werden kann, u. s. f. Nun liegt aber der erste Punkt P nach Voraussetzung nicht auf $M_1, M_2, \ldots$; es genügt also zu sagen, dass für die Formen F' dieselben Invarianten und Covarianten verschwinden müssen, wie für die Formen F, und keine weiteren. —

Die vorstehende Betrachtung führt uns weiter zur Bestimmung der Anzahl der algebraisch unabhängigen absoluten Invarianten im System der Formen F_i.

Wir haben in unserem Beweise die Transformationen der Gruppe $\mathfrak{G}_{8+\varrho}$ ausgeführt auf irgend ein *bestimmtes* Formensystem $F_1, F_2, \ldots$ Fassen wir nun die ganze Mannigfaltigkeit aller Formensysteme mit denselben Ordnungszahlen in's Auge, so erhalten wir für die Zahl σ eine untere Grenze s $(\geqq 0)$, welche von keinem derselben überschritten wird. Wir haben damit eine Zerlegung (S. 14) des Raumes R in Körper M von der grösstmöglichen Dimensionenzahl $8+\varrho-s$, deren jeder algebraisch ist, und welche auch zusammen ein algebraisches System bilden. Wir können nun eine bereits früher (S. 15) gebrauchte Schlussweise auch hier anwenden, und finden, dass sich die einzelne Mannigfaltigkeit M durch $N - 8 - \varrho - s$ unabhängige Functionen, und zwar insbesondere durch ebensoviele rationale, allseitig homogene Functionen nullten Grades darstellen lässt.*) Damit haben wir den Satz:

IV. *In dem System der ϱ algebraischen Formen $F_1, F_2, \ldots F_\varrho$, deren Coefficienten als völlig unabhängige Parameter gedacht werden, gibt es stets $N - 8 - \varrho + s$ unabhängige rationale absolute Invarianten, von welchen alle anderen absoluten Invarianten Functionen sind. N bedeutet hier die Zahl der Coefficienten der Formen F, s die Parameterzahl der Gruppe von linearen Transformationen, welche das Gleichungssystem $F_1 = 0 \ldots F_\varrho = 0$ in sich selbst überführen*[23]).

Die Anzahl der unabhängigen Bedingungen, welche erfüllt sein müssen, damit zwei Gleichungssysteme $F_1 = 0 \ldots F_\varrho = 0$ und $F_1' = 0 \ldots F_\varrho' = 0$ in einander übergeführt werden können, ist hiernach im Allgemeinen $N - 8 - \varrho + s$. Hinreichend sind solche $N - 8 - \varrho + s$ Bedingungen aber im Allgemeinen nicht. Dagegen besitzen wir in Satz III ein Kriterium, das gar keiner Ausnahme unterworfen ist, dafür aber eine übergrosse Anzahl von Bedingungen enthält[24]).

Als Gegenstück zu dem Theorem IV schliessen wir hier den Satz an:

V. *In demselben Formensystem gibt es $N - 8 + t$ unabhängige ganze Invarianten, von welchen alle übrigen Invarianten Functionen sind. $t\ (\leq 5)$ ist hier die Parameterzahl der Gruppe von linearen Transformationen, welche das System der Formen $F_1 \ldots F_\varrho$ in sich selbst überführen.*[23])

Dies ergibt sich sofort, wenn wir an Stelle der obigen Gruppe $\mathfrak{G}_{8+\varrho}$ die gelegentlich bereits betrachtete Gruppe $\mathfrak{G}_8$ setzen, die man erhält, wenn man auf die Formen F nur die linearen Transformationen von der Determinante Eins allein ausführt.

Es sind nur sehr wenige Fälle, in welchen die in den letzten Sätzen auftretenden Zahlen s und t einen von Null verschiedenen Werth haben. Es verlohnt sich daher, dieselben einzeln aufzuzählen. Wir stellen der leichteren Uebersicht halber die Systeme der Formen F

---

*) Nämlich in der Umgebung einer Stelle allgemeiner Lage. Dass dieselben Functionen möglicherweise noch andere Mannigfaltigkeiten darstellen, die sich aus den Mannigfaltigkeiten M nicht durch analytische Fortsetzung ergeben, kommt hier nicht in Betracht.

durch die symbolischen Ausdrücke dieser Formen dar, und führen von zwei einander dualistisch gegenüberstehenden Systemen nur das eine an. Es bleiben dann noch die folgenden Systeme:

1)	$F=(AX)$	$s=6 \quad t=5$
	Abs. Invar. 0.	Invar. 0.
2)	$F=(AX) \quad F_1=(BX)$	$s=4 \quad t=2$
	Abs. Invar. 0.	Invar. 0.
3)	$F=(AX) \quad F_1=(BX) \quad F_2=(CX)$	$s=2 \quad t=0$
	Abs. Invar. 0.	Invar. 1.
4)	$F=(AX) \quad F_1=(UP)$	$s=4 \quad t=3$
	Abs. Invar. 0.	Invar. 1.
5)	$F=(AX) \quad F_1=(BX) \quad F_2=(UP)$	$s=2 \quad t=1$
	Abs. Invar. 0.	Invar. 2.
6)	$F=(AX)^2$	$s=3 \quad t=3$
	Abs. Invar. 0.	Invar. 1.
7a)	$F=(AX)^2 \quad F_1=(BX)$	$s=1 \quad t=1$
7b)	$F=(AX)^2 \quad F_1=(UP)$	
	Abs. Invar. 0.	Invar. 2.
8)	$F=(BX)\,(UP)$	$s=2 \quad t=2$
	Abs. Invar. 2.	Invar. 3.

Ist F eine Normalform, so bleibt $s=2$, $t=2$, und man erhält für die Zahlen der

	Abs. Invar. 1.	Invar. 2.
9)	$F=(AX)\,(BY)$	$s=1 \quad t=1$
	Abs. Invar. 1.	Invar. 2.

In allen diesen Fällen sind die vorhandenen Invarianten und absoluten Invarianten sofort hinzuschreiben, auch ist der Nachweis leicht zu führen, dass es keine weiteren gibt; endlich ist sehr leicht einzusehen, dass die aufgezählten Fälle die einzigen sind, in welchen die Zahl s von Null verschieden ist.

Wir wollen nun den Satz V unter Ausschluss der aufgezählten besonderen Fälle noch einmal aufführen, und zwar in der speciellen Fassung, in welcher er für Einzeluntersuchungen Bedeutung gewinnt:

VI. *Kennt man in dem System der allgemeinen algebraischen Formen* $F_1 \ldots F_\varrho$, *welche zusammen* N *unabhängige Constante besitzen, ein System von* r *algebraischen Invarianten, durch welche sich alle anderen ausdrücken lassen, so bestehen zwischen denselben* $r-N+8$ *unabhängige algebraische Identitäten. Ausgenommen sind nur die aufgezählten Formensysteme* 1) ... 9).

Aus dem Satze VI folgt z. B., dass die Identität $C=0$ (S. 75) und ihre algebraischen Folgen die einzigen Identitäten sind, welche zwischen den 11 Invarianten

$$(U_1 U_2 U_3),\ (X_1 X_2 X_3),\ (U_i X_\varkappa)\ (0 = 1, 2, 3,\ \varkappa = 1, 2, 3)$$

der sechs linearen Formen

$$(U_1 X),\ (U_2 X),\ (U_3 X),\ (U X_1),\ (U X_2),\ (U X_3)$$

bestehen; ein Ergebniss, das auch unmittelbar aus dem Satze des § 6 abgeleitet werden kann.

Ferner findet man, dass die Identität $D = 0$ (S. 81) die einzige Identität ist, welche zwischen den 16 Invarianten vom Typus $(U_i X_\varkappa)$ der linearen Formen $(U_i X)$, $(U X_\varkappa)$ $(i, \varkappa = 1 \ldots 4)$ besteht. Fügen wir nämlich die Invariante $(U_1 U_2 U_3)$ hinzu, so werden durch diese und die Invarianten $(U_i X_\varkappa)$ vermöge der Identität $C = 0$ zunächst alle Invarianten vom Typus $(X_i X_\varkappa X_l)$, dann durch diese und die Invarianten $(U_i X_\varkappa)$ auch alle Invarianten vom Typus $(U_i U_\varkappa U_l)$, mithin überhaupt alle Invarianten des Systems (rational) darstellbar. Wir haben also $N = 24$, $r = 17$, erhalten mithin zwischen unseren Invarianten nur eine Identität, die Identität $D = 0$, in welcher die Invariante $(U_1 U_2 U_3)$ gar nicht auftritt. —

Das oben in Satz III aufgestellte Kennzeichen dafür, dass zwei Gleichungssysteme $F_i = 0$ und $F_i' = 0$ durch lineare Transformationen in einander übergeführt werden können, gilt völlig allgemein, welchen Werth auch die in der Ableitung auftretende Zahl σ haben mag. Die Fälle, in denen die Zahl σ ihren kleinstmöglichen Betrag s überschreitet, sind indessen nur als Ausnahmen zu betrachten; sie haben einen in um so höherem Grade singulären Charakter, je grösser die Zahl der Formen F_i und je höher die in ihnen auftretenden Ordnungszahlen sind. —

Die Frage, welches die Parameterzahl σ der Gruppe von linearen Transformationen ist, durch welche ein gegebenes Gleichungssystem $F_i = 0$ in sich selbst übergeführt werden kann, scheint auf den ersten Blick ein schwieriges Eliminationsproblem darzubieten. Aus der Betrachtung der sogenannten infinitesimalen Transformationen ergibt sich indessen, dass man diese Zahl schon durch Discussion eines Systems von *linearen* Gleichungen bestimmen kann. (Vgl. § 15.) —

Schliesslich sei noch bemerkt, dass man die Entwickelungen dieses Paragraphen, die sich zunächst auf Formen mit unabhängigen Coefficienten beziehen, ohne Weiteres auf Formen ausdehnen kann, deren Coefficienten durch das Verschwinden *linearer* Covarianten an einander gebunden sind. Die Reihe der auf Seite 108 angegebenen besonderen Formen erfährt dann keine andere Erweiterung, als die unter 8) bereits angeführte.

§ 11.

Die Mannigfaltigkeit aller Normalformen (m, n).

Die Gesammtheit aller Normalformen derselben Ordnung m und Classe n bildet ein lineares System mit

$$N = \tfrac{1}{2}(m+1)(n+1)(m+n+2)$$

homogen auftretenden Parametern, dessen gleich Null gesetzte Formen eindeutig umkehrbar auf die Punkte oder Räume $(N-1)^{\text{ter}}$ Stufe eines linearen Raumes $\mathfrak{R}$ N^{ter} Stufe oder $(N-1)^{\text{ter}}$ Dimensionen bezogen werden können, etwa indem man die linear unabhängigen Constanten der Normalform als homogene Coordinaten in jenem Raume deutet Wir wollen diese Beziehung hier etwas näher in's Auge fassen, wenigstens soweit es für unsere ferneren Zwecke dienlich erscheint.

Wir stellen die berührte Abbildung am Besten dar durch eine algebraische Form, welche neben den Veränderlichen X und U des ternären Gebietes noch eine Veränderliche $\mathfrak{U}$ des Gebietes N^{ter} Stufe enthält, welche *linear* auftritt, und mit welcher wir den Begriff eines Gebietes $(N-1)^{\text{ter}}$ Stufe verbinden wollen. Wir schreiben diese Form symbolisch:

$$(1) \qquad \mathfrak{M} = \{\mathfrak{U}\mathfrak{M}\}\,(BX)^m\,(UP)^n,$$

wobei der leichterer Unterscheidung halber in geschweifte Klammer gestellte Ausdruck einen symbolischen linearen Factor des Gebietes $\mathfrak{R}$ bedeutet, und erst je ein Symbol $\mathfrak{M}$ mit m Symbolen B und n Symbolen P multiplicirt eine wirkliche Bedeutung erlangt. Wir wollen annehmen, dass die Form $\mathfrak{M}$ allgemein genug gewählt sei, um bei unbeschränkt veränderlichem $\mathfrak{U}$ die Gesammtheit aller Normalformen (m, n) darzustellen. Die Gleichung $\mathfrak{M} = 0$ vermittelt uns dann aber nicht allein eine Beziehung der *Räume* $\mathfrak{U}$ $(N-1)^{\text{ter}}$ Stufe von $\mathfrak{R}$ auf die Normalconnexe (m, n), sondern lehrt uns auch zu jedem Normalconnex (n, m) der Ebene einen entsprechenden *Punkt* von $\mathfrak{R}$ finden: Man hat nur in $\mathfrak{M}$ die Veränderlichen U und X durch Symbole einer Normalform (n, m) zu ersetzen, und dann in der Gleichung $\mathfrak{M} = 0$ den Raum $\mathfrak{U}$ als veränderlich zu betrachten, um die Gleichung des betreffenden Punktes zu erhalten. Auch diese zweite Beziehung ist eine eindeutig-umkehrbare; denn erhielte man auf die angegebene Art nicht alle Punkte von $\mathfrak{R}$, so müsste es mindestens einen Normalconnex (m, n) geben, dessen entsprechender Raum $\mathfrak{U}$ alle jene Punkte trüge; und dieser Connex wäre dann zu allen Connexen (n, m) conjugirt; die Normalformen (n, m) hingen also von weniger Parametern ab, als die Normalformen (m, n). Auch die zweite Abbildung ist mithin in beiden

Richtungen eindeutig; *einer Normalform* (m, n) *und einer Normalform* (n, m), *welche conjugirt sind, entsprechen bezüglich ein Raum* $\mathfrak{U}$ *und ein Punkt* $\mathfrak{X}$, *welche vereinigt liegen, und umgekehrt.* (Vgl. § 1, S. 38.)

Die Gleichung $\mathfrak{M} = 0$ vermittelt beide Abbildungen aber nur in einer Richtung; in der anderen werden sie natürlich durch eine ebenso beschaffene Form vermittelt, in welcher nur die Zahlen m und n vertauscht sind, und statt $\mathfrak{U}$ nun die Veränderliche $\mathfrak{X}$ auftritt. Wir schreiben für diese Form:

$$\mathfrak{N} = \{\mathfrak{N}\mathfrak{X}\}\,(U\Pi)^m\,(\mathsf{B}X)^n. \tag{2}$$

Sie ist bis auf einen Zahlenfactor völlig bestimmt, und als Covariante (I, § 4, S. 21) der Form $\mathfrak{M}$ darstellbar (vgl. § 13); indessen scheint ihre Darstellung in invarianter Form im Allgemeinen mit beträchtlichen Schwierigkeiten verknüpft.[25]) Hier genügt es für uns, ein System linearer Gleichungen zu kennen, welches hinreicht, um die Form $\mathfrak{N}$ bis auf einen willkürlich bleibenden Zahlenfactor zu bestimmen. Ein solches erhalten wir, in doppelter Form, wenn wir ausdrücken, dass die Bedingung des Conjugirt-Sein's der ternären Formen $\mathfrak{M}$ und $\mathfrak{N}$ sich auf die Bedingung der vereinigten Lage von $\mathfrak{U}$ und $\mathfrak{X}$ reducirt, oder dass umgekehrt die Bedingung der vereinigten Lage für die den Normalconnexen (m, n) und (n, m) entsprechenden Raumelemente von $\mathfrak{N}$ in dem Conjugirt-Sein der Connexe ihren Ausdruck findet. Auf dem ersteren Wege gelangen wir zu der Relation:

$$\{\mathfrak{U}\mathfrak{M}\}\,(B\Pi)^m\,(\mathsf{B}P)^n\,\{\mathfrak{N}\mathfrak{X}\} = \{\mathfrak{U}\mathfrak{X}\}\,.\,\mathfrak{J}, \tag{3}$$

wobei

$$\mathfrak{J} = \frac{1}{N}\cdot\{\mathfrak{N}\mathfrak{M}\}\,(B\Pi)^m\,(\mathsf{B}P)^n \tag{4}$$

eine simultane Invariante der Formen $\mathfrak{M}$ und $\mathfrak{N}$, und also im Falle invarianter Darstellung von $\mathfrak{N}$ eine Invariante der Form $\mathfrak{M}$ ist — wie man sich unschwer überzeugt, die einzige Invariante, welche diese Form besitzt. Das zweite Gleichungssystem können wir ohne Weiteres aus dem ersten ableiten (wie auch umgekehrt). Stellen wir nämlich zunächst in der Gleichung (3) die Veränderliche $\mathfrak{X}$ durch eine ternäre Normalform $\Phi = (UQ)^m\,(CX)^n$ dar, vermöge der Substitution:

$$\{\mathfrak{U}\mathfrak{X}\} = \{\mathfrak{U}\mathfrak{M}\}\,(BQ)^m\,(CP)^n,$$

so erhalten wir die Relation:

$$\{\mathfrak{U}\mathfrak{M}\}\,(B\Pi)^n\,(\mathsf{B}P)^n\,\{\mathfrak{N}\mathfrak{M}'\}\,(B'Q)^m\,(CP')^n = \{\mathfrak{U}\mathfrak{M}\}\,(BQ)^m\,(CP)^n\mathfrak{J}.$$

welche richtig ist für die Coefficienten jeder Normalform Φ.

Jetzt können wir aber links und rechts statt der Symbole der ternären Form $(\mathfrak{U}\mathfrak{M})\,(BX)^m\,UP)^n$ Symbole irgend einer Normalform F, oder auch beliebige Symbole V und Y einführen, weil die hierbei neu hinzutretenden Glieder sämmtlich verschwinden. Wir erhalten dann die Identität:

$$(4a)\qquad (V\Pi)^m (\mathsf{B} Y)^n \{\mathfrak{N}\mathfrak{M}\} (BQ)^m (CP)^n = (VQ)^m (CY)^n . \mathfrak{J},$$

welche bereits die gesuchte Relation darstellt. Wollen wir auch statt der Symbole C und Q Veränderliche einführen, so nimmt sie die Form an:

$$(BX)^m (UP)^n \{\mathfrak{N}\mathfrak{M}\} (V\Pi)^m (\mathsf{B} Y)^n$$

$$(5)\qquad = \sum_x (-1)^x \frac{\binom{m}{x}\binom{n}{x}}{\binom{m+n+1}{x}} (UX)^x (VY)^x (UY)^{m-x} (VX)^{n-x} . \mathfrak{J}.$$

Jedes der Gleichungssysteme (3) und (5) vertritt $N^2 - 1$ linear unabhängige Gleichungen zur Bestimmung der Verhältnisse der N^2 Coefficienten der Form $\mathfrak{N}$; wir werden dieselbe daher jetzt als eine bekannte Grösse ansehen dürfen.

Jeder linearen (oder dualistischen) Transformation der Ebene entspricht eine bestimmte lineare (oder dualistische) Transformation des Raumes $\mathfrak{R}$, welche man sofort hinschreiben kann. Sucht man zu einem Punkte $\mathfrak{X}$ von $\mathfrak{R}$ vermöge der Gleichung $\mathfrak{N} = 0$ die entsprechende Form Φ, transformirt diese linear, und sucht dann wieder vermöge $\mathfrak{M} = 0$ den entsprechenden Punkt, so erhält man eine algebraische Form, welche gleich Null gesetzt die Transformation $\mathfrak{T}$ des Raumes $\mathfrak{R}$ darstellt, welche der gegebenen Transformation des ternären Gebietes entspricht. Es ist begrifflich klar, und wir werden es später (in § 16) durch Rechnung bestätigen, dass die Gesammtheit der Transformationen $\mathfrak{T}$ eine achtgliedrige *Gruppe* ($\mathfrak{g}_8$) von linearen Transformationen bildet, welche mit der Gruppe aller linearen Transformationen der Ebene gleichzusammengesetzt ist. Ebenso erhält man nach Hinzufügung der dualistischen Transformationen der Ebene eine entsprechende Gruppe von linearen und dualistischen Transformationen des Raumes $\mathfrak{R}$. In ihr ist die erste Gruppe von linearen Transformationen invariant; die Gruppe $\mathfrak{g}_8$ ist also zu sich selbst dualistisch.

Es hat auf Grund der Betrachtungen des § 10 keine Schwierigkeit, alle invarianten Gleichungen und Gleichungssysteme dieser Gruppe anzugeben, d. h. alle Mannigfaltigkeiten zu bestimmen, welche durch die Transformationen der Gruppe in sich selbst übergeführt werden. Man hat zu diesem Zwecke nur die Invarianten und Covarianten der Form $\mathfrak{N}$, diese als eine ternäre Form aufgefasst, gleich Null zu setzen; man kann aber jene Mannigfaltigkeiten eben so leicht auch durch Gleichungssysteme darstellen, welche in Bezug auf das ternäre Gebiet die Form bloser Invarianten haben. Besonders bemerkenswerth sind unter diesen

Gleichungssystemen diejenigen, welche „*Körper*“ darstellen, d. h. solche invariante Mannigfaltigkeiten, deren Punkte durch die Gruppe $\mathfrak{g}_8$ transitiv transformirt werden, und welche daher die erzeugenden Elemente aller anderen invarianten Mannigfaltigkeiten sind. (S. 105.) Unter ihnen sind wieder ausgezeichnet die Körper niedrigster Dimension, von welchen man sofort einsieht, dass sie auf allen übrigen enthalten sein müssen. Die Gruppen $\mathfrak{g}_8$ zerfallen hiernach in zwei Classen, je nachdem die niedrigste invariante Mannigfaltigkeit ein zweifach oder ein dreifach ausgedehnter Körper ist. Der erste Fall tritt ein, wenn eine der Ordnungszahlen des als Raumelement eingeführten Normalconnexes, sagen wir die Zahl n, den Werth Null hat. Betrachten wir dann in der Gleichung $\mathfrak{M} = 0$ den Raum $\mathfrak{U}$ als Veränderliche, und lassen den Punkt X die ganze Ebene durchlaufen, so erhalten wir in R die Punkte einer Fläche [von der Ordnung m^2], welche auf die Ebene eindeutig-umkehrbar, und zwar ohne Ausnahmspunkte abgebildet ist. Es sind dies die bereits von einigen Mathematikern betrachteten „Normalflächen“, von welchen alle anderen rationalen Flächen Projectionen sind. Sind m und n dagegen beide von Null verschieden, so ist der Körper niedrigster Dimension ein dreifach ausgedehnter Raum [von der Ordnung $3mn(m+n)$], dessen Punkte nunmehr allen Linienelementen der Ebene ausnahmslos eindeutig entsprechen, und welcher in ähnlichem Sinne als ein der Mannigfaltigkeit aller Linienelemente der Ebene zugeordneter „Normalraum“ bezeichnet werden könnte. In beiden Fällen ist die niedrigste Mannigfaltigkeit der Durchschnitt eines mit leichter Mühe darzustellenden linearen Systems von quadratischen Mannigfaltigkeiten, durch welches sie vollständig definirt wird. Eine *lineare* Mannigfaltigkeit von weniger als $N - 1$ Dimensionen, welche bei den Transformationen der Gruppe $\mathfrak{g}_8$ stehen bliebe, gibt es nicht. Denn eine solche müsste darstellbar sein durch Nullsetzen einer oder mehrerer Invarianten oder Normalformen, welche lineare Covarianten des als Raumelement eingeführten Normalconnexes (m, n) sind; nach einem bereits mehrfach benutzten Satze ist aber jede solche Covariante ein Vielfaches der Form (m, n) selbst. Es wird also auch keine bei den Transformationen von $\mathfrak{g}_8$ invariante Mannigfaltigkeit in einem linearen Raume von weniger als $N - 1$ Dimensionen enthalten sein können.

Beiläufig sei bemerkt, dass die hier betrachteten Gruppen $\mathfrak{g}_8$ die *einzigen* projectiven Gruppen sind, welche mit der achtgliedrigen Gruppe der Ebene gleichzusammengesetzt sind, und ausserdem die Eigenschaft haben, keine linearen Mannigfaltigkeiten stehen zu lassen. Ich behalte mir vor, bei späterer Gelegenheit ausführlich auf diese Dinge zurückzukommen. Es wird dann u. A. das Problem in Angriff genommen werden: „Alle projectiven Gruppen zu finden, welche mit der allgemeinen projectiven Gruppe der Ebene gleichzusammengesetzt sind."

Einige bereits sehr allgemeine Gruppen dieser Art werden wir im folgenden Paragraphen betrachten; auch wollen wir später, in § 16 und § 17, noch näher auf die Theorie dieser Gruppen eingehen.

§ 12.

Geometrische Deutung der Reihenentwickelungen der Invariantentheorie.

Durch eine leichte Verallgemeinerung der Betrachtungen des vorigen Paragraphen gelangen wir dahin, einen Theil der Sätze der §§ 3, 4, 7, 8 auch begrifflich einzusehen, oder dieselben wenigstens durch parallel gehende begriffliche Ueberlegungen zu erläutern; und wir wollen eine solche Ergänzung unserer Untersuchungen um so weniger unterdrücken, als wir durch dieselbe, wie ich glaube, einen tieferen Eindruck in das Wesen der Reihenentwickelungen der Invariantentheorie erhalten.

Führen wir zunächst eine allgemeine Form, d. h. eine solche, welche nicht durch das Verschwinden gewisser linearer Covarianten in ihrer Veränderlichkeit beschränkt ist, als Raumelement ein, so erhalten wir auch jetzt wieder eine doppelte Beziehung der Elemente eines höheren Raumes $\mathfrak{R}$ auf Formen des ternären Gebietes, welche ihren analytischen Ausdruck durch das Nullsetzen zweier einander dualistisch gegenüberstehender algebraischer Formen findet:

$$(1) \qquad \mathfrak{M} = \{\mathfrak{U}\mathfrak{M}\}\,(B_1 X_1)^{m_1} \cdots (U_1 P_1)^{n_1} \cdots ,$$

$$(2) \qquad \mathfrak{N} = \{\mathfrak{N}\mathfrak{X}\}\,(U_1' \Pi_1)^{m_1} \cdots (\mathrm{B}_1 X_1')^{n_1} \cdots .$$

Sei N die Constantenzahl der Formen $(m_1, m_2, \ldots n_1, \ldots)$, deren lineare Mannigfaltigkeit in den Ausdrücken $\mathfrak{M}$ und $\mathfrak{N}$ ihre Parameterdarstellung findet, so sind $\mathfrak{U}$ und $\mathfrak{X}$, wie in § 11, einander dualistisch gegenüberstehende Raumelemente eines Gebietes N^{ter} Stufe $\mathfrak{R}$, u. s. w. Die Formen $\mathfrak{M}$ und $\mathfrak{N}$ sind durch die Relationen verknüpft:

$$(3) \qquad \{\mathfrak{U}\mathfrak{M}\}\,(B_1 \Pi_1)^{m_1} \cdots (\mathrm{B}_1 P_1)^{n_1} \cdots \{\mathfrak{N}\mathfrak{X}\} = \{\mathfrak{U}\mathfrak{X}\}\,.\,\mathfrak{J}$$

$$(4) \qquad \begin{aligned} &(B_1 X_1)^{m_1} \cdots (U_1 P_1)^{n_1} \cdots \{\mathfrak{N}\mathfrak{M}\}\,(V_1 \Pi_1)^{m_1} \cdots (\mathrm{B}_1 Y_1)^{n_1} \cdots \\ &\quad = (V_1 X_1)^{m_1} \cdots (U_1 Y_1)^{n_1} \cdots \mathfrak{J}, \end{aligned}$$

worin

$$(5) \qquad \mathfrak{J} = \frac{1}{N}\,\{\mathfrak{N}\mathfrak{M}\}\,(B_1 \Pi_1)^{m_1} \cdots (\mathrm{B}_1 P_1)^{n_1} \cdots$$

wiederum die einzige Invariante der Form $\mathfrak{M}$ darstellt.

Der Gruppe aller linearen Transformationen der Ebene entspricht wieder eine gleich zusammengesetzte, zu sich selbst dualistische Gruppe von linearen Transformationen des Raumes $\mathfrak{R}$, deren allgemeinste Transformation man sofort hinschreiben kann. Diese Gruppe $\mathfrak{g}_8$ unterscheidet sich indessen von der im vorigen Paragraphen betrachteten wesentlich dadurch, dass bei ihren Transformationen gewisse lineare Mannigfaltigkeiten des Raumes $\mathfrak{R}$ stehen bleiben; in der That hat man ja nur irgend eine lineare Covariante der ternären Form $\mathfrak{M}$ gleich Null zu setzen, um eine solche invariante Mannigfaltigkeit zu erhalten.

Denken wir uns nun die ternäre Form Φ mit den Ordnungszahlen $(n_1, n_2, \dots m_1, m_2, \dots)$ ausgedrückt durch die zugehörigen Formen $\Phi_0, \Phi_1, \dots$ eines vollständigen Systems von Elementarcovarianten $\Psi_0, \Psi_1, \dots$, und suchen wir vermöge der Gleichung:

$$(6) \qquad 0 = [\mathfrak{M}, \Phi] = [\mathfrak{M}, \Phi_0] + [\mathfrak{M}, \Phi_1] + \cdots,$$

oder, nach Einführung einer neuen symbolischen Bezeichnung für die einzelnen Glieder der rechten Seite, vermöge der Gleichung:

$$(6b) \qquad 0 = \{\mathfrak{U}\mathfrak{P}\} = \{\mathfrak{U}\mathfrak{P}_0\} + \{\mathfrak{U}\mathfrak{P}_1\} + \cdots$$

den Punkt $\mathfrak{P}$ des Raumes $\mathfrak{R}$, welcher der Form Φ in unserer Abbildung entspricht. Dann sieht man aus der vorstehenden Formel, dass dieser Punkt linear abhängig ist von den Punkten $\mathfrak{P}_0, \mathfrak{P}_1$, welche bezüglich den Formen $\Phi_0, \Phi_1, \dots$ in der Abbildung zugeordnet sind. Diese Punkte $\mathfrak{P}_0, \mathfrak{P}_1, \dots$ aber gehören bestimmten, von vorn herein angebbaren invarianten linearen Mannigfaltigkeiten an: nimmt man an, dass die Elementarcovarianten $\Psi_0, \dots, \Psi_{\varkappa-1}, \Psi_{\varkappa+1} \dots$ alle verschwinden, und betrachtet man dann die Coefficienten von $\Psi_\varkappa$ als veränderlich, so erhält man alle Punkte einer linearen Mannigfaltigkeit von $\mathfrak{R}$, welche auf die Mannigfaltigkeit der Formen $\Psi_\varkappa$ eindeutig umkehrbar bezogen ist, und bei linearer Transformation der Ebene in der im vorigen Paragraphen geschilderten Weise transformirt wird. Man erkennt nun sofort:

Bezeichnet man mehrere lineare Mannigfaltigkeiten eines Raumes $\mathfrak{R}$ dann als „vollständig schief“, wenn die Summe ihrer Stufenzahlen gleich ist der Stufenzahl ihres kleinsten verbindenden Gebietes, d. h. der niedrigsten linearen Mannigfaltigkeit, in welcher sie alle enthalten sind, so entsprechen den λ zugehörigen Formen $\Phi_\varkappa$ eines vollständigen Systems von Elementarcovarianten der ternären Form Φ Punkte $\mathfrak{P}_0, \mathfrak{P}_1, \dots$ einer Reihe von λ vollständig schiefen, bei der Gruppe $\mathfrak{g}_8$ invarianten linearen Mannigfaltigkeiten $\mathsf{M}_0, \mathsf{M}_1, \dots$, deren verbindendes Gebiet der Raum $\mathfrak{R}$

selbst ist. Das verbindende Gebiet λ^{ter} Stufe der Punkte $\mathfrak{P}_0, \mathfrak{P}_1, \ldots$ trägt den Punkt $\mathfrak{P}$, welcher der Form Φ zugeordnet ist.

Nun wissen wir, dass die Form Φ nur auf eine einzige Art als Summe von Formen darstellbar ist, in welche die Veränderlichen U' und X' in derselben Weise eingehen, wie in die Formen $\Phi_0, \Phi_1, \ldots$ (§ 7, Satz 1 und 8.) Dieser Satz erscheint jetzt als Corollar eines einfachen Theorems aus der projectiven Geometrie der höherem Räume, das wir folgendermassen aussprechen können:

Seien $\mathsf{M}_0, \mathsf{M}_1, \ldots$ irgend λ vollständig schiefe lineare Räume, und $\mathfrak{R}$ ihr kleinstes verbindendes Gebiet, sei ferner $\mathfrak{P}$ ein Punkt von $\mathfrak{R}$, welcher keinem verbindenden Gebiete von irgend $\lambda - 1$ jener Räume angehört, so geht durch den Punkt $\mathfrak{P}$ ein einziger linearer Raum λ^{ter} Stufe, welcher die Mannigfaltigkeiten $\mathsf{M}_0, \mathsf{M}_1, \ldots$ in je einem Punkte $\mathfrak{P}_0, \mathfrak{P}_1, \ldots$ trifft.

Der leichte Beweis dieses Satzes mag dem Leser überlassen bleiben. Tritt der Punkt $\mathfrak{P}$ in das verbindende Gebiet der Mannigfaltigkeiten $\mathsf{M}_1, \mathsf{M}_2, \ldots$, aber nicht zugleich in eines der anderen verbindenden Gebiete von $\lambda - 1$ Räumen $\mathsf{M}_\varkappa$, so geht durch $\mathfrak{P}$ nach demselben Satze ein einziger Raum $\lambda - 1^{ter}$ Stufe, welcher die Räume $\mathsf{M}_1, \mathsf{M}_2, \ldots$ in je einem Punkte trifft; und dieser Raum gibt dann mit *irgend* einem Punkte $\mathfrak{P}_0$ von M_0 verbunden ein Gebiet λ^{ter} Stufe, welches alle Räume $\mathsf{M}_0, \mathsf{M}_1, \ldots$ trifft. Es wird also dann der Punkt $\mathfrak{P}_0$ innerhalb M_0 unbestimmt. Man übersieht sofort, dass diesem Umstand in unserem Falle das identische Verschwinden eines Gliedes der Reihenentwickelung entspricht, u. s. w. u. s. w.

Wir betrachten nun neben den Reihen (6) und (6b) zugleich die ihnen dualistisch entgegenstehenden Reihenentwickelungen:

(7) $$[\mathfrak{R}, F] = [\mathfrak{R}, F_0] + [\mathfrak{R}, F_1] + \cdots$$

(7b) $$\{\mathfrak{W}\mathfrak{X}\} = \{\mathfrak{W}_0\mathfrak{X}\} + \{\mathfrak{W}_1\mathfrak{X}\} + \cdots.$$

Von diesen gelten natürlich auch die dualistisch gegenüberstehenden Aussagen; statt der Darstellung des Punktes $\mathfrak{P}$ durch die Punkte $\mathfrak{P}_0, \mathfrak{P}_1, \ldots$ erhalten wir jetzt den Ausdruck des F zugeordneten Gebietes $(N-1)^{ter}$ Stufe $\mathfrak{W}$ durch die den Formen $F_\varkappa$ zugeordneten Gebiete $\mathfrak{W}_\varkappa$. Auch diese letzteren gehören invarianten linearen Mannigfaltigkeiten $M_0, M_1, \ldots$ an, deren Stufenzahlen, wenn man sie als Orte von Punkten auffasst, sich mit den Stufenzahlen der entsprechenden Räume $\mathsf{M}_0, \mathsf{M}_1, \ldots$ zu N ergänzen müssen. Und zwar gilt der folgende Satz:

Ist die Reihenentwickelung der Formen F und Φ eine normale, so ist die invariante Mannigfaltigkeit $M_\varkappa$, der Träger derjenigen Räume $\mathfrak{W}_\varkappa$, welche dem Gliede $F_\varkappa$ der Entwickelung von F entsprechen, identisch mit *dem verbindenden Gebiete der Räume* $\mathsf{M}_0 \ldots \mathsf{M}_{\varkappa-1}, \mathsf{M}_{\varkappa+1} \ldots$, *deren Punkte den Entwickelungsgliedern* $\Phi_0 \ldots \Phi_{\varkappa-1}, \Phi_{\varkappa+1} \ldots$ *der Form* Φ *zugeordnet sind.*

In der That haben wir im Falle einer normalen Entwickelung die Relation $[F_\varkappa, \Phi_i] = 0$, und zwar unabhängig von den Werthen der Coefficienten von F und Φ, sobald $i \neq \varkappa$. Diese Relation verwandelt sich aber jetzt in die folgende: $\{\mathfrak{W}_\varkappa \mathfrak{P}_i\} = 0$; und diese sagt aus, dass der Träger $M_\varkappa$ der Räume $\mathfrak{W}_\varkappa$ durch die Gebiete $\mathsf{M}_0 \ldots \mathsf{M}_{\varkappa-1}, \mathsf{M}_{\varkappa+1} \ldots$ hindurchgeht. Da aber $M_\varkappa$ gerade dieselbe Stufenzahl besitzt, wie das verbindende Gebiet dieser Räume, so ist $M_\varkappa$ mit deren verbindendem Gebiete identisch. — Auf Grund des vorstehenden Satzes findet nun das Theorem 4) des § 7 in der Bemerkung seine Erläuterung, dass ein Raum $\mathfrak{W}_\varkappa$, der mit jedem Punkte von $\mathsf{M}_\varkappa$ vereinigt läge, nicht vorhanden ist, d. h., dass die einen solchen Raum darstellende lineare Form, und mit ihr das Entwickelungsglied $F_\varkappa$ von F identisch verschwindet.

Ist die Elementarcovariante $\Psi_\varkappa$ *der Form* Φ *die einzige Elementarcovariante mit den Ordnungszahlen* ν, μ, *so liegen die invarianten Mannigfaltigkeiten* $\mathsf{M}_\varkappa$ *und* $M_\varkappa$ *in* $\mathfrak{R}$ *isolirt, d. h. es gibt keine unendlich benachbarte lineare Mannigfaltigkeit, welche gleichfalls alle Transformationen der Gruppe* $\mathfrak{g}_8$ *gestattet; gehört dagegen* $\Psi_\varkappa$ *einem Gebiete* r^{ter} *Stufe von Elementarcovarianten mit denselben Ordnungszahlen* ν, μ *an, so ist* $\Psi_\varkappa$ *ein Element einer* $(r-1)$*-fach ausgedehnten Schaar von linearen Räumen, deren jeder einzelne bei den Transformationen der Gruppe* $\mathfrak{g}_8$ *stehen bleibt. In allen Fällen gehört zu jeder invarianten linearen Mannigfaltigkeit mindestens eine zweite, zu ihr vollständig schiefe, deren Stufenzahl sich mit der Stufenzahl der ersten zu* N *ergänzt.*

Man erkennt die Richtigkeit dieser Sätze sofort, wenn man von einem vollständigen System von Elementarcovarianten zu einem anderen übergeht und dabei von der Forderung absieht, dass die Coefficienten der Substitutionen (6), § 7 rationale Zahlen sein sollen. Die Möglichkeit, eine Form $\Psi_\varkappa$ durch eine andere, benachbarte zu ersetzen, hängt ja lediglich davon ab, ob noch andere Elementarcovarianten mit denselben Ordnungszahlen vorhanden sind, oder nicht. Im letzteren Falle bleibt die Form $\Psi_\varkappa$ in allen Systemen von Elementarcovarianten dieselbe; im ersteren kann man von $\Psi_\varkappa$ in $r-1$ unabhängigen Fortschreitungsrichtungen zu benachbarten Formen übergehen.

Dass jeder invarianten linearen Mannigfaltigkeit mindestens eine andere, zu ihr vollständig schiefe gegenüber liegt, folgt daraus, dass man nach § 8 die Entwickelung von Φ immer so einrichten kann, dass ein Theil der zugehörigen Elementarcovarianten übereinstimmt mit den Elementarcovarianten einer oder mehrerer vorgegebenen linearen Covarianten von Φ. Beide Theile der Entwickelung sind von einander linear unabhängig, und stellen, einzeln gleich Null gesetzt, zwei vollständig schiefe lineare Mannigfaltigkeiten dar, deren Stufensumme N beträgt. Eine solche Mannigfaltigkeit ist aber zufolge des oben Bemerkten die allgemeinste invariante lineare Mannigfaltigkeit. —

Es gehört nicht allein zu jedem vollständigen System von Elementarcovarianten der Form Φ ein System von vollständig schiefen invarianten Mannigfaltigkeiten des Raumes $\mathfrak{R}$ — dies hatten wir bereits oben bemerkt —, *sondern es gehört auch umgekehrt zu jedem System von vollständig schiefen invarianten Mannigfaltigkeiten von $\mathfrak{R}$, deren Stufensumme gleich der Stufe N von $\mathfrak{R}$ ist, eine bestimmte Reihenentwickelung, sobald nur jene Mannigfaltigkeiten kleinste sind, d. h. nicht noch invariante lineare Räume niederer Dimension tragen.*

Jeder invariante lineare Raum lässt sich nämlich durch Nullsetzen linearer Covarianten von Φ definiren, und es lässt sich ferner nach § 8 immer eine Covariante von Φ angeben, welche als Grundform genommen, diese Bedingungen identisch befriedigt. Diese Covariante kann unter unserer Voraussetzung nur von einer einzigen Normalform abhängen, da im anderen Falle die zugehörige Mannigfaltigkeit keine kleinste wäre, und alle diese Normalformen müssen zusammen ein *vollständiges* System von Elementarcovarianten bilden, da die zugehörigen Mannigfaltigkeiten vollständig schief sind, und die Stufensumme gleich N haben. Zu jedem vollständigen System von Elementarcovarianten gehört aber, nach Satz 8), § 7, eine einzige Entwickelung von Φ.

Es versteht sich von selbst, dass die Entwickelungen, von denen hier die Rede ist, nicht nothwendig rationale Zahlencoefficienten haben — verzichteten wir ja auch schon bei der Ableitung des vorhergehenden Theorems auf die Forderung, der Entwickelung ein System von rationalen Elementarcovarianten zu Grunde zu legen. Nehmen wir an, dass die Form $\mathfrak{M}$ lauter rationale Zahlencoefficienten hat (eine leicht zu realisirende Forderung), so werden nur diejenigen kleinsten invarianten Mannigfaltigkeiten von $\mathfrak{R}$ zu rationalen Elementarcovarianten von Φ gehören, welche durch Gleichungen mit rationalen Zahlencoefficienten dargestellt werden können.

Auch normal ist die erhaltene Entwickelung nicht nothwendig, wie bereits in § 8 hervorgehoben. Enthält dagegen die Form Φ nur zwei Veränderliche, so sind alle Ordnungszahlenpaare $\nu_\varkappa$, $\mu_\varkappa$ von einander verschieden, alle auftretenden linearen Mannigfaltigkeiten sind isolirt, und die Entwickelung ist eindeutig und nothwendig normal.

Bisher hatten wir nur Formen Φ und F mit unbeschränkt veränderlichen Coefficienten im Auge. Die aufgestellten Sätze gelten aber gerade so auch für die in § 8 betrachteten Entwickelungen verkürzter Formen, also für die Entwickelungen von Formen mit verschwindenden linearen Covarianten. Auch die Formeln (1)...(5) werden dann durch ganz analoge Formeln vertreten; nur an Stelle von (4) tritt ein etwas verwickelter gebauter Ausdruck, wie bereits das Beispiel des vorigen Paragraphen zeigt. Indessen kann man diesen Uebelstand sogleich dadurch heben, dass man in den Formen $\mathfrak{M}$ und $\mathfrak{N}$ von vorn herein statt der ternären Veränderlichen Symbole jener verkürzten Formen gebraucht.

Besonders bemerkenswerth sind diejenigen verkürzten Entwickelungen, bei welchen die zugehörigen Elementarcovarianten alle die nämlichen Ordnungszahlen ν, μ haben. Sei λ die Anzahl dieser Elementarcovarianten (also die in § 8 durch $r - \varrho$ bezeichnete Zahl), so haben wir in dem Raume $\mathfrak{R}$ von der Stufe

$$N = \lambda \mathsf{N} = \lambda \cdot \tfrac{1}{2} (\mu + 1)(\nu + 1)(\mu + \nu + 2)$$

eine $(\lambda - 1)$-fach ausgedehnte Schaar von invarianten linearen Räumen M der Stufe N, welche einen algebraischen Raum $\overline{\mathfrak{R}}$ von der Dimension $(\mathsf{N}-1)+(\lambda-1)$ $\left[\text{und der Ordnung } \binom{(\mathsf{N}-1)+(\lambda-1)}{\mathsf{N}-1}\right]$ erfüllen. Alle diese Punkträume M sind eindeutig umkehrbar auf die Mannigfaltigkeit der Normalconnexe (ν, μ) der Ebene abgebildet, und dadurch projectiv auf einander bezogen. Man ersieht aus den Formeln (6), § 7 (in welchen man nur r durch λ zu ersetzen hat), dass die entsprechenden Punkte der Räume M ein lineares Gebiet λ^{ter} Stufe erfüllen. Der Raum $\overline{\mathfrak{R}}$ wird also von zwei Schaaren linearer Mannigfaltigkeiten beschrieben, den $\infty^{\lambda-1}$ Räumen M der $(\mathsf{N}-1)^{\text{ten}}$ Dimension, welche bei den Transformationen der Gruppe $\mathfrak{g}_8$ einzeln stehen bleiben, und von $\infty^{\mathsf{N}-1}$ Räumen $(\lambda-1)^{\text{ter}}$ Dimension $\mathfrak{M}$, welche durch die Transformationen der Gruppe $\mathfrak{g}_8$ unter einander vertauscht werden Jeder Raum M der ersten Schaar trifft jeden Raum $\mathfrak{M}$ der zweiten Schaar in einem Punkte, und es sind je zwei Räume der einen Schaar durch alle Räume der anderen Schaar projectiv auf einander bezogen.*) Die Räume $\mathfrak{M}$ nun sind Träger eines bestimmten quadrat-

*) Aehnliche Verhältnisse bieten schon im dreidimensionalen Raume die beiden Regelschaaren einer Fläche zweiten Grades und die Gruppe dar, welche alle Geraden der einen Schaar stehen lässt. Man gelangt zu dieser Gruppe, wenn man eine binäre trilineare Form $(\alpha x)(\beta y)(\gamma z)$ als Raumelement einführt, deren cubische Covariante $(\alpha x)(\beta x)(\gamma x)$ identisch verschwindet.

ischen Polarsystems mit imaginärer Ordnungsfläche. Jede normale Entwickelung von Φ bestimmt ein System von λ Räumen M, welche die Mannigfaltigkeiten $\mathfrak{M}$ in den Punkten eines Pol-λ-Ecks dieses Polarsystems treffen; und umgekehrt bilden diejenigen Räume M, welche durch die Ecken eines solchen Pol-λ-Ecks gehen, ein solches System von λ vollständig schiefen invarianten linearen Räumen, zu welchen eine normale Entwickelung gehört.

Eine *Ausnahme* von den geschilderten Verhältnissen bietet nur der allereinfachste Fall $\mu = 0$, $\nu = 0$ dar. Die Räume M, die kleinsten invarianten linearen Mannigfaltigkeiten sind dann blose Punkte; es wird $N = \lambda$, und die Gruppe $\mathfrak{g}_8$ ist nur noch meroëdrisch isomorph zur Gruppe aller linearen Transformationen der Ebene; sie reducirt sich nämlich auf die identische Transformation.

Die in § 9 betrachteten besonderen Reihenentwickelungen sind ebenso wie gewisse Reihenentwickelungen für Combinanten, die wir sogleich zu erwähnen haben werden, noch einer zweiten bemerkenswerthen geometrischen Deutung fähig. Ich gehe indessen auf diesen Gegenstand hier nicht ein, weil mir sein hauptsächliches Interesse mehr in der Theorie höherer Mannigfaltigkeiten, als im Gebiete der ternären Formen zu liegen scheint.

Unter den in diesem und dem vorhergehenden Paragraphen behandelten Formen F und Φ bieten noch diejenigen besondere Eigenthümlichkeiten dar, deren lineare Mannigfaltigkeit zu sich selbst dualistisch ist. Es kommt dann der Unterschied zwischen den beiden einander dualistisch gegenüberstehenden Formenklassen F und Φ in Wegfall, und man kann jetzt ein und dieselbe Form in doppelter Weise auf Elemente des Raumes $\mathfrak{R}$ abbilden, wodurch in diesem Raume ein quadratisches Polarsystem festgelegt wird. Indessen haben auch diese Dinge für die *allgemeine* Theorie der ternären Formen wohl eine zu geringe Bedeutung, um ein näheres Eingehen auf dieselben an dieser Stelle gerechtfertigt erscheinen zu lassen.

§ 13.

Combinanten.

Die Kenntniss der Parameterdarstellung der linearen Mannigfaltigkeiten gegebener Formen kommt uns zu Statten bei Bildung der Combinanten.

Aus Rücksicht auf die Darstellung beschränken wir uns auf Combinanten von Normalformen — die aufzustellenden Sätze werden sich ohne Weiteres auf beliebige Formen ausdehnen lassen. Wir knüpfen also hier an die Theorie der in § 11 betrachteten Formen $\mathfrak{M}$ und $\mathfrak{N}$ an; und zwar wollen wir jetzt die Voraussetzung einführen, dass die Form $\mathfrak{N}$ und also auch die Invariante $\mathfrak{J}$ als Covarianten von $\mathfrak{M}$ dargestellt seien. Theoretisch bietet die symbolische Darstellung dieser Formen keine Schwierigkeit. Entwickeln wir die Form

$$(1) \qquad \{\mathfrak{M}_1 \mathfrak{M}_2 \dots \mathfrak{M}_N\} \prod_1^N (B_i X_i)^m (U_i P_i)^n$$

nach Elementarcovarianten, so muss sich die Entwickelung auf das Product der Invariante $\mathfrak{J}$ und einer simultanen Invariante (Combinante) der N ternären Formen $(UX_i)^m (U_i X)^n$ reduciren, deren Verschwinden ausdrückt, dass alle diese Formen zu einer und derselben Normalform conjugirt sind, oder dass X_i und U_i je ein Paar zugeordnete Elemente in einem Normalconnexe $(AX)^m (UQ)^n = 0$ sind. Damit haben wir die symbolische Darstellung der Invariante $\mathfrak{J}$; die Covariante $\mathfrak{N}$ aber ergibt sich als (erste) Evectante von $\mathfrak{J}$.

Setzen wir nun die Invariante $\mathfrak{J}$ einer *Zahl*, und zwar der *Einheit* gleich, so gilt der Satz:

Jede simultane Covariante der Form $\mathfrak{M}$ und beliebiger ternärer Formen, welche in Bezug auf das Gebiet N^{ter} Stufe eine blose Invariante ist, ist eine Covariante der ternären Formen allein.

In der That entsteht eine solche Covariante durch Processe, welche allein die ternären Veränderlichen betreffen, aus der wiederholt in verschiedenen Veränderlichen geschriebenen Form (1), welche unter unserer Voraussetzung selbst eine rein ternäre Form wird.

Auf Grund dieser auch sonst nützlichen Bemerkung ergibt sich nun das folgende Theorem:

I. *Seien* $\Phi_1 = (UQ_1)^m (A_1 X)^n \dots \Phi_r = (UQ_r)^m (A_r X)^n$ $(r \leq N)$ *irgend* r *Normalformen, so sind die beiden ternären Formen:*

$$(2) \quad \{\mathfrak{M}_1 \cdots \mathfrak{M}_r \mathfrak{M}_{r+1} \cdots \mathfrak{M}_N\} \prod_1^r (B_i Q_i)^m (A_i P_i)^n \prod_{r+1}^N (B_i X_i)^m (U_i P_i)^n$$

$$(3) \qquad | (U_1 Q_1)^m (A_1 X_1)^n \cdots (U_r Q_r)^m (A_r X_r)^n |$$

jede eine Covariante der anderen; beide sind Combinanten, und alle anderen Combinanten der Formen $\Phi_1 \dots \Phi_r$ *sind Covarianten dieser beiden Formen*[26]).

Dass die Form (2) eine Covariante der Form (3) ist, ergibt sich sofort daraus, dass man (2) offenbar auch so schreiben kann:

$$\frac{1}{r!} \{\mathfrak{M}_1 \cdots \mathfrak{M}_N\} . | (B_1 Q_1)^m (A_1 P_1)^n \cdots (B_r Q_r)^m (A_r P_r)^n | . \prod_{r+1}^N (B_i X_i)^m (U_i P_i)^n .$$

Um das Umgekehrte einzusehen, bilde man die folgende Covariante von (2):

$$\{\mathfrak{M}_1 \cdots \mathfrak{M}_r \mathfrak{M}_{r+1} \cdots \mathfrak{M}_N\} . \prod_1^r (B_i Q_i)^m (A_i P_i)^n . \prod_{r+1}^N (B_i \Pi_i)^m (\mathsf{B}_i P_i)^n . \{\mathfrak{N}_i \mathfrak{X}_i\}$$

$$(4) \qquad = \{\mathfrak{M}_1 \cdots \mathfrak{M}_r \mathfrak{X}_{r+1} \cdots \mathfrak{X}_N\} . \prod_1^r (B_i Q_i)^m (A_i P_i)^n$$

Diese letztere Form kann statt in den $N - r$ Veränderlichen $\mathfrak{X}$ auch in r der dualistisch entgegenstehenden Veränderlichen $\mathfrak{U}$ geschrieben werden, wie folgt:

$$(5) \qquad | \{\mathfrak{U}_1 \mathfrak{M}_1\} \cdots \{\mathfrak{U}_r \mathfrak{M}_r\} | . \prod_1^r (B_i Q_i)^m (A_i P_i)^n$$

und diese Form hat die Covariante

$$| \{\mathfrak{N}_1 \mathfrak{M}_1\} \cdots \{\mathfrak{N}_r \mathfrak{M}_r\} | . \prod_1^r (B_i Q_i)^m (A_i P_i)^n . \prod_1^r (U_i \Pi_i)^m (\mathsf{B}_i X_i)^n$$

$$= | (U_1 Q_1)^m (A_1 X_1)^n \cdots (U_r Q_r)^m (A_r X_r)^n | . \text{ —}$$

Wir brauchen also jetzt nur noch zu zeigen, dass das System der Combinanten der Formen $\Phi_1 \ldots \Phi_r$ identisch ist mit dem System der Covarianten einer der beiden Formen (2) und (3), etwa der Form (3). Um unsere Definition der Combinanten (S. 21) anwenden zu können, betrachten wir die r gegebenen Formen als Coefficienten einer in den Veränderlichen $u_1 \ldots u_r$ linearen Form eines neu hinzuzufügenden Gebietes r^{ter} Stufe, und stellen (*mit Herrn Stroh*) die gesammte lineare Mannigfaltigkeit der r Formen Φ durch eine einzige Form dar:

$$(6) \qquad [u\, m]\, (UQ)^m (AX)^n,$$

welche mit den gegebenen Formen durch die Gleichungen verknüpft ist

$$m_i\, (UQ)^m (AX)^n = (UQ_i)^m (A_i X)^n.$$

Eine Combinante p^{ten} Grades der Formen Φ wird jetzt jede Covariante p^{ten} Grades der Form (6), welche in Bezug auf das Gebiet r^{ter} Stufe eine blose Invariante ist. Alle diese Covarianten sind aber lineare Covarianten der einen Form

$$\prod_1^p {}_{\varkappa} \, [m_{\varkappa^{(1)}} \ldots m_{\varkappa^{(r)}}]\, (U_{\varkappa^{(1)}} Q_{\varkappa^{(1)}})^m (A_{\varkappa^{(1)}} X_{\varkappa^{(1)}})^n \ldots (U_{\varkappa^{(r)}} Q_{\varkappa^{(r)}})^m (A_{\varkappa^{(r)}} X_{\varkappa^{(r)}})^n$$

und entstehen aus ihr durch Processe, welche nur die Veränderlichen des ternären Gebietes betreffen. Diese letztere Form zerfällt aber in p Factoren, deren jeder bis auf die Bezeichnung der Veränderlichen übereinstimmt mit der Form

$$[m^{(1)} \dots m^{(r)}] (U_1 Q^{(1)}) (A^{(1)} X_1) \dots (U_r Q^{(r)}) (A^{(r)} X_r)$$
$$= | (U_1 Q_1)^m (A_1 X_1)^n \dots (U_r Q_r)^m (A_r X_r)^n |.$$

Es ist also wirklich jede Combinante der Formen Φ eine Covariante der Determinante (3), wie natürlich auch umgekehrt. Die Formen (2) und (3) nennen wir der im Satze angegebenen Eigenschaft wegen *Fundamentalcombinanten*, ihre Elementarcovarianten *Elementarcombinanten.*

Zu irgend r linear unabhängigen Normalformen (n, m): $\Phi_1 \dots \Phi_r$ sind im Ganzen $N - r$ linear unabhängige Formen $F_{r+1} \dots F_N$ der dualistisch entgegenstehenden Gattung (m, n) conjugirt. Wir wollen zwei solche Systeme von Formen F und Φ einfach *„conjugirte Systeme"* nennen. Von ihnen gilt der Satz:

II. *Conjugirte Systeme haben proportionale Combinanten*[27]).

Und zwar wird die erste Fundamentalcombinante eines jeden von beiden Systemen proportional der zweiten Fundamentalcombinante des anderen Systems.

Man sieht dieses Theorem am schnellsten ein, wenn man die Formen (4) und (5), welche ja die Fundamentalcombinanten vollständig vertreten, mit Einführung einer neuen symbolischen Bezeichnung so schreibt:

(4b) $$\{\mathfrak{P}_1 \dots \mathfrak{P}_r \mathfrak{X}_{r+1} \dots \mathfrak{X}_N\}$$

(5b) $$| \{\mathfrak{U}_1 \mathfrak{P}_1\} \dots \{\mathfrak{U}_r \mathfrak{P}_r\} |.$$

Vertauscht man jetzt die Punkte $\mathfrak{P}, \mathfrak{X}$ mit dualistisch gegenüberstehenden Räumen $N -$ 1ter Stufe $\mathfrak{B}, \mathfrak{U}$, und gleichzeitig r mit $N - r$, so erhält man an Stelle der Form (4b) die nachstehende Determinante:

(4c) $$\{\mathfrak{U}_1 \dots \mathfrak{U}_r \mathfrak{B}_{r+1} \dots \mathfrak{B}_N\}.$$

Wir haben nun zu zeigen, dass die Formen (5b) und (4c) proportional sind unter der Voraussetzung, dass die Formen $\Phi_1 \dots \Phi_r$, welchen die Punkte $\mathfrak{P}_1 \dots \mathfrak{P}_r$ entsprechen, conjugirt sind zu den Formen $F_{r+1} \dots F_N$, denen die Räume $\mathfrak{B}_{r+1} \dots \mathfrak{B}_N$ zugeordnet sind. Es findet aber diese Bedingung ihren Ausdruck in den Gleichungen:

$$\{\mathfrak{P}_i \mathfrak{B}_\varkappa\} = 0 \ (i = 1, 2, \cdots r, \ \varkappa = r + 1, r + 2, \cdots N),$$

aus deren Bestehen in der That sofort die behauptete Proportionalität der Formen (5b) und (4c) oder der entsprechenden Fundamentalcombinanten folgt. —

Durch Reihenentwickelung der Formen (2) und (3) müssen wir beidemal dasselbe System von Elementarcombinanten erhalten, oder vielmehr zwei Systeme, deren Formen sich in bekannter Weise durch einander ausdrücken. Als Controlle für richtige Rechnung haben wir in Analogie mit einem Satze des § 9 das folgende Theorem:

Die Gesammtzahl der linear unabhängigen Constanten in dem vollen System der Elementarcombinanten von r oder N — r Normalformen (m, n) ist $\binom{N}{r}$, *sofern* $N\,[=\frac{1}{2}(m+1)(n+1)(m+n+2)]$ *die Constantenzahl einer Normalform (m, n) bedeutet.*

Es ergibt sich dies sofort aus dem Anblick der Ausdrücke (4b) oder (5b).

Die Gesammtheit der Combinanten von N Grundformen besteht nur aus den Potenzen einer einzigen Invariante, deren Verschwinden das Conjugirt-Sein aller dieser Formen zu einer Form der dualistisch gegenüberstehenden Classe ausdrückt; die Combinanten von $N-1$ Normalformen (m, n) sind Covarianten einer einzigen Grundform, derjenigen Normalform (n, m), welche zu ihnen allen conjugirt ist. Man kann dieselbe als eine Evectante der eben betrachteten Invariante ohne Weiteres dadurch erhalten, dass man die Symbole einer der betheiligten Grundformen in geeigneter Weise durch Veränderliche ersetzt.

Die Betrachtungen, welche der vorstehenden Entwickelung in der Theorie der *binären Formen* parallel laufen, lassen sich noch einen Schritt weiter führen; es mag daher verstattet sein, auch die Combinanten binärer Formen noch in Kürze zu behandeln.

Bezeichnen wir die lineare Form eines Gebietes $n+1^{\text{ter}}$ Stufe welche die Parameterdarstellung der binären Formen n^{ter} Ordnung im Sinne des § 11 leistet, durch

$$\{\mathfrak{U}\,\mathfrak{M}\}\,(b\,x)^n. \tag{1}$$

Dann wird

$$\begin{aligned}&\{\mathfrak{M}_1 \ldots \mathfrak{M}_{n+1}\}\,(b_1 x_1)^n \ldots (b_{n+1} x_{n+1})^n\\ &= \frac{1}{(n+1)!}\{\mathfrak{M}_1 \ldots \mathfrak{M}_{n+1}\}.\,|(b_1 x_1)^n \ldots (b_{n+1} x_{n+1})^n|\\ &= \frac{1}{(n+1)!}\binom{n}{1}\ldots\binom{n}{n-1}\cdot(x_1 x_2)(x_1 x_3)\ldots(x_n x_{n+1})\\ &\quad .\,\{\mathfrak{M}_1 \ldots \mathfrak{M}_{n+1}\}\,(b_1 b_2)(b_1 b_3)\ldots(b_n b_{n+1}).\end{aligned}$$

Wir setzen nun, um zugleich die Ausführungen des § 11 in Rücksicht auf binäre Formen zu vervollständigen,

$$\begin{aligned}\{\mathfrak{N}\,\mathfrak{X}\}\,(\pi\,x)^n &= \frac{1}{n!}\{\mathfrak{M}_1 \ldots \mathfrak{M}_n\,\mathfrak{X}\}\,.\\ &\quad .\,(b_1 b_2)\ldots(b_{n-1} b_n)\,(b_1 x)\ldots(b_n x),\end{aligned} \tag{2}$$

(3) $$\mathfrak{J} = \frac{1}{n+1} \{\mathfrak{N}\mathfrak{M}\} (\pi b)^n = 1,$$

und haben dann:

(4) $$\begin{aligned} &\{\mathfrak{M}_1 \dots \mathfrak{M}_{n+1}\} (b_1 x_1)^n \dots (b_{n+1} x_{n+1})^n \\ &= \binom{n}{1} \dots \binom{n}{n-1} . (x_1 x_2)(x_1 x_3) \dots (x_n x_{n+1}). \end{aligned}$$

Daraus ergibt sich sofort, dass an Stelle der zur Fundamentalcombinante (2) (S. 121) analogen Form:

$$\begin{aligned} &\{\mathfrak{M}_1 \dots \mathfrak{M}_{n+1}\} \prod_1^r (b_i a_i)^n \prod_{r+1}^{n+1} (b_i x_i)^n \\ &= \binom{n}{1} \dots \binom{n}{n-1} \prod_{r+1}^{n}{}^{i} (x_i x_{i+1}) \dots (x_i x_{n+1}). \\ &\cdot \prod_1^{r-1}{}^{i} (a_i a_{i+1}) \dots (a_i a_r) \prod_1^{r}{}^{i} (a_i x_{r+1}) \dots (a_i x_{n+1}) \end{aligned}$$

diese einfachere Form treten kann:

(5) $$(a_1 a_2)(a_1 a_3) \dots (a_{r-1} a_r) \prod_1^{r}{}^{i} (a_i x_{r+1}) \dots (a_i x_{n+1})$$

Bei r binären Formen $(a_1 x)^n \dots (a_r x)^n$ haben wir mithin als Fundamentalcombinanten die Form (5) *und die Determinante:*

(6) $$| (a_1 x_1)^n \dots (a_r x_r)^n |$$ [28])

Zwischen beiden Formen besteht nunmehr eine sehr einfache Beziehung: *Die Form* (5) *entsteht aus* (6) *durch den Polarenprocess.*[28])

Wir bilden die folgende Polare der Form (6):

$$\begin{aligned} &| (a_1 x_1)^{r-1} (a_1 x_{r+1}) \dots (a_1 x_{n+1}), \dots (a_r x_r)^{r-1} (a_r x_{r+1}) \dots (a_r x_{n+1}) | \\ &= | (a_1 x_1)^{r-1} \dots (a_r x_r)^{r-1} | \prod_1^{r}{}^{i} (a_i x_{r+1}) \dots (a_i x_{n+1}) \\ &= \binom{r-1}{1} \dots \binom{r-1}{r-2} \prod_1^r (x_i x_\varkappa). \\ &\prod_1^r (a_i a_\varkappa) \prod_1^{r}{}^{i} (a_i x_{r+1}) \dots (a_i x_{n+1}). \end{aligned}$$

Der erste Factor des letzten Ausdrucks ist unwesentlich, und kann fortgelassen werden; der zweite Factor aber ist die Form (5).

Die Elementarcovarianten der Form (6) stimmen überein mit den Elementarcovarianten einer Form $(\alpha_1 x_1)^n \dots (\alpha_r x_r)^n$, welche die Eigenschaft hat, bei Vertauschung von je zweien der Veränderlichen das Zeichen zu wechseln. Die Reihenentwickelung der Form (5) aber ist umgekehrt dadurch charakterisirt, dass diese Form sich *nicht* ändert, wenn man zwei der Veränderlichen vertauscht. Das ist aber das Kennzeichen derjenigen Reihenentwickelung, durch welche die Covarianten $(n - r + 1)^{\text{ten}}$ Grades einer Grundform $(\beta x)^r$ aus der Form $(\beta_1 x_{r+1})^r \ldots (\beta_{n-r+1} x_{n+1})^r$ entstehen (S. 98). Es gilt also der Satz:

Den Combinanten ersten Grades von r binären Formen n^{ter} Ordnung lassen sich die Covarianten $(n - r + 1)^{\text{ten}}$ Grades einer binären Form r^{ter} Ordnung derart zuordnen, dass nicht nur die Ordnungszahlen je zweier entsprechender Formen gleich sind, sondern auch zwischen entsprechenden Formen dieselben linearen Identitäten bestehen.

Bildet man im System einer binären Form r^{ter} Ordnung

$$(\beta x) = (a_1 x)(a_2 x) \ldots (a_r x)$$

ein vollständiges System von linear unabhängigen Covarianten $(n - r + 1)^{\text{ten}}$ Grades, und multiplicirt deren symbolische Ausdrücke mit $(a_1 a_2)(a_1 a_3) \ldots (a_{r-1} a_r)$, so erhält man (in symbolischer Schreibart) alle Formen eines vollständigen Systems von Elementarcombinanten der r Formen $(a_1 x)^n \ldots (a_r x)^n$.[28])

§ 14.

Invariante Darstellung der linearen Transformationen.

Ist die symbolische Methode einmal entwickelt, so werden wir die einfachen Bezeichnungen derselben auch zur Darstellung der linearen Transformationen selbst verwenden können, so dass nunmehr die ganze Theorie innerhalb des Kreises der symbolischen Operationen verläuft. Wir gelangen dahin durch die Bemerkung, dass eine jede collineare oder dualistische Transformation durch eine bilineare Form dargestellt werden kann. Wir erhalten (bekanntlich) eine solche Form, welche mit den Formeln (1), § 1 gleichwerthig ist, wenn wir die rechten Seiten dieser Gleichungen beziehungsweise mit den Liniencoordinaten V_1', V_2', V_3' multipliciren, und dann addiren. Wir wollen indessen, ohne Bezugnahme auf die Formeln des § 1, die linearen Transformationen hier auf's Neue behandeln, jetzt unter principieller Anwendung der symbolischen Bezeichnung, wobei wir uns die ursprünglichen Veränderlichen durch die Coefficienten linearer Formen ersetzt denken.

Die bilineare Form:

$$T = (DX)(V\Delta) \tag{1}$$

stellt, gleich Null gesetzt, *zwei* Transformationen dar, je nachdem man die Veränderliche X oder die Veränderliche V als gegeben betrachtet: in dem einen Falle ordnet sie dem Punkte X einen bestimmten Punkt, im anderen der Linie V eine bestimmte Gerade zu. Man übersieht sogleich, dass diese Transformationen in Bezug auf das transformirte Raumelement verschieden sind, im Uebrigen aber so zusammenhängen, dass die eine die *entgegengesetzte* (inverse) Transformation der anderen darstellt, wenigstens im allgemeinen Falle.

Wir wollen nun, obwohl die Form T durch diese Transformationen nur bis auf einen willkürlich bleibenden constanten Factor bestimmt ist, dennoch von einer „*Transformation* T“ reden, um eine kurze Ausdrucksweise zu haben; wir verstehen darunter immer *die Transformation der Punkte*, welche durch die Gleichung $T = 0$ dargestellt wird. Wo zugleich auch die Transformation der Linien betrachtet wird, welche ebenfalls in der Gleichung $T = 0$ ihr Bild findet, reden wir, behufs deutlicherer Unterscheidung von der „*Punkttransformation* T“ und der „*Linientransformation* T“.

Um die Gerade zu finden, welche einer gegebenen Geraden U in der Punkttransformation T entspricht, hat man nur U als Verbindungslinie zweier Punkte X' und X'' darzustellen, also $(UX) = (XX'X'')$ zu setzen, und nun die X' und X'' zugeordneten Punkte durch eine Linie zu verbinden. So finden wir, dass die zur Punkttransformation T gehörige Transformation T der Linien dargestellt wird durch die bilineare Form

$$\mathrm{T} = (UE)(HY) = \tfrac{1}{2}(DD'U)(\Delta\Delta'Y). \tag{2}$$

Aber auch die Gleichung $\mathrm{T} = 0$ stellt noch eine zweite Transformation, eine Transformation der *Punkte* dar; und man erkennt, dass diese die entgegengesetzte Transformation der Punkttransformation T ist, und also im Allgemeinen mit der Linientransformation T zusammenfällt, abgesehen natürlich von der Verschiedenheit des transformirten Raumelementes.

Sucht man zu dem Punkte X den ihm in der Transformation T zugeordneten Punkt, dann wieder den entsprechenden in der Punkttransformation T, so muss man auf den Punkt X zurückkommen. Es besteht also zwischen den Formen T und T die sofort zu verificirende Identität:

$$(DX)(H\Delta)(UE) - (UX).\, J = 0 \tag{3}$$

und ebenso die andere:

$$(HY)(DE)(V\Delta) - (VY).\, J = 0, \tag{3b}$$

wobei J die Invariante:

$$J = \tfrac{1}{3}(DE)(H\Delta) = \tfrac{1}{6}(DD'D'')(\Delta\Delta'\Delta'') \tag{4}$$

bezeichnet.

Die Invariante J ist die *Discriminante* der Transformationen T und erweist sich als identisch mit der in § 1 betrachteten Determinante.

Ist sie Null, so entsprechen sämmtlichen Punkten X der Ebene in der Punkttransformation T Punkte einer einzigen Geraden $\overline{V}$, und ebenso in der Linientransformation T allen Geraden V Strahlen eines einzigen Punktes $\overline{X}$, wie man sofort erkennt, wenn man die Identitäten (3) und (3b) in der Form:

$$(5)\qquad \begin{aligned}(\varDelta\varDelta'\varDelta'')(DX)(D'X')(D''X'') &= J.(XX'X''),\\ (DD'D'')(V\varDelta)(V'\varDelta')(V''\varDelta'') &= J.(VV'V'')\end{aligned}$$

schreibt. Wir bezeichnen dann die Transformation T als eine „*ausgeartete*" (S. 6). Dem Punkte $\overline{X}$ und der Linie $\overline{V}$ ist überhaupt kein bestimmter Punkt und keine bestimmte Gerade zugeordnet. Die Linientransformation T aber ordnet in diesem Falle einer jeden Geraden U die Gerade $\overline{V}$ zu, mit Ausnahme derjenigen Geraden U, welche durch den Punkt $\overline{X}$ gehen, und welchen keine bestimmte Gerade entspricht; und ebenso führt die Punkttransformation T jeden Punkt Y in den Punkt $\overline{X}$ über, mit Ausnahme der auf $\overline{V}$ enthaltenen Punkte.

In einer ausgearteten Transformation wird einer geraden Punktreihe X im Allgemeinen immer noch eine zu ihr projective eigentliche Punktreihe zugeordnet (deren Träger die Gerade $\overline{V}$ ist); ausgenommen sind nur diejenigen Punktreihen, welche den Punkt $\overline{X}$ enthalten — ihren Punkten entspricht ein einziger Punkt der Geraden $\overline{V}$. Man kann daher die allgemeine ausgeartete Transformation sehr leicht construiren, indem man einfach den Strahlenbüschel $\overline{X}$ irgendwie projectiv auf die Punktreihe $\overline{V}$ bezieht.

Indessen kann auch diese projective Beziehung wieder ausarten, und man erhält dann eine „*zerfallende Transformation*", wie wir sie nennen wollen. Dieser Fall tritt ein, wenn die Covariante T der Form T identisch verschwindet. Jedem Punkt X entspricht dann vermöge der Gleichung $T = 0$ ein und derselbe Punkt $\overline{\overline{Y}}$, jeder Geraden V ein und dieselbe Linie $\overline{\overline{U}}$. Ausgenommen sind jedoch diejenigen Punkte X, welche auf der Geraden $\overline{\overline{U}}$ enthalten sind, und diejenigen Linien V, welche durch den Punkt $\overline{\overline{Y}}$ gehen: ihnen entspricht ein völlig unbestimmter Punkt, bezüglich eine völlig unbestimmte Gerade. Die Form T zerfällt dann in das Product zweier linearer Factoren: wir dürfen setzen

$$T = (\overline{\overline{U}}X).(V\overline{\overline{Y}}).$$

Ausgeartete Transformationen der allgemeineren Art gibt es ∞^7, zerfallende Transformationen ∞^4. Ist T eine ausgeartete Transformation, so stellt T eine zerfallende Transformation dar. Dies folgt aus dem oben Gesagten, wie auch aus der Formel:

$$(6) \qquad \tfrac{1}{2}(EE'X)(HH'V) = J.(DX)(V\varDelta).$$

Diese Formel zeigt ausserdem, dass die Beziehung zwischen den Formen T und T eine völlig umkehrbare wird, sobald wir die Invariante J gleich Eins nehmen. —

Unsere nunmehrige Darstellung der linearen Transformationen durch bilineare Formen erlaubt uns, die Ausführung einer linearen Transformation auf algebraische Formen in einer sehr übersichtlichen Weise vorzunehmen:

Um diejenige algebraische Form F' zu finden, welche einer gegebenen Form $F = (BX)^m (UP)^n$ in der Punkttransformation T und Linientransformation T *entspricht, hat man nur jeden symbolischen Factor (UP) durch einen Factor $(DP)(V\varDelta)$, und jeden Factor (BX) durch einen Factor $(BE)(HY)$ zu ersetzen.*

Denn wir können ja nach Satz III, § 1 die lineare Transformation in der Weise ausführen, dass wir jeden einzelnen symbolischen Factor transformiren. Die transformirte Form wird also:

$$(7) \qquad F' = (B'Y)^m (VP')^n = [(BE)(HY)]^m [(DP)(V\varDelta)]^n.$$

In den Ausdrücken mit scharfen Klammern hat man natürlich vor der Ausführung der Multiplication die Symbole von T und T durch die wirklichen Werthe der Coefficienten zu ersetzen. —

Die Invarianten-Eigenschaft der Processe, durch welche die symbolischen Factoren (ABC), (AP), (PQR) entstehen, wird nunmehr ausgedrückt durch die Formeln:

$$(8) \qquad \begin{cases} (AE)(BE')(CE'')(HH'H'') = J^2.(ABC) \\ (AE)(DP)(H\varDelta) = J.\ (AP) \\ (DP)(D'Q)(D''R)(\varDelta\varDelta'\varDelta'') = J.\ (PQR). \text{ —} \end{cases}$$

Die Transformation, welche aus einer gegebenen linearen Transformation:

$$\overline{T} = (MX)(UN) = 0$$

durch Ausführung der Punkttransformation T und Linientransformation T auf die Ebene entsteht, wird die folgende:

$$(9) \qquad \overline{T'} = (M'Y)(VN') = (HY)(ME)(DN)(V\varDelta) = 0,$$

gleichgiltig, ob wir $\overline{T}$ als eine Punkttransformation oder als eine Linientransformation deuten wollen. —

Die vorstehenden einfachen Betrachtungen sind völlig unabhängig davon, ob die Veränderlichen X und U einerseits, und Y und V andererseits demselben ternären Gebiete angehören, oder verschiedenen, d. h. unabhängig von einander transformirbaren Gebieten. Die aufgestellten Formeln können daher auch beim Uebergang von einer Ebene zu einer anderen gebraucht werden, welche nicht als über der ersten liegend gedacht wird. Mit einer geringen Abänderung gelten sie ebensowohl auch für dualistische Transformationen; endlich bietet die Ausdehnung derselben auf Gebiete beliebiger Stufe keinerlei Schwierigkeit dar.

Man beweist leicht, dass mit den Formen T, T, J und den identischen Covarianten (UX), (VY) das Formensystem (S. 99) der Form T erschöpft ist, im Falle U, X, und V, Y verschiedenen Gebieten angehören.

Wir wollen nun *den besonderen Fall, wo es sich um eine Beziehung zwischen Punkten einer und derselben Ebene handelt*, etwas näher in's Auge fassen. Um auch äusserlich anzudeuten, dass V und Y ebenso transformirt werden sollen, wie U und X, wollen wir jetzt für V ebenfalls U und für Y ebenfalls X schreiben; wir setzen also nunmehr

$$T = (DX)(U\varDelta); \; \mathsf{T} = (UE)(HX). \tag{10}$$

Soll nach der Punkttransformation T_1 eine andere T_2 ausgeführt werden, so bezeichnen wir die entstehende neue Transformation nach dem Vorgange anderer Mathematiker als das *„Product"* der Transformationen T_1 und T_2, und stellen sie durch einfaches Nebeneinanderschreiben der Symbole T_1 und T_2 dar, so dass also, wenn

$$T_1 = (D_1X)(U\varDelta_1), \; T_2 = (D_2X)\,(U\varDelta_2) \text{ ist,}$$

$$\begin{aligned} T_1\,T_2 &= (D_1X)\,(D_2\varDelta_1)\,(U\varDelta_2) \\ T_2\,T_1 &= (D_2X)\,(D_1\varDelta_2)\,(U\varDelta_1) \text{ wird.} \end{aligned} \tag{11}$$

Zwei lineare Transformationen haben mithin, in verschiedener Reihenfolge angewendet, im Allgemeinen zwei verschiedene Producte. Die wiederholte Anwendung einer und derselben Transformation bezeichnen wir durch die Symbole T^2, T^3 u. s. f., so dass also z. B.

$$\begin{aligned} T^2 &= (DX)(D'\varDelta)(U\varDelta') \\ T^3 &= (DX)(D'\varDelta)(D''\varDelta')(U\varDelta''), \end{aligned} \tag{12}$$

und nennen diese Ausdrücke *„Potenzen"* der Transformation T. Bei der Bildung des Productes beliebiger Transformationen gilt selbstverständlich das sogenannte *associative*, und im Falle die Transformationen alle aus Potenzen einer und derselben Transformation bestehen, natürlich auch das *commutative Gesetz.*

Durch die Zeichen $T_1^0 = T_2^0 = \ldots$ stellen wir diejenige Transformation dar, welche mit irgend einer Transformation T multiplicirt diese Transformation T ergibt. Man findet als Ausdruck dieser „identischen Transformation“ sofort

$$T^0 = (UX) \tag{13}$$

und die Gleichung $T^0 T = T T^0$ als Ausdruck der selbstverständlichen Thatsache, dass die identische Transformation mit jeder anderen vertauschbar ist.

Die Reihe der Potenzen $T^0, T^1, T^2 \ldots$ einer und derselben Transformation können wir auch nach rückwärts fortsetzen, und mit $T^{-\varkappa}$ diejenige Transformation bezeichnen, welche mit $T^{\varkappa}$ multiplicirt die identische Transformation T^0 ergibt. Man findet nach Formel (3) oder (3b):

$$T^{-1} = J^{-1}. (HX)(UE) \tag{14}$$

und hieraus ohne Weiteres die Ausdrücke von T^{-2}, T^{-3} u. s. f.

Bildet man für $T = (UX)$ die Transformation T^{-1}, so findet man wieder (UX). Die Discriminante der identischen Transformation hat den Werth Eins, ihre lineare Invariante den Werth Drei. —

Fasst man die beiden Transformationen T_1 und T_2 als *Linientransformationen* auf, und will nun diese hinter einander ausführen, so ist zu bemerken, dass die zusammengesetzte Transformation unter Beibehaltung der mit Formel (11) eingeführten Bezeichnung natürlich nicht durch das Symbol $T_1 T_2$, sondern durch das Zeichen $T_2 T_1$ dargestellt wird, dieses nun auch als Darstellung einer Linientransformation aufgefasst. Die Linientransformation $T_1 T_2$ erhält man also, wenn man erst die Linientransformation T_2 und dann T_1 ausführt. — Sucht man die Linientransformation, welche mit der Punkttransformation $T_1 T_2$ übereinstimmt, oder was auf dasselbe hinausläuft, die entgegengesetzte (Punkt-) Transformation zu der Punkttransformation $T_1 T_2$, so findet man:

$$\begin{aligned} &\tfrac{1}{2} (D_1 D_1' U)(D_2 \varDelta_1)(D_2' \varDelta_1')(\varDelta_2 \varDelta_2' X) \\ &= (UE_1)(H_1 E_2)(H_2 X) = \mathsf{T}_2 \mathsf{T}_1. \text{ —} \end{aligned} \tag{15}$$

Zwischen der Discriminante des Products zweier Transformationen und den Discriminanten der Factoren besteht eine einfache Beziehung. Es ist ein bekannter Satz, der im Grunde nichts Anderes als das Multiplicationstheorem der Determinanten vorstellt, und auch durch symbolische Rechnung sogleich verificirt werden kann:

Das Product der Discriminanten zweier Transformationen T_1 und T_2 ist gleich der Discriminante ihres Products.

9*

Es ist dies der analytische Ausdruck der selbstverständlichen geometrischen Thatsache, dass eine eigentliche und eine ausgeartete Transformation hinter einander ausgeführt immer eine ausgeartete Transformation ergeben. Dasselbe Theorem gilt natürlich auch dann noch, wenn die Transformation T_1 ein erstes ternäres Gebiet mit einem zweiten, und T_2 das zweite mit einem dritten in Verbindung setzt.

Neben den Formen $T_1 T_2$ und $T_2 T_1$ betrachten wir noch eine dritte, von jenen linear abhängige bilineare Form, dargestellt durch das Zeichen

$$(16) \qquad (T_1 T_2) = T_1 T_2 - T_2 T_1 = -(T_2 T_1).$$

Wir nennen diese Transformation die „*Combination*" der Transformationen T_1 und T_2. Die Form $(T_1 T_2)$ ist augenscheinlich eine *Normalform*. Sie ist ferner eine *Combinante* der Formen T_1 und T_2; ausserdem gilt der Satz, dass sie sich nicht ändert, wenn man T_1 oder T_2 um ein Vielfaches der identischen Covariante $T^0 = (UX)$ vermehrt. Verschwindet die Combination $(T_1 T_2)$ identisch, so sind nicht allein die Transformationen T_1 und T_2, sondern überhaupt alle Transformationen der linearen Schaar $\varkappa T_1 + \lambda T_2 + \mu T^0$ paarweise vertauschbar.

Seien T_1, T_2, T_3 irgend drei bilineare Formen, so besteht zwischen den Combinationen je einer mit der Combination der beiden anderen die Identität

$$(17) \qquad (T_1 (T_2 T_3)) + (T_2 (T_3 T_1)) + (T_3 (T_1 T_2)) = 0,$$

wie man durch Auflösung der Klammerausdrücke sofort verificiren kann.

§ 15.

Infinitesimale lineare Transformationen.

Denken wir uns, gemäss den Entwickelungen des § 12, die Mannigfaltigkeit der Formen T dargestellt durch die Punkte eines Raumes von 8 Dimensionen, den wir in diesem Falle durch den lateinischen Buchstaben R bezeichnen wollen. Dieser Raum wird, wie dort näher ausgeführt, durch eine achtgliedrige, mit der Gruppe aller linearen Transformationen der Ebene gleichzusammengesetzte Gruppe transformirt. Es ist nun durchaus nicht meine Absicht, die zahlreichen bemerkenswerthen Eigenschaften dieser Abbildung und der zugehörigen Gruppe an dieser Stelle eingehend zu behandeln [29]); wir wollen uns vielmehr im Wesentlichen auf die Anführung einiger Thatsachen beschränken, deren Kenntniss uns für das Folgende von

Nutzen sein wird. Wir wollen, um uns kurz ausdrücken zu können, eine Transformation T und den ihr entsprechenden Punkt durch das nämliche Zeichen darstellen; werden also auch von einem „*Punkte* T“ des Raumes R reden.

Den Transformationen T_1, T_2 und $T_1 T_2$ entsprechen zwei Punkte T_1, T_2 und deren „Product“ $T_1 T_2$. Der Transformation T^0 entspricht ein bestimmter Punkt, der „*Einheitspunkt*“, welcher bei allen Transformationen der achtgliedrigen Gruppe stehen bleibt. Ausser diesem Punkt bleibt in R nur noch eine einzige lineare Mannigfaltigkeit bei allen Transformationen der Gruppe stehen, ein Raum M von 7 Dimensionen, welcher die Bildpunkte derjenigen linearen Transformationen T trägt, deren lineare Invariante $(D\Delta)$ den Werth Null hat. Diesem Raume M gehört die Combination $(T_1 T_2)$ der Punkte T_1 und T_2 an; man kann den Punkt $(T_1 T_2)$ daher im Allgemeinen leicht dadurch construiren, dass man die Punkte $T_1 T_2$ und $T_2 T_1$ durch eine Gerade verbindet, und diese mit dem Raume M zum Durchschnitt bringt. Der Schnittpunkt hängt nicht von der Lage der Punkte T_1 und T_2, sondern nur von der Lage der Ebene ab, welche diese Punkte mit dem Einheitspunkte verbindet; er wird indessen für gewisse Lagen dieser Ebene unbestimmt.

Diejenigen Punkte des Raumes R, welche dem Einheitspunkte benachbart sind, entsprechen den Transformationen der Ebene, welche sich nur wenig von der identischen Transformation unterscheiden, oder, wie wir kurz sagen wollen, den unendlich kleinen oder „infinitesimalen“ linearen Transformationen der Ebene. Eine solche Transformation ist naturgemäss nicht völlig bestimmt, ordnet aber doch jedem Punkte der Ebene eine bestimmte Fortschreitungsrichtung zu. Im Raume R wird sie durch eine gerade Linie g gekennzeichnet, welche durch den Einheitspunkt geht: derjenige „Punkt“ dieser Geraden, welcher dem Einheitspunkt benachbart liegt, repräsentirt die infinitesimale Transformation.

Die Gerade g kann man sich durch irgend einen ihrer Punkte bestimmt denken; und es liegt nahe, denjenigen Punkt zu wählen, in welchem die Gerade von der invarianten Mannigfaltigkeit M getroffen wird. Man erkennt durch diese einfache Betrachtung, für welche die geometrische Redeweise selbstverständlich nicht wesentlich ist, den nicht unwichtigen Satz:

I. *Jeder infinitesimalen linearen Transformation, oder, wie wir kürzer sagen wollen, jeder infinitesimalen Collineation ist eine bestimmte endliche Collineation von verschwindender linearer Invariante eindeutig-umkehrbar zugeordnet.*

Sei $S = (DX)(U\varDelta)$ die bilineare Normalform, welche die endliche Collineation darstellt, so ist

$$(1) \qquad S^0 + \delta t S = (UX) + \delta t\,(DX)(U\varDelta)$$

die zugehörige infinitesimale Collineation.

Die Form S, welche durch die infinitesimale Transformation bis auf einen willkürlich bleibenden constanten Factor bestimmt ist, nennen wir das *„Symbol"* der infinitesimalen Transformation. Es ist klar, dass alle Sätze über infinitesimale Transformationen sich durch Rechnen mit diesen Symbolen müssen ausdrücken lassen, da beide einander gegenseitig bestimmen. So finden wir für die *entgegengesetzte* der infinitesimalen Transformation (1), welche zugleich die zu der Punkttransformation (1) gehörige Transformation der Linien ist, einen einfachen analytischen Ausdruck:

$$(2) \qquad S^0 - \delta t S = (UX) - \delta t . (DX)(U\varDelta);$$

in der That stellt das Product der Transformationen (1) und (2) bis auf Grössen zweiter Ordnung die identische Transformation dar.

Die Discriminante der infinitesimalen Transformation $S^0 + \delta t S$ *hat den numerischen Werth Eins, bis auf Grössen zweiter Ordnung;* und zwar ist dieser Umstand charakteristisch dafür, dass die infinitesimale Transformation in der Form $S^0 + \delta t S$ vorgelegt ist: hätten wir sie in der Form $T^0 + \delta t . T$ geschrieben, wobei T keine Normalform ($(D\varDelta) \neq 0$), so hätten wir als Werth der Discriminante $1 + \delta t . (D\varDelta)$ gefunden. Eine Invariante nimmt daher bei Ausführung der Transformation $T^0 + \delta t T$ einen Factor an, welcher noch Glieder erster Ordnung in δt enthält (vgl. Formel 8, § 14), während der entsprechende Ausdruck bei der Transformation $S^0 + \delta t S$ erst mit Gliedern zweiter Ordnung beginnt.

Die Formen (1) und (2) sind nicht Invarianten im Sinne der Definition auf S. 20; doch können wir ihnen sogleich invariante Form ertheilen, wenn wir uns S als lineare Covariante einer Form von nicht verschwindender linearer Invariante gegeben denken, und nun den Parameter t als Quotienten aus einer Zahl und dieser Invariante nehmen. Die Formen (1) und (2) werden dann rationale Covarianten vom Grade Null. Wir drücken diese Annahme indessen nicht in den Formeln aus; es mag hier, wie später, für uns genügen, dem Parameter t des Büschels $S^0 + tS$ den Grad -1 in Symbolen von S zuzuschreiben.

Mit Hilfe der Formel (2) berechnen wir leicht den *Zuwachs* oder das Increment [*Lie* S. 53] einer algebraischen Form $F = (BX)^m (UP)^n$

als Function der Veränderlichen X und U bei der infinitesimalen Transformation (1): Wir setzen in F einfach an Stelle von X den benachbarten Punkt $X + \delta t\,(DX)\,\varDelta$ und an Stelle der Linie U die ihr in der Transformation entsprechende benachbarte Linie $U - \delta t D.(U\varDelta)$, und nehmen den Coefficienten von δt; dann kommt $\delta F = \delta t . SF$, wobei

(3) $SF = (BX)^{m-1}(UP)^{n-1}.\{m(B\varDelta)(DX)(UP) - n(BX)(DP)(U\varDelta)\}$.

Wir haben hier die Veränderlichen X und U der infinitesimalen Transformation (1) unterworfen, die Form F aber festgehalten, d. h. ihre Coefficienten als Constante behandelt, und nun den Zuwachs bestimmt, welchen diese Form als Function der Veränderlichen erhält. Wir können aber auch die umgekehrte Frage stellen, nämlich die Form F selbst der linearen Transformation unterwerfen, und bei festgehaltenen Veränderlichen den Zuwachs aufsuchen, welchen die Form als Function ihrer Coefficienten erhält. Dies leistet die Formel (7), § 14; wir haben in ihr nur die Formen $T = (DX)(U\varDelta)$ und $\mathsf{T} = (UE)(HY)$ bezüglich mit $S^0 + \delta t . S$ und $S^0 - \delta t . S$ zu identificiren. Wir finden dann

$$\lim \frac{F' - F}{\delta t} = - SF,$$

also den *entgegengesetzten* Werth desjenigen, welchen wir bei dem ersteren Verfahren gefunden haben; ein Ergebniss, von dem man sich auch leicht begrifflich Rechenschaft ablegen kann.

Die infinitesimale Transformation $S^0 + \delta t S$ „erzeugt“ „durch unendlichmalige Wiederholung“ [*Lie* S. 55] eine *eingliedrige Gruppe* von linearen Transformationen, deren analytischen Ausdruck wir sofort hinschreiben können. Er lautet in symbolischer Form $e^{\varkappa t} . e^{St} = e^{\varkappa S^0 + St}$, oder einfacher

(4) $$e^{St} = S^0 + S^1 t + \frac{1}{1.2} S^2 t^2 + \cdots,$$

worin die Symbole S^0, S^1, S^2, ... die in den Formeln (11), (12), (13) § 14 festgesetzte Bedeutung haben, und $\varkappa$ eine reine (reelle oder complexe) Zahl bedeutet. Man übersieht sofort, dass die Reihe (4) überall convergirt — man hat nur in S an Stelle sämmtlicher Coefficienten den absoluten Betrag des numerisch grössten unter ihnen zu setzen; ferner, dass die Transformation e^{St} für unendlich kleines t in die gegebene infinitesimale Transformation $S^0 + S^1 \delta t$ übergeht; endlich, dass die Schaar der ∞^1 Transformationen e^{St} wirklich eine Gruppe vorstellt; letzteres, weil die Potenzen von S dem commutativen Gesetz gehorchen, und daher aus denselben Gründen wie in der Theorie der gewöhnlichen Exponentialfunction die Relation besteht

(5) $$e^{St_1} . e^{St_2} = e^{S(t_1 + t_2)}.$$

Dieser Formel entnimmt man auch, wie man zu einer gegebenen Transformation der Gruppe mit dem Parameter t die inverse finden kann: Man hat einfach t durch $-t$ zu ersetzen.

Die Transformationen, die man mit Hilfe der Formel (4) für endliche Werthe des Parameters t erhält, sind sämmtlich eigentliche, nicht ausgeartete Transformationen: *Die Discriminante der Form* e^{St} *ist von dem Parameter* t *unabhängig, und hat* (folglich) *den numerischen Werth Eins.*

Es folgt nämlich aus der Formel (5), in Verbindung mit dem auf S. 131 angeführten Satze, dass die Discriminante J_t der Transformation e^{St} der Functionalgleichung $J_{t_1} . J_{t_2} = J_{t_1+t_2}$ genügt. Sie hat also die Form $e^{\alpha t}$, wo α eine von t unabhängige Grösse ist. Rechnet man aber die Discriminante von $e^{S\delta t}$ wirklich aus, so erhält man eine Entwickelung, die mit Gliedern zweiter Ordnung in δt beginnt (vgl. oben S. 134); es ist also $\alpha = 0$.

Die Transformationen e^{St} führen einen beliebigen Punkt der Ebene in die Punkte einer im Allgemeinen transcendenten Curve über, einer „*Bahncurve*“ der Gruppe. Ebenso führt die Gruppe eine gerade Linie in eine Schaar von ∞^1 Linien über, deren Umhüllungsgebilde im Allgemeinen mit einer von Punkten erzeugten Bahncurve identisch ist. Für besondere Gruppen, wie z. B. für die Gruppe von Parallelverschiebungen längs einer festen Geraden werden indessen die von Punkten beschriebenen Bahncurven von den Umhüllungsgebilden der durch die Gruppe transformirten geraden Linien verschieden, und man hat daher zwei verschiedene Arten von „Bahncurven“ zu unterscheiden, welche einander dualistisch gegenüberstehen, und von welchen die zweite Art nur im uneigentlichen Sinne des Wortes als „Curve“ bezeichnet werden kann.

Die Bilder aller Transformationen e^{St} im Raume R erfüllen ebenfalls die Punkte einer Curve, der „*Bildcurve*“ der eingliedrigen Gruppe. Dieselbe berührt im Einheitspunkt S^0 die Gerade $S^0 + \lambda S$, und verhält sich in diesem Punkte regulär. Man übersieht unschwer, dass diese Bildcurve zu den Bahncurven der eingliedrigen Gruppe projectiv sein muss, und daher eine *ebene Curve* ist.

Die bilinearen Formen T und S stehen in einer sehr einfachen Beziehung zu gewissen Symbolen Xf infinitesimaler linearer Transformationen, welche in der *Theorie der Transformationsgruppen* eine Rolle spielen. Wir wollen nun diesen Zusammenhang darlegen, und müssen daher hier, wie auch noch in den nächsten Paragraphen bei dem Leser einige Bekanntschaft mit dieser Disciplin voraussetzen, wie sie durch das Studium des im Vorworte genannten Werkes erworben werden kann.

Der erwähnte Zusammenhang findet seinen Ausdruck in dem nachstehenden Theorem, das sich unmittelbar aus dem Anblick der daselbst auf Seite 557 aufgestellten Formeln ergibt.

II. *Ersetzt man in irgend einer ternären bilinearen Form* $T=(DX)(U\varDelta)$ *die Liniencoordinaten* U_1, U_2, U_3 *bezüglich durch* $p_1=\frac{\partial f}{\partial X_1}$, $p_2=\frac{\partial f}{\partial X_2}$, $p_3=\frac{\partial f}{\partial X_3}$, *und deutet alsdann* X_1, X_2, X_3 *als Cartesische Coordinaten in einem Raume von drei Dimensionen, so verwandelt sich* T *in das Symbol* Tf *der allgemeinen infinitesimalen Transformation einer Gruppe* G_9 *von* ∞^9 *projectiven Transformationen, der von Herrn Lie so genannten allgemeinen linearen homogenen Gruppe, gebildet von allen linearen Transformationen des Raumes, welche den Anfangspunkt der Coordinaten und die unendlich ferne Ebene in sich selbst überführen.*

Was die Theorie dieser besonderen Gruppe G_9 anlangt, wollen wir uns nun im Folgenden *nicht* auf die Entwickelungen des genannten Werkes stützen, sondern die betreffenden Sätze, soweit wir sie brauchen, unter Zugrundelegung einer etwas abweichenden analytischen Darstellung aus den allgemeinen Principien der Theorie der Transformationsgruppen auf's Neue herleiten, um dadurch gewisse spätere Darlegungen vorzubereiten, in welchen von ähnlichen Darstellungsformen Gebrauch gemacht werden soll.

Wir beginnen damit, die allgemeine endliche Transformation der Gruppe G_9 hinzuschreiben. Fügen wir, um im quaternären Gebiete die Homogeneïtät wieder herzustellen, den Coordinaten X_1, X_2, X_3 noch eine vierte Coordinate $X_0=1$ hinzu, so wird die allgemeinste lineare Transformation, welche den Anfangspunkt und die unendlich ferne Ebene stehen lässt, dargestellt durch die quaternäre bilineare Form

$$U_0X_0+\overline{T}, \tag{6}$$

worin $\overline{T}=(\overline{D}X)(U\overline{\varDelta})$ irgend eine bilineare Form in den Veränderlichen X_1, X_2, X_3, U_1, U_2, U_3 bedeutet. Man ersieht sogleich aus der Formel (6), dass diese Gruppe *meroëdrisch isomorph* ist zu der Gruppe aller linearen Transformationen der (unendlich fernen) Ebene; es wird nämlich offenbar der Gesammtheit der Transformationen $T'=U_0X_0+\lambda\overline{T}=0$ des Raumes die Transformation $\overline{T}=0$ der Ebene so zugeordnet, dass auch der zusammengesetzten Transformation $T_1'T_2'=0$ des Raumes die zusammengesetzte Transformation $T_1T_2=0$ der Ebene entspricht; oder, mit anderen Worten, es gibt in der Gruppe G_9 noch ∞^1 Transformationen, welche die unendlich ferne Ebene in vorgeschriebener Weise transformiren.

Die infinitesimalen Transformationen dieser Gruppe G_9 erhält man, wenn man in der Formel (6) $\overline{T} = T^0 + \delta t . T$ setzt; es wird also

$$(7) \qquad U_0 X_0 + (UX) + \delta t . T = \sum_0^3 U_i X_i + \delta t T$$

die allgemeine infinitesimale Transformation der Gruppe G_9. Dieselbe ordnet jedem Punkte einen benachbarten zu, und zwar ist der Zuwachs von X_i gegeben durch $\delta t (DX) \varDelta_i$. Dies ist das Theorem II.

Es stimmt also die Form T bis auf die Bezeichnung der Veränderlichen überein mit dem Lie'schen Symbol Tf einer infinitesimalen Transformation der Gruppe G_9.[30])

Aus dem Vorstehenden ergibt sich ferner:

Führt man die infinitesimalen Transformationen der Gruppe G_9 als Raumelement ein, so wird die Gruppe, durch welche sie vermöge der Transformationen der Gruppe G_9 unter einander vertauscht werden [*Lie* S. 287], *identisch mit der von uns bereits betrachteten achtgliedrigen Gruppe des Raumes R, dessen Punkte den Collineationen der Ebene eindeutig-umkehrbar zugeordnet sind.*

Diese Sätze erfahren eine wesentliche Ergänzung durch die Bemerkung, dass die in der Theorie der Transformationsgruppen als „Combination" bezeichnete Operation [*Lie* S. 94] zweier infinitesimaler Transformationen Tf in die Sprache der Invariantentheorie übersetzt, sich als ein invarianter Process erweist: Die Combination zweier Transformationen $T_1 f$ und $T_2 f$ ist im Grunde identisch mit der von uns ebenfalls als „Combination" bezeichneten Combinante zweier bilinearer Formen T_1 und T_2. Es gilt nämlich das sofort zu verificirende Theorem:

III. *Die Combination $T_1(T_2 f) - T_2(T_1 f)$ der infinitesimalen Transformationen $T_1 f$ und $T_2 f$, welche den Formen T_1 und T_2 nach Satz II zugeordnet sind, ist identisch mit derjenigen infinitesimalen Transformation $(T_1 T_2) f$, welche der Combination $(T_1 T_2)$ der bilinearen Formen T_1 und T_2 entspricht.*

Es ist mithin einerlei, ob man erst die Combination der Formen T_1 und T_2 in dem S. 132 definirten Sinne vornimmt, und dann die zugehörige infinitesimale Transformation sucht, oder ob man erst von T_1 und T_2 zu den entsprechenden infinitesimalen Transformationen übergeht, und dann deren „Combination" im Sinne der Theorie der Transformationsgruppen bildet.

Es wird also an Stelle einer jeden Formel, in welcher die Combination zweier infinitesimaler Transformationen der Gruppe G_9 auftritt, eine im Grunde von ihr nicht verschiedene Formel gesetzt werden können, in welcher die Combination zweier ternärer bilinearer

Formen T_1 und T_2 vorkommt. Bildet man z. B. die sogenannte *Jacobische Identität* [*Lie* S. 94] für infinitesimale Transformationen der Gruppe G_9, und sucht die entsprechende Formel aus der Theorie der ternären bilinearen Formen auf, so erhält man die Identität (17), § 14; diese letztere erweist sich mithin als ein besonderer Fall der Jacobi'schen Identität.

Die invarianten Untergruppen der Gruppe G_9 werden in dem Raume R der infinitesimalen Transformationen Tf oder T durch invariante lineare Mannigfaltigkeiten dargestellt. [*Lie* S. 280.] Solcher gibt es aber, wie bereits bemerkt, nur zwei: den Einheitspunkt, welcher die mit allen anderen Transformationen vertauschbare identische Transformation der Ebene vertritt, und die siebenfach ausgedehnte lineare Mannigfaltigkeit M der Normalformen $(DX)(U\varDelta)$. Wenden wir nun zunächst auf die Form $T^0 = (UX)$ die Sätze II und III an, so ergibt sich:

IV. *Die Gruppe G_9 enthält eine einzige ausgezeichnete Untergruppe, die eingliedrige Gruppe G_1, deren infinitesimale Transformation das Symbol*

$$T^0 f = \left(\frac{\partial f}{\partial X} X\right) = X_1 \frac{\partial f}{\partial X_1} + X_2 \frac{\partial f}{\partial X_2} + X_3 \frac{\partial f}{\partial X_3} \tag{8}$$

hat.

Die endlichen Transformationen dieser Gruppe G_1 werden gebildet von allen den Transformationen der Gruppe G_9, welche *sämmtliche* Punkte der unendlich fernen Ebene stehen lassen; sie sind dargestellt durch die bilineare Form

$$U_0 X_0 + r(UX) = U_0 X_0 + r(U_1 X_1 + U_2 X_2 + U_3 X_3), \tag{9}$$

in welcher r einen willkürlichen Parameter bedeutet.

Weiterhin ergibt sich [vgl. *Lie* S. 561, Theorem 98; S. 558, Theorem 96]:

V. *Ausser der Gruppe G_1 enthält G_9 noch eine einzige continuirliche invariante Untergruppe, eine mit der allgemeinen projectiven Gruppe der Ebene gleichzusammengesetzte Gruppe G_8 (die sogenannte specielle lineare homogene Gruppe). Ihre allgemeine infinitesimale Transformation hat das Symbol Sf, sofern $S = (DX)(U\varDelta)$ eine bilineare Normalform bedeutet.* [Vgl. *Lie* S. 557.]

In der That, sei T irgend eine ternäre bilineare Form, so ist die Combination (ST) immer eine Normalform, also wieder eine Form der linearen Schaar S. Dies ist aber nach Satz III und [*Lie* Theorem 47, S. 261.] gerade das Kennzeichen dafür, dass die infinitesimalen Transformationen Sf eine Untergruppe der Gruppe G_9 erzeugen. Dass die Untergruppe G_8 mit der allgemeinen projectiven Gruppe der Ebene gleichzusammengesetzt ist, ergibt sich daraus, dass vermöge der Transformationen von G_8, oder, was dasselbe ist, vermöge derjenigen von G_9 die infinitesimalen Transformationen Sf von G_8 durch die achtgliedrige Gruppe des Raumes M transformirt werden. Man hat also in der Gruppe dieses Raumes eine Gruppe, die einerseits mit der Gruppe der Ebene (§ 11), andrerseits mit der Gruppe G_8 gleichzusammengesetzt ist.

Man kann die invariante Untergruppe G_8 auch leicht geometrisch definiren, sowie ihre allgemeine endliche Transformation hinschreiben; womit wir sie dann von Neuem als gleichzusammengesetzt mit der Gruppe der Ebene erkennen.

Die Gruppe G_8 *wird gebildet von allen denjenigen Transformationen der Gruppe* G_9, *welche irgend ein Raumstück in ein Raumstück von gleichem Inhalt überführen.* [Vgl. *Lie* S. 562 oben.]

Berechnet man nämlich den Zuwachs des durch drei beliebige Punkte $X\ Y\ Z$ (X_i, Y_i, Z_i, $i = 1, 2, 3$) und den Coordinatenanfangspunkt bestimmten sechsfachen Tetraederinhaltes (XYZ) bei der infinitesimalen Transformation Tf [*Lie* S. 53], so findet man, wenn $T = (DX)(U\varDelta)$:

$$\delta(XYZ) = \delta t \,.\, \{(DX)(\varDelta YZ) + (DY)(X\varDelta Z) + (DZ)(XY\varDelta)\},$$

oder, mit Zuhilfenahme der symbolischen Identität $A = 0$ (§ 6; vgl. auch S. 134)

$$\delta(XYZ) = \delta t \,.\, (D\varDelta) \,.\, (XYZ). \tag{10}$$

Ist also $(D\varDelta) = 0$, d. h. ist T eine Normalform S und $Tf = Sf$ eine infinitesimale Transformation der Gruppe G_8, so führt Tf jeden Raumtheil (XYZ) und damit auch jeden anderen Raumtheil in einen Raumtheil von gleichem Inhalt über; dann aber kommt die gleiche Eigenschaft auch allen endlichen Transformationen der von den Transformationen Sf erzeugten Gruppe zu. [*Lie* S. 97.]

Die endlichen Transformationen der Gruppe G_8 erhalten wir mithin, wenn wir den endlichen Transformationen der Gruppe G_9 die Beschränkung auferlegen, dass sie alle Raumtheile in Raumtheile von gleichem Inhalt überführen sollen. Als Bedingung hierfür ergibt sich sogleich, dass die Discriminante der in der Formel (6) auftretenden ternären Form $(\bar{D}X)(\bar{U}\varDelta)$ den Werth Eins haben muss. Es liegt auf der Hand, dass alle diese Transformationen eine achtgliedrige, invariante, von infinitesimalen Transformationen erzeugte Untergruppe von G_9 bilden. Die infinitesimalen Transformationen dieser Untergruppe erhalten wir aus denen von G_9, wenn wir verlangen, dass die Discriminante der Form $(UX) + \delta t \,.\, T$ (Formel (7)) bis auf Grössen zweiter Ordnung den Werth Eins haben soll. Dann aber folgt, dass die lineare Invariante der Form T den Werth Null haben muss, in Uebereinstimmung mit unserem eben abgeleiteten Resultat.

Wie wir oben aus der Formel (6) ablesen konnten, dass die Gruppe G_9 mit der achtgliedrigen projectiven Gruppe der Ebene meroëdrisch isomorph ist, so ersehen wir jetzt aus derselben Formel den holoëdrischen Isomorphismus der Gruppe G_8 mit jener Gruppe. Jeder Transformation von G_8 entspricht eine bestimmte lineare Transformation der Ebene; umgekehrt entsprechen jeder collinearen Transformation der Ebene drei Transformationen von G_8, so zwar, dass die Bedingung des Isomorphismus erfüllt ist.

Die bilinearen Normalformen S sind uns jetzt in *doppeltem* Sinne Symbole infinitesimaler Transformationen: Einmal vertritt nach der S. 134 gegebenen Definition eine solche Form die allgemeine infinitesimale Collineation der *Ebene*, das andere Mal (in der Form Sf), nach Satz V, die allgemeine infinitesimale Transformation einer gleichfalls projectiven Gruppe G_8 des *Raumes* von drei Dimensionen. Die allgemeine endliche Transformation der von der infinitesimalen Transformation S erzeugten eingliedrigen Gruppe wird das eine Mal dargestellt durch den Ausdruck e^{St} (Formel (4)), das andere Mal, wie man ebenfalls sogleich sieht, durch $U_0 X_0 + e^{St}$. Die Theorien beider Gruppen, der allgemeinen projectiven Gruppe der Ebene und der Gruppe G_8 des Raumes sind nun offenbar in gewisser Hinsicht nicht verschieden, sofern man nämlich auch im dreifach ausgedehnten Raume nur homogene Functionen der Veränderlichen X_1, X_2, X_3 und U_1, U_2, U_3 betrachten will. Was aber die Theorie der Zusammensetzung anlangt, so stimmen beide Gruppen völlig überein — die infinitesimalen Transformationen Xf der Gruppe der Ebene und die infinitesimalen Transformationen S oder Sf der Gruppe des Raumes sind durch dieselben Relationen verknüpft [*Lie* S. 558 Theorem 96]. Wir können also aus den Sätzen II, III, V den Schluss ziehen:

VI. *Das von uns* (S. 134) *eingeführte Symbol S einer infinitesimalen linearen Transformation der Ebene kann das in der Theorie der Transformationsgruppen gebrauchte Symbol Xf derselben Transformation vollständig vertreten; und zwar ist der Zusammenhang zwischen beiden ein derartiger, dass einer linearen Identität zwischen Symbolen Xf dieselbe Identität zwischen den Symbolen S der nämlichen Transformationen entspricht, und ferner der Combination $(X_1 X_2) f$ zweier Symbole $X_1 f$ und $X_2 f$ die Combination $(S_1 S_2)$ der entsprechenden Symbole S_1 und S_2.*

Beide Symbole unterscheiden sich dadurch, dass das Lie'sche Symbol Xf einer infinitesimalen Collineation der Ebene die Transformation in nicht homogenen Coordinaten darstellt [*Lie* Formel (2) S. 555], während das Symbol S oder das gleichwerthige Lie'sche Symbol Sf einer infinitesimalen Transformation der Gruppe G_8 homogen geschrieben ist. Man wird daher vom Gebrauche des Symboles S oder Sf gegenüber dem des Symboles Xf alle diejenigen Vortheile erwarten dürfen, welche bei projectiv-geometrischen Untersuchungen überhaupt der Gebrauch homogener Coordinaten gegenüber dem der Cartesischen Coordinaten darbietet.

Wäre es uns nur darauf angekommen, den im letzten Satze (V) angegebenen Zusammenhang einzusehen, so hätten wir natürlich nicht den Umweg über die achtgliedrige Gruppe des Raumes zu nehmen brauchen — es genügte, denselben durch einfache Ausrechnung unmittelbar nachzuweisen. Allein dann hätten wir eben die Einsicht, die wir mit wenig Rechnung und in der Hauptsache durch begriffliche Ueberlegungen erlangten, auf eine mehr mechanische Weise gewonnen.

Die aufgestellten Sätze lehren, wie man alle die allgemeinen Theoreme, welche in der Theorie der Transformationsgruppen über das Rechnen mit Symbolen Xf und über deren Bedeutung für die zugehörigen Gruppen aufgestellt werden, ohne Weiteres auf das Rechnen mit den Symbolen S anwenden kann — wir brauchen dies wohl nicht mit Beispielen zu belegen. Wir wollen uns begnügen, einen Satz zu formuliren, der im nächsten Paragraphen benutzt werden soll:

VII. *Eine lineare Mannigfaltigkeit von r unabhängigen infinitesimalen Transformationen S (d. h. eine lineare Schaar von ∞^{r-1} bilinearen Normalformen) erzeugt dann eine r-gliedrige Gruppe von linearen Transformationen, wenn die Combination von je zwei Transformationen der Schaar wieder eine Transformation der Schaar vorstellt. Die erhaltene Gruppe ist dann mit einer vorgelegten, von infinitesimalen Transformationen erzeugten Gruppe gleichzusammengesetzt, wenn beide Mannigfaltigkeiten von infinitesimalen Transformationen derart projectiv auf einander bezogen werden können, dass der Combination zweier Transformationen der einen Schaar auch die Combination der entsprechenden Transformationen der anderen Schaar zugeordnet ist.* [*Lie* Seite 158 Theorem 24; S. 291. S. 414 Theorem 74.]

Von der hier gewonnenen Einsicht können wir sogleich eine bemerkenswerthe Anwendung machen. Wir haben auf S. 109 behauptet, dass die Parameterzahl σ der Gruppe von linearen Transformationen, welche ein vorgelegtes Gleichungssystem $F_i = 0$ in sich selbst überführen, bereits durch Betrachtung eines Systems von *linearen* Gleichungen bestimmt werden kann. Dies ergibt sich jetzt unmittelbar.

Denn die Zahl σ ist die Zahl der linear unabhängigen infinitesimalen Transformationen, welche das gegebene Gleichungssystem in sich selbst überführen; wir haben also nur eine Normalform $S = (DX)(U\varDelta)$ in allgemeinster Weise so zu bestimmen, dass Gleichungen von der Form

$$SF_i = \lambda_i F_i$$

bestehen, wobei $SF\delta t$ den Zuwachs einer Form F bei der infinitesimalen Transformation $S^0 + S\delta t$ bedeutet (S. 135). Die allgemeine Lösung $(DX)(U\varDelta)$ dieses Gleichungssystems (sofern überhaupt eine Lösung vorhanden ist) wird noch von gewissen Parametern in linearer und homogener Weise abhängen; und die Zahl dieser Parameter ist die Zahl σ. —

Setzt man die infinitesimale Transformation Sf oder Tf gleich Null, so erhält man eine (sehr specielle) homogene lineare partielle Differentialgleichung I. O., welche mithin ebenfalls durch das Symbol S, bezüglich T bestimmt ist. Wir werden daher der Kürze halber auch von der „*partiellen Differentialgleichung* $Tf = 0$“ reden, und meinen damit diejenige Differentialgleichung, die man erhält, wenn man in der Gleichung $T = 0$ U_1, U_2 und U_3 bezüglich durch $\frac{\partial f}{\partial X_1}, \frac{\partial f}{\partial X_2}, \frac{\partial f}{\partial X_3}$ ersetzt. Ist z. B. $T = T^0 = (UX)$, so lautet diese Differentialgleichung

$$(UX)f = (\tfrac{\partial f}{\partial X} X) = X_1 \frac{\partial f}{\partial X_1} + X_2 \frac{\partial f}{\partial X_2} + X_3 \frac{\partial f}{\partial X_3} = 0;$$

ihr Bestehen für eine Function $f(X_1, X_2, X_3)$ sagt nach dem Euler-schen Theorem aus, dass f homogen vom Grade Null ist in $X_1 X_2 X_3$.

Da Tf der Zuwachs der Function f bei der infinitesimalen Transformation T ist, so *ist es einerlei, ob wir sagen, die Function F gestattet die infinitesimale Transformation T, oder sie genügt der partiellen Differentialgleichung* $Tf = 0$; das Eine zieht das Andere nach sich. [*Lie* S. 96 ff.]

Man kann den angegebenen Zusammenhang auch in der umgekehrten Richtung, nämlich für die Theorie der Gruppe G_9 verwerthen.

So ergibt sich z. B., dass das Problem: „Alle Typen von eingliedrigen Gruppen der Gruppe G_9 zu finden“ sich auf das andere zurückführen lässt: „Alle Typen von endlichen linearen Transformationen der Ebene zu finden“; und eine ähnliche, wenn auch nicht ganz so grosse Erleichterung findet bei der Aufgabe „Alle Typen von r-gliedrigen Untergruppen der Gruppe G_9 zu finden“, auch dann noch statt, wenn $r > 1$. Diese Betrachtungen führen uns indessen zu weit von unserem eigentlichen Thema ab, und mögen daher bei Seite gelassen werden.

Noch mag hier eine Bemerkung ihre Stelle finden, welche sich auf das Verhältniss der mehrfach betrachteten achtgliedrigen Gruppe des

Raumes R zu der sogenannten *adjungirten Gruppe* [*Lie* Kap. 16] der Gruppe aller linearen Transformationen der Ebene bezieht.

Jede nicht ausgeartete Transformation T der Ebene kann unter der Form e^{St} (Formel 4), oder, was auf dasselbe hinausläuft, unter der Form e^S dargestellt werden.

Wir können daher die linearen Transformationen der Ebene noch auf eine zweite Art auf die Punkte eines achtfach ausgedehnten Raumes R' abbilden, indem wir nämlich jetzt als Repräsentanten der Transformation $T = e^S$ nicht den Punkt T, sondern den Punkt $S^0 + S$ des Raumes R wählen.

Bei beiden Abbildungen (R) und (R') entspricht der identischen Transformation der Einheitspunkt, und dieselben stimmen überhaupt in der Nähe dieses Punktes überein. Bei der zweiten aber werden die Transformationen der eingliedrigen Gruppen nicht mehr durch die Punkte transcendenter Curven, sondern durch gerade Linien repräsentirt, welche im Einheitspunkte zusammentreffen. Den ausgearteten Transformationen entsprechen im Raume (R') die Punkte der bereits mehrfach betrachteten linearen siebenfach ausgedehnten Mannigfaltigkeit M. Nimmt man diese als unendlich fern an, so erkennt man ohne Schwierigkeit, dass die Abbildung dieselbe ist, welche zu der Bildung der adjungirten Gruppe führt; und zwar erweist sich diese Gruppe als identisch mit der von uns betrachteten projectiven Gruppe des Raumes R. Nehmen wir die beiden Räume R und R' nicht, wie bisher, als einander deckend, sondern als verschieden an, so können wir dieses Resultat so aussprechen:

Die von uns betrachtete achtgliedrige Gruppe des Raumes R, dessen Punkte den linearen Transformationen der Ebene eindeutig-umkehrbar zugeordnet sind, ist zu ihrer adjungirten Gruppe ähnlich, und kann in dieselbe durch eine projective Transformation übergeführt werden. —

Beide Gruppen werden ausserdem noch durch eine transcendente Transformation in einander übergeführt (als deren analytischer Ausdruck die Formel $T = e^S$ angesehen werden kann), von der Eigenschaft, dass jedem Punkte des Raumes R diejenigen Punkte von R' zugeordnet werden, welche dieselbe Transformation darstellen.

Diese letztere Transformation ist in der einen Richtung (vom Punkte $S^0 + S$ zum Punkte T) eindeutig, und kann in dieser ohne Weiteres ausgeführt werden. Um auch die entgegengesetzte Transformation zu kennen, müssen wir die Aufgabe lösen, „eine vorgelegte endliche Transformation T in der allgemeinsten Weise unter der Form e^S darzustellen“, oder geometrisch ausgedrückt „*Alle eingliedrigen Gruppen von linearen Transformationen zu finden, welche eine gegebene endliche Transformation enthalten*“. Die Behandlung dieses Problems würde indessen wiederum zu weit aus dem Rahmen dieser Arbeit heraustreten.[31])

Aus dem Gesagten geht hervor, dass es bei projectiv-geometrischen und insbesondere bei algebraischen Untersuchungen vortheilhafter ist, statt der adjungirten Gruppe und der zugehörigen Abbildung der linearen Transformationen auf die Punkte des Raumes R' die ihr ähnliche Gruppe des Raumes R und die zugehörige Abbildung zu betrachten. Beide geben von der Vertheilung der Untergruppen der allgemeinen projectiven Gruppe der

Ebene ein gleich einfaches Bild; die letztere Abbildung der linearen Transformationen aber hat den Vorzug, *eindeutig* umkehrbar zu sein, und zu ihrer Auffindung keine transcendenten Operationen zu erfordern.

Die in diesem Paragraphen aus Rücksicht auf die Darstellung für ternäre Formen ausgesprochenen Sätze gelten ganz ebenso für Gebiete von höherer als dritter Stufe: Zur allgemeinen projectiven Gruppe eines Gebietes N^{ter} Stufe stehen ja zwei Gruppen $\mathfrak{G}_{N^2}$ und $\mathfrak{G}_{N^2-1}$ eines Gebietes $N+1^{\text{ter}}$ Stufe in genau derselben Beziehung, wie die von uns betrachteten Gruppen G_{3^2} und G_{3^2-1} zu der Gruppe des Gebietes dritter Stufe. Wir werden im nächsten Paragraphen voraussetzen, dass der Leser die ganz einfache Verallgemeinerung der betreffenden Formeln selbst vollzogen hat. Die angestellten Betrachtungen werden uns dann ausserdem insofern zu Statten kommen, als wir bei einer Verallgemeinerung der Theorie der Gruppen G_9 und G_8 in anderer Richtung uns nunmehr viel kürzer werden fassen können, als es ohne eine solche Bezugnahme auf einen bekannten einfachen Fall angemessen erscheinen würde.

§ 16.

Die Invarianten algebraischer Formen als Invarianten gewisser Transformationsgruppen.

Wir knüpfen hier an die Entwickelungen des § 11 an, und wollen zunächst die allgemeine Transformation der dort besprochenen Gruppe $\mathfrak{g}_8$ wirklich hinschreiben. Sie wird nach Formel (7), § 14 dargestellt durch die bilineare Form

$$\mathfrak{T} = \{\mathfrak{R}\mathfrak{X}\}[(D\Pi)(B\Delta)]^m [(\mathsf{B}E)(HP)]^n \{\mathfrak{U}\mathfrak{M}\}. \tag{1}$$

Dass diese „Transformationen $\mathfrak{T}$“ (vgl. S. 127) nun wirklich eine Gruppe bilden, findet seinen analytischen Ausdruck in dem Satze:

I. *Seien* $T_1 = (D_1X)(U\Delta_1)$, $T_2 = (D_2X)(U\Delta_2)$ *irgend zwei lineare Transformationen der Ebene,*

$$T_{12} = T_1 . T_2 = (D_1X)(D_2\Delta_1)(U\Delta_2) = (D_{12}X)(U\Delta_{12})$$

deren Product, seien ferner $\mathfrak{T}_1$, $\mathfrak{T}_2$ *und* $\mathfrak{T}_{12}$ *die den Transformationen* T_1, T_2 *und* T_{12} *vermöge der Formel* (1) *zugeordneten linearen Transformationen des Raumes* $\mathfrak{R}$, *endlich* $\mathfrak{T}_1 . \mathfrak{T}_2$ *das Product der Transformationen* $\mathfrak{T}_1$ *und* $\mathfrak{T}_2$ *so besteht die Identität*

$$\mathfrak{T}_1 . \mathfrak{T}_2 = \mathfrak{T}_{12}, \tag{2}$$

sofern der in § 11 *mit* $\mathfrak{J}$ *bezeichneten Invariante der numerische Werth Eins beigelegt wird.*

Er wird nämlich nach Formel (1):

$$\mathfrak{T}_1 . \mathfrak{T}_2 = \{\mathfrak{R}_1 \mathfrak{X}\} [(D_1 \Pi_1)(B_1 \Delta_1)]^m [(\mathsf{B}_1 E_1)(H_1 P_1)]^n .$$
$$\cdot \{\mathfrak{R}_2 \mathfrak{M}_1\} [(D_2 \Pi_2)(B_2 \Delta_2)]^m [(\mathsf{B}_2 E_2)(H_2 P_2)]^n \{\mathfrak{U} \mathfrak{M}_2\}.$$

Da aber die Formen

$$\{\mathfrak{R}\mathfrak{X}\}[(D\Pi)(U\Delta)]^m [(\mathsf{B}E)(HX)]^n, \ \{\mathfrak{U}\mathfrak{M}\}[(B\Delta)(DX)]^m [(HP)(UE)]^n$$

zugleich mit den Formen $\mathfrak{R}$ und $\mathfrak{M}$ Normalformen sind, so können wir für den obigen Ausdruck nach Formel (4a), § 11 auch schreiben:

$$\mathfrak{J} . \{\mathfrak{R}_1 \mathfrak{X}\} [(D_1 \Pi_1)(D_2 \Delta_1)(B_2 \Delta_2)]^m [(\mathsf{B}_1 E_1)(H_1 E_2)(H_2 P_2)]^n \{\mathfrak{U} \mathfrak{M}_2\}.$$

Hier können wir Symbole der Form T_{12} einführen, da

$$\begin{aligned} \mathsf{T}_{12} &= (UE_{12})(H_{12}X) - \tfrac{1}{2}(D_{12}D'_{12}U)(\Delta_{12}\Delta'_{12}X) \\ &= (UE_1)(H_1E_2)(H_2X) = \mathsf{T}_2\mathsf{T}_1, \end{aligned}$$

und erhalten nun wirklich

$$\mathfrak{T}_1 . \mathfrak{T}_2 = \mathfrak{J} . \{\mathfrak{R}\mathfrak{X}\} [(D_{12}\Pi)(B\Delta_{12})]^m [(\mathsf{B}E_{12})(H_{12}P)]^n \{\mathfrak{U}\mathfrak{M}\} = \mathfrak{J} . \mathfrak{T}_{12},$$

eine Formel, die den Isomorphismus der von den Transformationen T und $\mathfrak{T}$ gebildeten Gruppen in der denkbar einfachsten Weise zur Anschauung bringt. —

Die Formel (2) zeigt uns auch, wie wir die mit der Punkttransformation $\mathfrak{T}$ verknüpfte Transformation der Räume $\mathfrak{U}$ herstellen können, ohne auf die allgemeine Theorie der bilinearen Formen des Raumes $\mathfrak{R}$ zurückgreifen zu müssen. Während im Allgemeinen die Entgegengesetzte einer Punkttransformation $\mathfrak{T}$ des Raumes $\mathfrak{R}$ nur durch eine ganze Covariante $N-1^{\text{ten}}$ Grades von $\mathfrak{T}$ dargestellt werden kann, gelingt es für unsere besonderen Transformationen $\mathfrak{T}$ einen viel einfacheren Ausdruck anzugeben, welcher das Nämliche leistet: Man hat nach Formel (2) dieses Paragraphen und Formel (14), § 14 nur in der Formel (1) die Symbole von T mit Symbolen von T^{-1} zu vertauschen, um aus den Transformation $\mathfrak{T}$ die Transformation $\mathfrak{T}^{-1}$ zu erhalten. Es ergibt sich also, mit Zuziehung von Formel (6), § 14:

$$(3) \quad \Theta = J^{m+n}\, \mathfrak{T}^{-1} = \{\mathfrak{R}\mathfrak{X}\}[(H\Pi)(BE)]^m [(\mathsf{B}\Delta)(DP)]^n \{\mathfrak{U}\mathfrak{M}\}$$

Nehmen wir an, es sei J gleich Eins, so werden mithin $\mathfrak{T}$ und Θ entgegengesetzte Transformationen, es wird $\mathfrak{T} . \Theta = \{\mathfrak{U}\mathfrak{X}\}$.

Gewissermassen ein Corollar des Theorems I bildet der folgende Satz:

II. *Es sei* $T = (DX)(U\Delta)$ *eine bilineare Form von der Discriminante Eins,* $\mathfrak{T}$ *die vermöge der Formel* (1) *ihr zugeordnete Form des Gebietes* $\mathfrak{R}$. *Dann ist es für das Resultat gleichgiltig, ob man auf die Formen* $\mathfrak{M}$, $\mathfrak{R}$ *als Formen des Gebietes* N^{ter} *Stufe* $\mathfrak{R}$ *die Transformation* $\mathfrak{T}$ *ausführt, oder ob man dieselben Formen als ternäre Formen auffasst, und der Transformation* $\mathsf{T} = T^{-1}$ *unterwirft.*

In der That, führen wir für $\mathfrak{T}$ und $\mathfrak{T}^{-1} = \Theta$ die neuen symbolischen Bezeichnungen $\{\mathfrak{B}\mathfrak{X}\}\{\mathfrak{U}\mathfrak{P}\}$ und $\{\mathfrak{U}\mathfrak{P}'\}\{\mathfrak{B}'\mathfrak{X}\}$ ein, so finden wir sogleich für die vermöge der Punkttransformation $\mathfrak{T}$ transformirten Formen $\mathfrak{M}$ und $\mathfrak{N}$ die Ausdrücke

$$\{\mathfrak{B}\mathfrak{M}\}\{\mathfrak{U}\mathfrak{P}\}(BX)^m(UP)^n = \{\mathfrak{U}\mathfrak{M}\}[(B\Delta)(DX)]^m[(HP)(UE)]^n,$$
$$\{\mathfrak{N}\mathfrak{P}'\}\{\mathfrak{B}'\mathfrak{X}\}(U\Pi)^m(\mathrm{B}X)^n = \{\mathfrak{N}\mathfrak{X}\}[(H\Pi)(UE)]^m[(\mathrm{B}\Delta)(DX)]^n,$$

Formeln, die gerade die Behauptung ausdrücken.

Haben wir einmal, sei es begrifflich, sei es durch die oben mitgetheilte Rechnung erkannt, dass die Transformationen $\mathfrak{T}$ eine Gruppe, und zwar eine mit der Gruppe G_8 gleichzusammengesetzte Gruppe bilden, so wissen wir auch, dass die infinitesimalen Transformationen unter ihnen zu einander und zu den infinitesimalen Transformationen der Gruppe G_8 in der Beziehung stehen, welche durch das Theorem VII § 15 angegeben wird. Wir wollen auch das verificiren, indem wir die infinitesimale Transformation $\mathfrak{S}^0 + \delta t\mathfrak{S}$ der Gruppe $\mathfrak{g}_8$ aufstellen, welche der Transformation $S^0 + \delta t S$ zugeordnet ist.

Ersetzen wir in der Formel (1) die Symbole von $(DX)(U\Delta)$ durch Symbole von $S^0 + \delta t S$, und die Symbole von $(UE)(HX)$ durch Symbole von $S^0 - \delta t S$ (vgl. Formel (2), § 15), und schreiben dann für S wieder symbolisch $(DX)(U\Delta)$, so erhalten wir diejenige infinitesimale Transformation der Gruppe $\mathfrak{g}_8$, welche der infinitesimalen Transformation $S^0 + \delta t S$ der Ebene zugeordnet ist. Der Coefficient von δt in dem so entstehenden Ausdruck ist eine Normalform, weil $(D\Delta)$ den Werth Null hat; er ist daher unmittelbar das *Symbol* der infinitesimalen Transformation der Gruppe $\mathfrak{g}_8$:

$$(4) \quad \begin{aligned} \mathfrak{S} = \{\mathfrak{N}\mathfrak{X}\}\{\mathfrak{U}\mathfrak{M}\}(B\Pi)^{m-1}(\mathrm{B}P)^{n-1} \\ \cdot[m(\mathrm{B}P)(D\Pi)(B\Delta) - n(B\Pi)(\mathrm{B}\Delta)(DP)]. \end{aligned}$$

III. *Wir behaupten nun, dass zwischen der Combination* $(\mathfrak{S}_1\mathfrak{S}_2)$ *zweier infinitesimaler Transformationen, welche vermöge der Formel* (2) *den Transformationen* S_1 *und* S_2 *zugeordnet sind, und derjenigen infinitesimalen Transformation* $\mathfrak{S}_{12}$, *welche vermöge derselben Formel der Combination von* S_1 *und* S_2 *entspricht, die Relation besteht*

$$(5) \qquad (\mathfrak{S}_1\mathfrak{S}_2) = \mathfrak{S}_{12}.$$

Die Verification dieses Theorems gestaltet sich wohl am einfachsten, wenn man von der Identität (2) ausgeht, und diese für infinitesimale Transformationen specialisirt. Ersetzt man T_1 und T_2 durch $S^0 + \delta t_1 S_1$ und $S^0 + \delta t_2 S_2$, und dem entsprechend $\mathfrak{T}_1$ und $\mathfrak{T}_2$ durch $\mathfrak{S}^0 + \delta t_1\mathfrak{S}_1$ und $\mathfrak{S}^0 + \delta t_2\mathfrak{S}_2$, vertauscht dann die Indices 1 und 2 und bildet die Differenz der beiden so erhaltenen Relationen, so kommt

$$(\mathfrak{S}_1\mathfrak{S}_2)\,\delta t_1\,\delta t_2 = \mathfrak{T}_{12} - \mathfrak{T}_{21},$$

wo z. B. $\mathfrak{T}_{12}$ aus $T_{12} = (S_0 + S_1\delta t_1)(S^0 + S_2\delta t_2)$ dadurch hervorgeht, dass man in der Formel (1) Symbole von T_{12} an Stelle der Symbole von $(DX)(U\varDelta)$ einführt, und in der Entwickelung nach Potenzen von δt_1 und δt_2 die Glieder von höherer als der zweiten Ordnung weglässt. Berücksichtigt man nun, dass die entgegengesetzte Transformation von T_{12} bis auf Grössen dritter und höherer Ordnung dargestellt wird durch den Ausdruck

$$S^0 - S_1\delta t_1 - S_2\delta t_2 - S_1S_2\delta t_1\delta t_2 + (CX)(UR)\,\delta t_1\delta t_2,$$

wo

$$2(CX)(UR) = (D_1D_1'U)(\varDelta_1\varDelta_1'X) + 2(D_1D_2U)(\varDelta_1\varDelta_2X) + (D_2D_2'U)(\varDelta_2\varDelta_2'X)$$

symmetrisch ist in Bezug auf die Indices 1 und 2, so sieht man leicht, dass in der Differenz $\mathfrak{T}_{12} - \mathfrak{T}_{21}$ sich alle Grössen nullter und erster Ordnung, sowie ein Theil der Grössen zweiter Ordnung wegheben, und nur der folgende Ausdruck übrig bleibt:

$$\begin{aligned}&\delta t_1\delta t_2\cdot\{\mathfrak{N}\mathfrak{X}\}\{\mathfrak{U}\mathfrak{M}\}(B\Pi)^{m-1}(\mathsf{B}P)^{n-1}\cdot\\ &\cdot[m(\mathsf{B}P)(D_1\Pi)(D_2\varDelta_1)(B\varDelta_2) - m(\mathsf{B}P)(D_2\Pi)(D_1\varDelta_2)(B\varDelta_1)\\ &- n(B\Pi)(\mathsf{B}\varDelta_2)(D_2\varDelta_1)(D_1P) + n(B\Pi)(\mathsf{B}\varDelta_1)(D_1\varDelta_2)(D_2P)].\end{aligned}$$

Jetzt kann man Symbole von $S_1S_2 = S_{12}$ und $S_2S_1 = S_{21}$ einführen und erhält dann

$$\begin{aligned}(\mathfrak{S}_1\mathfrak{S}_2) = &\{\mathfrak{N}\mathfrak{X}\}\{\mathfrak{U}\mathfrak{M}\}(B\Pi)^{m-1}(\mathsf{B}P)^{n-1}\cdot\\ &\cdot[m(\mathsf{B}P)(D_{12}\Pi)(B\varDelta_{12}) - m(\mathsf{B}P)(D_{21}\Pi)(B\varDelta_{21})\\ &- n(B\Pi)(\mathsf{B}\varDelta_{12})(D_{12}P) + n(B\Pi)(\mathsf{B}\varDelta_{21})(D_{21}P)] = \mathfrak{S}_{12}.\end{aligned}$$

Hiermit ist die Richtigkeit des Theorems VII § 15 für unseren Fall auch durch Rechnung nachgewiesen; denn die Gleichung (5) zeigt nicht allein, dass die Combination zweier infinitesimaler Transformationen der Schaar $\mathfrak{S}$ wieder eine infinitesimale Transformation der Schaar ist, sondern auch, dass die beiden linearen Mannigfaltigkeiten $\mathfrak{S}$ und S der infinitesimalen Transformationen der beiden Gruppen derart projectiv einander zugeordnet sind, dass auch die Combinationen entsprechender Formen wieder entsprechende Elemente darstellen. — Es ist nützlich, zu bemerken, dass wir in der vorstehenden Rechnung von dem Umstande keinen Gebrauch gemacht haben, dass die Invariante $(D\varDelta)$ der in der Formel (4) auftretenden ternären Form S den Werth Null hat. Die Gleichung (5) gilt also auch dann noch, wenn $(D_1 X)(U \Delta_1)$ und $(D_2 X)(U \Delta_2)$ nicht gerade Normalformen sind. $\mathfrak{S}_1$ und $\mathfrak{S}_2$ sind dann im Allgemeinen auch keine Normalformen des Raumes $\mathfrak{R}$, wohl aber $\mathfrak{S}_{12}$, in Uebereinstimmung mit dem Umstande, dass $(S_1 S_2)$ eine Normalform ist. Nur wenn $m = n$ ist, wird $\mathfrak{S}$ immer eine Normalform, da in diesem Falle $\mathfrak{S}$ gebildet für die besondere Form $(DX)(U\Delta) = (UX)$ identisch verschwindet.

Die Gruppe $\mathfrak{g}_8$ *des* $(N-1)$*-fach ausgedehnten Raumes* $\mathfrak{R}$ *steht zu zwei Gruppen* $\mathfrak{G}_9$ *und* $\mathfrak{G}_8$ *eines* N*-fach ausgedehnten Raumes* $\mathfrak{R}'$ *in einer ganz ähnlichen Beziehung, wie die allgemeine projective Gruppe der Ebene zu den im vorigen Paragraphen betrachteten Gruppen* G_9 *und* G_8 *des dreifach ausgedehnten Raumes.*

In der That, führen wir die Grössen $\mathfrak{X}_1 \ldots \mathfrak{X}_N$, die wir bisher als homogene Coordinaten eines Punktes $\mathfrak{X}$ des Raumes $\mathfrak{R}$ deuteten, als nicht-homogene Coordinaten eines Punktes des Raumes $\mathfrak{R}'$ ein, und fügen, um die Homogeneïtät wieder herzustellen, eine weitere Coordinate $\mathfrak{X}_0$ hinzu, so können wir aus jedem Ausdruck $\overline{\mathfrak{T}}$ der Form (1) eine lineare Transformation des Raumes $\mathfrak{R}'$ herleiten, dargestellt durch die bilineare Form:

$$\mathfrak{U}_0 \mathfrak{X}_0 + \overline{\mathfrak{T}}. \tag{6}$$

(Vgl. § 15 Formel (6).) Die Gesammtheit dieser Transformationen bildet eine von infinitesimalen Transformationen erzeugte neungliedrige Gruppe $\mathfrak{G}_9$ des Raumes $\mathfrak{R}'$, welche mit der Gruppe G_9 holoëdrisch und (also) mit der Gruppe G_8 meroëdrisch isomorph ist. Die von infinitesimalen Transformationen erzeugte invariante Untergruppe $\mathfrak{G}_8$ der Gruppe $\mathfrak{G}_9$ erhält man, wenn man der Discriminante der ternären Form $\overline{T}$, von welcher die Form $\overline{\mathfrak{T}}$ der Formel (6) abhängt, den Werth Eins beilegt.*) In der That sieht man leicht, dass die Transformationen dieser Schaar eine zusammenhängende Mannigfaltigkeit, eine Gruppe, und zwar eine invariante Untergruppe der Gruppe $\mathfrak{G}_9$ bilden, welche mit G_8 gleich zusammengesetzt ist. Ausserdem enthält $\mathfrak{G}_9$ noch eine einzige von infinitesimalen Transformationen erzeugte invariante Untergruppe, die *ausgezeichnete ein-*

*) Zwischen der Discriminante $\mathfrak{J}$ der Form $\overline{\mathfrak{T}}$ und der Discriminante J der Form $\overline{T}$ besteht die Identität: $\mathfrak{J} = J^{\frac{(m+2n)N}{3}}$. Natürlich bilden auch diejenigen Transformationen von $\mathfrak{G}_9$, deren Discriminante $\mathfrak{J}$ den Werth Eins hat, eine invariante Untergruppe $\mathfrak{G}_8'$ von $\mathfrak{G}_9$; diese Gruppe $\mathfrak{G}_8'$, welche ihrerseits die Gruppe $\mathfrak{G}_8$ als invariante Untergruppe enthält, ist aber nicht continuirlich, wiewohl die (N^2-1)-gliedrige Gruppe *aller* linearen Transformationen der Form $\mathfrak{U}_0 \mathfrak{X}_0 + \{\mathfrak{B}\mathfrak{X}\}\{\mathfrak{U}\mathfrak{P}\}$, deren Discriminante $\mathfrak{J}$ den Werth Eins hat (die specielle lineare homogene Gruppe), continuirlich ist.

gliedrige Untergruppe $\mathfrak{G}_1$, deren allgemeine Transformation ist:

(7) $$\mathfrak{U}_0 \mathfrak{X}_0 + r\,\{\mathfrak{U}\mathfrak{X}\} = \mathfrak{U}_0 \mathfrak{X}_0 + r \sum_1^N \mathfrak{U}_i \mathfrak{X}_i$$

(vgl. § 15 Formel (9)).

Man kann nun auch die infinitesimalen Transformationen der Gruppen $\mathfrak{G}_9$ und $\mathfrak{G}_8$ sofort hinschreiben. Bedenken wir, was zu Schluss des vorigen Paragraphen bereits angedeutet, dass jede bilineare Form des Gebietes $\mathfrak{R}$ *Symbol* einer infinitesimalen Transformation der allgemeinen linearen homogenen Gruppe $\mathfrak{G}_{N^2}$ des Gebietes $\mathfrak{R}'$ wird, sofern man $\mathfrak{U}_1 \ldots \mathfrak{U}_N$ durch $\frac{\partial \mathfrak{F}}{\partial \mathfrak{X}_1} \cdots \frac{\partial \mathfrak{F}}{\partial \mathfrak{X}_N}$ ersetzt, dass also insbesondere die bilinearen Normalformen von $\mathfrak{R}$, und unter diesen wieder die Formen $\mathfrak{S}$ nicht allein Symbole infinitesimaler Transformationen von $\mathfrak{R}$, sondern in einem anderen Sinne auch Symbole $\mathfrak{S}\,\mathfrak{F}$ gewisser infinitesimaler Transformationen von $\mathfrak{R}'$ sind, so können wir den Satz formuliren:

IV. *Ist $\mathfrak{S}$ (Formel 4) das Symbol der allgemeinen infinitesimalen Transformation der achtgliedrigen Gruppe $\mathfrak{g}_8$ des Raumes $\mathfrak{R}$, so ist $\mathfrak{S}\,\mathfrak{F}$ das Symbol der allgemeinen infinitesimalen Transformation der zugehörigen Gruppe $\mathfrak{G}_8$ des Raumes $\mathfrak{R}'$. Die Gruppe $\mathfrak{G}_9$ wird erzeugt von den Transformationen $\mathfrak{S}\,\mathfrak{F}$ und der weiteren, mit allen Transformationen $\mathfrak{S}\,\mathfrak{F}$ vertauschbaren infinitesimalen Transformation*

$$\mathfrak{T}^0 \mathfrak{F} = \{\mathfrak{U}\mathfrak{X}\}\,\mathfrak{F} = \{\tfrac{\partial \mathfrak{F}}{\partial \mathfrak{X}}\,\mathfrak{X}\} = \sum_1^N \mathfrak{X}_i \frac{\partial \mathfrak{F}}{\partial \mathfrak{X}_i}.$$

Wirklich, setzen wir in die Formel (6) den Werth $\overline{T} = T^0 + \delta t\,T$ ein, um die infinitesimalen Transformationen von $\mathfrak{G}_9$ zu erhalten, so geht (6) über in den Ausdruck

(8) $$\mathfrak{U}_0 \mathfrak{X}_0 + \{\mathfrak{U}\mathfrak{X}\} + \delta t\,\mathfrak{S},$$

worin die von $T = (DX)\,(U\Delta)$ linear abhängige Form $\mathfrak{S}$ im Allgemeinen keine Normalform ist. Nehmen wir nun an, dass $(D\Delta)$ verschwindet, so wird $\mathfrak{S}$, das Symbol der infinitesimalen Transformation (8), eine Normalform, und es ergibt sich der erste Theil des Satzes. Aus der Formel (7) aber geht hervor, dass die Gruppe $\mathfrak{G}_9$ noch die weitere, mit den Transformationen $\mathfrak{S}$ vertauschbare infinitesimale Transformation

(9) $$\mathfrak{U}_0 \mathfrak{X}_0 + \{\mathfrak{U}\mathfrak{X}\} + \delta t\,\{\mathfrak{U}\mathfrak{X}\}$$

mit dem Symbol $\{\mathfrak{U}\mathfrak{X}\}\,\mathfrak{F}$ oder $\sum_1^N \mathfrak{X}_i \frac{\partial \mathfrak{F}}{\partial \mathfrak{X}_i}$ enthält (vgl. Formel (8), § 15), was im Falle $m \gtrless n$ auch unmittelbar aus der Formel (8) abgelesen werden kann. (Vgl. S. 149 oben.)

Dass die infinitesimalen Transformationen $\mathfrak{S}\,\mathfrak{F}$, und also auch $\mathfrak{S}\,\mathfrak{F}$ zusammen mit $\mathfrak{T}^0\,\mathfrak{F}$ den Bedingungen genügen, welche die infinitesimalen Transformationen einer Gruppe überhaupt zu erfüllen haben, wurde bereits mit Satz III verificirt; denn nach dem (verallgemeinerten) Satze III des § 15 kann aus dem Bestehen der Gleichung $\mathfrak{S}_1\,\mathfrak{S}_2 - \mathfrak{S}_2\,\mathfrak{S}_1 = \mathfrak{S}_{12}$ auf das Bestehen der Gleichung $\mathfrak{S}_1\,(\mathfrak{S}_2\,\mathfrak{F}) - \mathfrak{S}_2\,(\mathfrak{S}_1\,\mathfrak{F}) = \mathfrak{S}_{12}\,\mathfrak{F}$ geschlossen werden.

Die Theorie der Gruppe $\mathfrak{G}_8$ kann in gewisser Hinsicht die Theorie der Gruppe $\mathfrak{g}_8$ der Transformationen $\mathfrak{T}$ des Raumes $\mathfrak{R}$ vertreten, ähnlich, wie die im vorigen Paragraphen betrachtete Gruppe G_8 die Gruppe der linearen Transformationen der Ebene. Für uns bietet die Hereinziehung der Gruppen $\mathfrak{G}_8$ und $\mathfrak{G}_9$ den Vortheil, dass wir nunmehr einen genaueren Einblick in das Verhältniss der Theorie der Invarianten algebraischer Formen zu der in vieler Hinsicht allgemeineren Theorie der Transformationsgruppen erhalten.

Der Zusammenhang zwischen beiden Disciplinen wird in der Hauptsache vermittelt durch den folgenden Satz:

V. *Jede analytische Function $\mathfrak{F}$ der Coefficienten der ternären Normalform $\{\mathfrak{N}\,\mathfrak{X}\}\,(U\Pi)^m\,(\mathsf{B}X)^n$ mit Invarianteneigenschaft für alle Werthsysteme dieser Coefficienten, ist als Function $\overline{\mathfrak{F}}$ der Veränderlichen $\mathfrak{X}$ aufgefasst, eine Invariante der Gruppe $\mathfrak{G}_8$. Drückt man umgekehrt in einer Invariante $\overline{\mathfrak{F}}\,(\mathfrak{X}_1 \ldots \mathfrak{X}_N)$ dieser Gruppe die Veränderlichen $\mathfrak{X}$ vermöge der Substitution*

$$\{\mathfrak{U}\,\mathfrak{X}\} = \{\mathfrak{U}\,\mathfrak{M}\}\,(B\,Q)^m\,(A\,P)^n \tag{10}$$

durch die Coefficienten einer ternären Normalform $\Phi = (UQ)^m\,(AX)^n$ aus, so verwandelt sich $\overline{\mathfrak{F}}$ in eine Function $\mathfrak{F}$ dieser Coefficienten, welche die Invarianteneigenschaft besitzt.

Dieses Theorem, das im Keime bereits in den Betrachtungen des § 10 enthalten ist, ergibt sich uns sofort aus dem Satz II. Auf Grund dieses Satzes ist es einerlei, ob man die Formen $\mathfrak{M}$, $\mathfrak{N}$ der Transformation $\overline{\mathfrak{T}}$ oder der ebenso allgemeinen Transformation $\overline{T}^{-1}$ unterwirft, sofern $\overline{T}$ die Discriminante Eins hat.

Ist mithin $\mathfrak{F}$ eine Function der Coefficienten der ternären Form $\mathfrak{N}$, die bei allen Transformationen $\overline{T}^{-1}$ ihren Werth behält, so behält sie ihn auch bei den zugehörigen Transformationen $\overline{\mathfrak{T}}$, oder, was dasselbe ist, bei allen Transformationen $\mathfrak{U}_0\,\mathfrak{X}_0 + \overline{\mathfrak{T}}$ der Gruppe $\mathfrak{G}_8$.

Ist umgekehrt $\overline{\mathfrak{F}}$ als Function von $\mathfrak{X}_1 \ldots \mathfrak{X}_N$ gegeben, so kann $\overline{\mathfrak{F}}$ seine Eigenschaft als Invariante der Gruppe $\mathfrak{G}_8$ dadurch nicht verlieren, dass man $\mathfrak{X}_1 \ldots \mathfrak{X}_N$ in der durch Formel (10) gegebenen besonderen Form schreibt. Die rechte Seite von (10) geht aber durch die Transformation $\mathfrak{U}_0 \mathfrak{X}_0 + \overline{\mathfrak{T}}$ über in:

$$\{\mathfrak{U}\mathfrak{M}\}\,[(B\varDelta)(DQ)]^m\,[(HP)(AE)]^n,$$

wiederum nach Satz II; und diesen letzteren Ausdruck kann man auch dadurch erhalten, dass man die Form Φ der Transformation $\overline{T}^{-1}$ unterwirft. Es wird also $\overline{\mathfrak{F}}$, als Function $\mathfrak{F}$ der Coefficienten von Φ, invariant gegenüber den linearen Transformationen von der Determinante Eins.

Der Inhalt des Theorems V interessirt uns indessen hier nicht in seiner vollen Allgemeinheit: Für uns kommen nur homogene Functionen, und unter diesen wieder besonders die algebraischen in Betracht. Die Theorie dieser letzteren aber reducirt sich in der im ersten Abschnitt geschilderten Weise auf die Theorie der ganzen Invarianten. Um nun diese letzteren durch ein ebenso einfaches Theorem kennzeichnen zu können, wie der Satz V ist, müssen wir von einer besonderen Voraussetzung über die Natur der Form $\mathfrak{M}$ Gebrauch machen. *Wir wollen annehmen, dass die Form* $\mathfrak{M}$ *als Coefficienten lauter rationale Zahlen hat* — eine Forderung, die wir, wie gelegentlich schon früher bemerkt, leicht erfüllen können, indem wir nämlich einfach als Coefficienten von $\mathfrak{U}_1 \ldots \mathfrak{U}_N$ in der Form $\mathfrak{M}$ irgend N linear unabhängige ternäre Normalformen mit numerischen Coefficienten nehmen. Es erhält dann natürlich auch die Form $\mathfrak{N}$ lauter rationale Zahlencoefficienten.

Dann aber ergibt sich ohne Weiteres als Corollar des Satzes V der erste Theil des folgenden Theorems:

VI. *Jede rationale (ganze) Invariante* $\mathfrak{F}$ *der ternären Normalform* $\mathfrak{N}$ *ist als Function* $\overline{\mathfrak{F}}$ *der Veränderlichen* $\mathfrak{X}$ *eine Invariante der Gruppe* $\mathfrak{G}_8$, *welche rational (ganz) und homogen ist in* $\mathfrak{X}_1 \ldots \mathfrak{X}_N$ *mit numerischen Coefficienten. Umgekehrt geht vermöge der Substitution* (10) *jede Invariante* $\overline{\mathfrak{F}}$ *der Gruppe* $\mathfrak{G}_8$, *welche rational (ganz) und homogen ist in* $\mathfrak{X}_1 \ldots \mathfrak{X}_N$ *und numerische Coefficienten hat, in eine rationale (ganze) Invariante* $\mathfrak{F}$ *der ternären Normalform* Φ *über. Ist aber* $\overline{\mathfrak{F}}$ *insbesondere auch eine Invariante der Gruppe* $\mathfrak{G}_9$, *so entspricht ihr eine absolute Invariante* $\mathfrak{F}$, *und umgekehrt.*

Die letztere Bemerkung ergibt sich unmittelbar, wenn man bedenkt, dass man die Gruppe $\mathfrak{G}_9$ erhält, indem man zu den Transformationen von $\mathfrak{G}_8$ noch die Transformationen der eingliedrigen Gruppe $\mathfrak{G}_1$ fügt.

Dass aber eine Function $\overline{\mathfrak{F}}$ diese letzteren Transformationen gestattet, heisst nichts Anderes, als dass sie homogen ist vom Grade Null. —

Die vorstehenden Betrachtungen sind in mehrfacher Hinsicht einer Verallgemeinerung fähig. Zunächst kann man an Stelle der Normalformen beliebige Formen mit mehreren Veränderlichen setzen, deren Coefficienten entweder unabhängig oder durch das Verschwinden gewisser linearer Covarianten beschränkt sind. Alle aufgestellten Formeln und Sätze lassen sich ohne Schwierigkeit auch auf solche Formen ausdehnen. Wir gehen indessen hierauf nicht ein, da die Invarianten beliebiger Formen sich immer durch simultane Invarianten von Normalformen ausdrücken lassen, und wir auf diese letzteren ohnehin sogleich zurückkommen werden.

Zweitens kann man eine Verallgemeinerung in dem Sinne vornehmen, dass man an Stelle der Invarianten einer einzigen Normalform (n, m) simultane Invarianten einer beliebigen Anzahl von a unabhängigen Normalformen (n, m) und von b Normalformen (m, n) setzt. An Stelle der zuletzt betrachteten Function $\overline{\mathfrak{F}}$ mit einer Veränderlichen (einem Veränderlichen-System) $\mathfrak{X}$ werden jetzt Formen $\overline{\mathfrak{F}}$ treten, welche a verschiedene Veränderliche $\mathfrak{X}$ und b Veränderliche $\mathfrak{U}$ enthalten, und gleichfalls durch sämmtliche Transformationen der Gruppe $\mathfrak{G}_8$, bezw. $\mathfrak{G}_9$ in sich selbst übergeführt werden — wofür man die erforderlichen Kriterien mit Hilfe der Formel (7), § 14 oder vielmehr deren Verallgemeinerung auf Gebiete N^{ter} Stufe sofort aufstellen kann.

Im Allgemeinen wird man indessen anzunehmen haben, dass die Normalformen, deren simultane Invarianten zur Untersuchung gelangen, nicht alle dasselbe Paar von Ordnungszahlen m und n besitzen. Man wird sie dann auch nicht alle durch Elemente des bis jetzt betrachteten Raumes $\mathfrak{R}'$ darstellen können, sondern man wird auf die in § 10 angewendete Darstellung sämmtlicher unabhängiger Coefficienten in *verschiedenen* Coordinatenrichtungen zurückgreifen müssen.

Seien $F_1 \dots F_\varrho$, wie in § 10, die vorgelegten ternären Formen, die wir aber jetzt als Normalformen annehmen wollen. Dann denken wir uns zunächst zu jeder der von ihnen gebildeten linearen Mannigfaltigkeiten $N_\varkappa^{\text{ter}}$ Stufe nach § 11 eine Parameterdarstellung durch Veränderliche $\mathfrak{X}^{(\varkappa)}$ mit Hilfe gewisser Formen $\mathfrak{M}^{(\varkappa)}$, $\mathfrak{N}^{(\varkappa)}$ hergestellt. Hierauf bilden wir vermöge der Formel (1) S. 145 die bilineare Form $\overline{\mathfrak{T}}^{(\varkappa)}$, welche zu der Transformation $\overline{\mathsf{T}} = (DX)(U\Delta)$ von der Discriminante Eins gehört. Dann wird die bilineare Form

$$\mathfrak{U}_0\,\mathfrak{X}_0 + \overline{\mathfrak{T}}^{(1)} + \cdots + \overline{\mathfrak{T}}^{(\varrho)} \tag{11}$$

eines Gebietes $(N^{(1)} + \cdots + N^{(\varkappa)} + 1)^{\text{ter}}$ Stufe der analytische Ausdruck der allgemeinen Transformation einer achtgliedrigen projectiven Gruppe $\mathfrak{G}_8$, welche mit der Gruppe der Ebene gleichzusammengesetzt ist. Die allgemeine infinitesimale Transformation derselben Gruppe erhält das Symbol

$$\mathfrak{S}\mathfrak{F} = \mathfrak{S}^{(1)}\mathfrak{F} + \cdots + \mathfrak{S}^{(\varrho)}\mathfrak{F}, \tag{12}$$

worin z. B. $\mathfrak{S}^{(1)}$ nach dem Muster des Ausdruckes $\mathfrak{S}$ (Formel (4)) gebildet ist, und eine bilineare Form in den Veränderlichen $\mathfrak{U}^{(1)}$, $\mathfrak{X}^{(1)}$ des Gebietes $N^{(1)\text{ter}}$ Stufe vorstellt. Fügt man zu den infinitesimalen Transformationen (12) die ϱ weiteren mit jenen und unter einander vertauschbaren infinitesimalen Transformationen

$$\{\mathfrak{U}^{(1)}\mathfrak{X}^{(1)}\}\mathfrak{F} \cdots \{\mathfrak{U}^{(\varrho)}\mathfrak{X}^{(\varrho)}\}\mathfrak{F} \tag{13}$$

der ϱ-gliedrigen Gruppe

$$\mathfrak{U}_0\mathfrak{X}_0 + r_1\{\mathfrak{U}^{(1)}\mathfrak{X}^{(1)}\} + \cdots + r_\varrho\{\mathfrak{U}^{(\varrho)}\mathfrak{X}^{(\varrho)}\}, \tag{14}$$

so erzeugen diese mit den Transformationen (12) die $(8+\varrho)$-gliedrige Gruppe $\mathfrak{G}_{8+\varrho}$ aller Transformationen der Form

$$\mathfrak{U}_0\mathfrak{X}_0 + r_1\overline{\mathfrak{T}}^{(1)} + \cdots + r_\varrho\overline{\mathfrak{T}}^{(\varrho)}, \tag{15}$$

eine Gruppe, die nun wieder mit der allgemeinen projectiven Gruppe der Ebene nur noch meroëdrisch isomorph ist.

Die Invarianten dieser beiden Gruppen $\mathfrak{G}_8$ und $\mathfrak{G}_{8+\varrho}$ hängen nun mit den Invarianten, beziehungsweise absoluten Invarianten der ternären Formen $F_1 \ldots F_\varrho$ genau in derselben Weise zusammen, wie die Invarianten der oben betrachteten Gruppen $\mathfrak{G}_8$ und $\mathfrak{G}_9$ mit den Invarianten und absoluten Invarianten einer einzigen Normalform — wir werden wohl nicht nöthig haben, die bezüglichen Verallgemeinerungen der Theoreme V und VI noch besonders zu formuliren. Sind die Normalformen $F_1 \ldots F_\varrho$ nicht unabhängige Grundformen, sondern alle oder zum Theil lineare Covarianten einer oder mehrerer Formen $F', F'', \ldots$ mit mehreren Veränderlichen, so erfahren die aufgestellten Formeln eine leichte Modification: Man übersieht sofort, dass in diesem Falle an Stelle der Gruppe $\mathfrak{G}_{8+\varrho}$ eine Gruppe $\mathfrak{G}_{8+\varrho_1}$ mit weniger Parametern tritt.

Die Invarianten algebraischer Formen sind also allgemein Invarianten, und zwar besondere, nämlich *homogene* Invarianten gewisser projectiver Transformationsgruppen. Dieses allgemein ausgesprochene Resultat hätten wir auch viel einfacher herleiten können: Es liegt im Grunde bereits in den Betrachtungen des § 10. Die jetzt entwickelte

Theorie leistet aber erheblich mehr, als blos die Erkenntniss von dem Vorhandensein dieses Satzes; denn sie setzt uns in den Stand, die infinitesimalen und endlichen Transformationen jener Gruppen, wie ihren ganzen Zusammenhang mit der allgemeinen projectiven Gruppe der Ebene in völlig allgemeiner Weise *durch explicite Formeln* darzustellen.

§ 17.

Andere analytische Darstellung der Gruppen $\mathfrak{G}_8$ und $\mathfrak{G}_{8+\varrho}$.

Wir haben im vorigen Paragraphen zwei Gruppen $\mathfrak{G}_8$ und $\mathfrak{G}_{8+\varrho}$ eines höheren Raumes $\mathfrak{R}'$ behandelt, und in einer solchen Weise analytisch dargestellt, dass die Einordnung dieser Gruppen in die projective Geometrie jenes Raumes *auch in den Formeln* hervortrat; es wurden nämlich sowohl die endlichen, als auch die infinitesimalen Transformationen dieser Gruppen durch bilineare Formen mit Veränderlichen des Raumes $\mathfrak{R}'$ ausgedrückt, also in einer ganz ähnlichen Weise, wie wir in § 14 und § 15 die endlichen und infinitesimalen linearen Transformationen der *Ebene* behandelt hatten*). Wir erreichten damit zugleich den weiteren Vortheil, unsere Symbole infinitesimaler Transformationen der Gruppen $\mathfrak{G}_8$ und $\mathfrak{G}_{8+\varrho}$ ohne Weiteres mit den Symbolen für dieselben Transformationen identificiren zu können, welche nach den Principien der Theorie der Transformationsgruppen anzuwenden sind; abgesehen natürlich von der das Wesen der Sache nicht treffenden Abweichung in der Schreibart. Wenn wir nun durch diese Darstellung, welche auf der Theorie der von uns mit $\mathfrak{M}$ und $\mathfrak{N}$ bezeichneten Formen beruht, zur Einsicht an sich beachtenswerther Zusammenhänge der Theorie der ternären Formen mit anderen, verwandten Wissensgebieten und zum analytischen Ausdruck derselben gelangten, so ist es andererseits doch auch eine berechtigte Forderung, Erkenntnisse aus einem wohlumschriebenen Wissensgebiete möglichst durch die diesem Gebiete eigenthümlichen Forschungsmittel zu erlangen. Nun sind die Theoreme III und IV des § 16 für die Theorie der rein ternären Formen insofern von Bedeutung, als sie (wie wir im nächsten Paragraphen sehen werden) bereits implicite die Theorie der partiellen Differentialgleichungen enthalten, welchen die Invarianten algebraischer Formen genügen; wir werden daher die Betrachtungen, welche zu jenen Sätzen führten, und die Sätze selbst in anderer Form hier noch einmal wiedergeben, jetzt

---

*) Allerdings mit einer gewissen Abweichung hinsichtlich der infinitesimalen Transformationen. S. die Anmerkung 30.

ohne den Anschluss an die Invariantentheorie des Raumes $\mathfrak{R}'$ und unabhängig von der Theorie der Formen $\mathfrak{M}$ und $\mathfrak{N}$.

Verzichten wir darauf, die linearen Transformationen des Raumes $\mathfrak{R}'$ durch bilineare Formen darzustellen, so können wir die Transformationen der Gruppe $\mathfrak{G}_8$ viel einfacher ausdrücken durch die Gleichung

$$\Phi_i' = [(\bar{D}Q_i)(U\bar{\varDelta})]^m\,[(A_i\bar{E})(\bar{H}X)]^n, \tag{1}$$

worin man die Coefficienten der Formen Φ_i' mit denen der Formen $\Phi_i = (UQ_i)^m\,(A_iX)^n$ zu vergleichen hat, um den Ausdruck der Coordinaten des transformirten Punktes von $\mathfrak{R}'$ durch die Coordinaten des ursprünglichen Punktes zu erhalten. Hinsichtlich der bilinearen Form $\bar{T} = (\bar{D}X)(U\bar{\varDelta})$ müssen wir hier natürlich die Voraussetzung machen, dass sie die Determinante Eins hat, da wir sonst in $\mathfrak{R}'$ die Transformationen einer neungliedrigen Gruppe erhalten würden. Die Transformationen der Gruppe $\mathfrak{G}_{8+\varrho}$ entstehen, wenn wir zu den Transformationen (1) die folgenden fügen:

$$\Phi_i' = r_i\,\Phi_i, \tag{2}$$

die ersichtlich sowohl unter einander als auch mit den Transformationen (1) vertauschbar sind.

Die infinitesimalen Transformationen der Gruppe $\mathfrak{G}_8$ erhalten wir, wenn wir für $(\bar{D}X)(U\bar{\varDelta})$ schreiben $S^0 + \delta t S$, wo $S = (DX)(U\varDelta)$ eine Normalform ist, und die infinitesimalen Transformationen der Gruppe $\mathfrak{G}_{8+\varrho}$, wenn wir in (2) $r_i = 1 + \delta t_i$ setzen. Die infinitesimalen Transformationen von $\mathfrak{G}_8$ werden mithin dargestellt durch die Gleichung

$$\Phi_i' = \Phi_i - S\,\Phi_i\,\delta t, \tag{3}$$

wobei

$$\begin{aligned} S\,\Phi = &- m\,(UQ)^{m-1}(DQ)(U\varDelta).\,(AX)^n \\ &+ n\,(AX)^{n-1}(A\varDelta)(DX).\,(UQ)^m. \end{aligned} \tag{4}$$

Hinsichtlich des Ausdruckes $S\,\Phi\,\delta t$, der den Zuwachs der Function $\Phi = (AX)^n\,(UQ)^m$ von X und U bei der infinitesimalen Transformation S bedeutet (S. 135), beweisen wir den nachstehenden Satz, den wir gleich etwas allgemeiner aussprechen wollen, als wir ihn im Augenblicke brauchen:

I. *Sei Φ irgend eine ternäre Form*, $= (U_1Q_1)^{m_1} \ldots (U_rQ_r)^{m_r}.$ $(A_1X_1)^{n_1} \ldots (A_\varrho X_\varrho)^{n_\varrho}$, *ferner* $T = (DX)(U\varDelta)$ *eine (allgemeine) bilineare Form. Definiren wir dann das Operationszeichen S durch die Gleichung*

$$S\Phi = -(U_1 Q_1)^{m_1} \ldots (U_r Q_r)^{m_r} (A_1 X_1)^{n_1} \ldots (A_\varrho X_\varrho)^{n_\varrho}. \tag{5}$$
$$\cdot \left\{ \sum_1^r {}_i\, m_i \frac{(DQ_i)(U_i\varDelta)}{(U_i Q_i)} - \sum_1^\varrho {}_i\, n_i \frac{(A_i\varDelta)(DX_i)}{(A_i X_i)} \right\},$$

und bilden die Operationen S_1, S_2, S_{12}, *indem wir in* (5) *für* T *der Reihe nach* T_1, T_2, *und* $(T_1 T_2)$ *setzen, so besteht die Identität*

$$S_1(S_2\Phi) - S_2(S_1\Phi) = S_{12}\Phi. \tag{6}$$

Es wird genügen, den Beweis für den Fall zu führen, wo $r = 1$, $\varrho = 1$, da der Beweis des allgemeinen Satzes sich dann durch eine leichte Verallgemeinerung ergibt. Für $r = 1$, $\varrho = 1$ hat man

$$S_2\Phi = -m(UQ)^{m-1}(D_2Q)(U\varDelta_2).(AX)^n$$
$$+ n(AX)^{n-1}(A\varDelta_2)(D_2X).(UQ)^m,$$

also
$$S_1(S_2\Phi) = m.m-1.(UQ)^{m-2}(D_1Q)(U\varDelta_1)(D_2Q)(U\varDelta_2)(AX)^n$$
$$+ n.n-1.(AX)^{n-2}(A\varDelta_1)(D_1X)(A\varDelta_2)(D_2X)(UQ)^m$$
$$+ m.(UQ)^{m-1}(D_2Q)(D_1\varDelta_2)(U\varDelta_1)(AX)^n$$
$$+ n.(AX)^{n-1}(A\varDelta_2)(D_2\varDelta_1)(D_1X)(UQ)^m$$
$$- mn.(UQ)^{m-1}(D_2Q)(U\varDelta_2)(A\varDelta_1)(D_1X)(AX)^{n-1}$$
$$- mn.(AX)^{n-1}(A\varDelta_2)(D_2X)(D_1Q)(U\varDelta_1)(UQ)^{m-1},$$

mithin

$$S_1(S_2\Phi) - S_2(S_1\Phi)$$
$$= -m(UQ)^{m-1}[(D_1Q)(D_2\varDelta_1)(U\varDelta_2) - (D_2Q)(D_1\varDelta_2)(U\varDelta_1)].(AX)^n$$
$$+ n(AX)^{n-1}[(A\varDelta_2)(D_2\varDelta_1)(D_1X) - (A\varDelta_1)(D_1\varDelta_2)(D_2X)].(UQ)^m,$$

eine Formel, die gerade die Behauptung darstellt.

Es liegt nahe auch für die in der Form (3) geschriebenen infinitesimalen Transformationen *Symbole* einzuführen. Wir werden als solches Symbol nach den allgemeinen Principien der Theorie der Transformationsgruppen den *Zuwachs* nehmen, welchen eine unbestimmte Function $\mathfrak{F}$ der Coefficienten der Formen Φ_i bei Ausführung der Transformationen (3) erfährt, getheilt durch δt. Diesen Zuwachs können wir sogleich berechnen.

Um ihn einfach beschreiben zu können, erweitern wir den Begriff der Evectante, die bisher nur für homogene Functionen der Coefficienten unbeschränkt veränderlicher Formen definirt ist (S. 41), in folgender Weise:

Unter der (ersten) Evectante $\mathfrak{F}' = (A'X)^m(UQ')^n$ *einer homogenen analytischen Function* $\mathfrak{F}$ *der Coefficienten einer Normalform* $\Phi = (UQ)^m(AX)^n$ *verstehen wir eine Form, welche aus* $\mathfrak{F}$ *durch folgenden Process entsteht: „Man ersetze* Φ *durch* $\Phi + \lambda\Phi_1$, *wo* Φ_1 *das erste Entwickelungsglied* *einer Form Φ' (n, m) mit unbeschränkt veränderlichen Coefficienten vorstellt, nehme dann in der Entwickelung von $\mathfrak{F}$ nach Potenzen von λ den Coefficienten von λ^1, und ersetze endlich die Symbole von Φ' durch Veränderliche X und U.“*

Bei einer Function $\mathfrak{F}$ der Coefficienten mehrerer Grundformen $\Phi_1, \Phi_2, \ldots$ gibt es soviele Evectanten, als Formen, von welchen sie abhängt. Diese Evectanten $\mathfrak{F}_1', \mathfrak{F}_2', \ldots$ müssen wir in unserem Falle alle bilden, und erhalten dann, auf Grund der Formel (3), für den *Zuwachs der Function* $\mathfrak{F}$ den folgenden Ausdruck:

$$
\begin{aligned}
\delta t\, \Sigma \mathfrak{F} &= \sum_1^{\varrho} {}^{i} [\mathfrak{F}_i', -S\Phi_i]\, \delta t = \sum_1^{\varrho} {}^{i} [S\mathfrak{F}_i', \Phi_i]\, \delta t \\
(7) \qquad &= \sum_1^{\varrho} {}^{i} \Big\{ m\, (A_i' Q_i)^{m_i - 1} (D Q_i) (A_i' \Delta) (A_i Q_i')^{n_i} \\
&\qquad - n\, (A_i Q_i')^{n_i - 1} (A_i \Delta) (D Q_i') (A_i' Q_i)^{m_i} \Big\}\, \delta t.
\end{aligned}
$$

Wir mögen übrigens bemerken, dass die Form $S\Phi_i$ natürlich zugleich mit Φ_i selbst eine Normalform ist. Der Ausdruck $[\mathfrak{F}_i', -S\Phi_i]$ ändert sich also nicht, wenn man an Stelle von $\mathfrak{F}_i'$ eine allgemeine Form setzt, die nur in dem ersten Gliede ihrer Reihenentwickelung mit der Normalform $\mathfrak{F}_i'$ übereinstimmt (§ 3, Satz 7, S. 59). Man kann daher, statt die Evectanten $\mathfrak{F}_i'$ wirklich zu bilden, auch einfacher so verfahren: Man ersetze in dem ersten Entwickelungscoefficienten von $\mathfrak{F}(\Phi + \lambda \Phi_i)$ sogleich die Symbole der Normalform Φ_i durch Veränderliche U und X, und führe die so entstandenen Formen an Stelle der Evectanten $\mathfrak{F}_i'$ in die Formel (7) ein.

Der gefundene Ausdruck $\Sigma \mathfrak{F}$ bezieht sich auf analytische Functionen jeder Art, wiewohl wir ihn nur für homogene Functionen brauchen. *Wir können ihn daher unmittelbar mit dem Lie'schen Symbol für die infinitesimale Transformation* (3) *identificiren.* Nehmen wir $\mathfrak{F} = \Phi_i$, und betrachten U und X als constante Grössen, so geht $\Sigma \mathfrak{F}$ wieder in $-S\Phi_i$ über.

Sollen nun die infinitesimalen Transformationen $\Sigma \mathfrak{F}$ eine Gruppe (nämlich die Gruppe $\mathfrak{G}_8$, aus welcher wir sie hergeleitet haben) erzeugen, so muss die Anwendung je zweier auf einander in dieser Weise: $\Sigma_1 (\Sigma_2 \mathfrak{F}) - \Sigma_2 (\Sigma_1 \mathfrak{F})$ wieder einen Ausdruck der nämlichen Form darstellen. Wir zeigen aber noch mehr, nämlich zugleich auch, dass die erzeugte Gruppe mit der Gruppe der Ebene gleichzusammengesetzt ist, indem wir das folgende Theorem beweisen:

II. *Hat man das Operationszeichen Σ definirt durch die Gleichung* (7), *in welcher die Formen $(A_i' X)^{m_i} (U Q_i')^{n_i}$ die ϱ Evectanten $\mathfrak{F}_i'$ der*

Function $\mathfrak{F}$ bedeuten, und bildet man dann die Operationen Σ_1, Σ_2 und Σ_{12}, indem man in der Formel (7) *die bilineare Form $T=(DX)(U\Delta)$ bezüglich durch T_1, T_2 und $(T_1 T_2)$ ersetzt, so besteht die Identität:*

$$\Sigma_1(\Sigma_2\mathfrak{F}) - \Sigma_2(\Sigma_1\mathfrak{F}) = \Sigma_{12}\mathfrak{F}. \tag{8}$$

Es wird genügen, auch diesen Satz nur für einen einfachen Fall, den Fall $\varrho = 1$, herzuleiten. Wir haben dann

$$\Sigma_2\mathfrak{F} = m(A'Q)^{m-1}(D_2Q)(A'\Delta_2).(AQ')^n - n(AQ')^{n-1}(A\Delta_2)(D_2Q').(A'Q)^m$$

Um nun $\Sigma_1(\Sigma_2\mathfrak{F})$ zu bilden, müssen wir zunächst die Evectante von $\Sigma_2\mathfrak{F}$ herstellen, oder doch eine Form (m, n), welche im ersten Gliede ihrer Entwickelung nach Normalformen mit dieser Evectante übereinstimmt. Dabei können wir aber sogleich denjenigen Theil weglassen, welcher *zweite* Differentialquotienten der Function $\mathfrak{F}$ enthält, da sich die von ihm herrührenden Glieder in dem Ausdruck $\Sigma_1(\Sigma_2\mathfrak{F}) - \Sigma_2(\Sigma_1\mathfrak{F})$ augenscheinlich zerstören. Wir dürfen also statt der Evectante von $\Sigma_2\mathfrak{F}$ die folgende Form nehmen:

$$\begin{aligned}(BX)^m(UP)^n = {} & m(A'X)^{m-1}(D_2X)(A'\Delta_2).(UQ')^n \\ & - n(UQ')^{n-1}(U\Delta_2)(D_2Q').(A'X)^m,\end{aligned}$$

welche aus $\Sigma_2\mathfrak{F}$ dadurch entsteht, dass man für A und Q einfach U und X schreibt. Nunmehr hat man, um $\Sigma_1\Sigma_2\mathfrak{F} - \Sigma_2\Sigma_1\mathfrak{F}$ zu erhalten, die simultane Invariante

$$\begin{aligned}& m(BQ)^{m-1}(D_1Q)(B\Delta_1)(AP)^n \\ & - n(AP)^{n-1}(A\Delta_1)(D_1P)(BQ)^m\end{aligned}$$

zu bilden, dann die Indices 1 und 2 zu vertauschen, endlich die Differenz zu nehmen.

Nun entsteht aber der vorstehende Ausdruck aus

$$\begin{aligned}& m(BX)^{m-1}(BY)(UP)^n - n(UP)^{n-1}(VP)(BX)^m \\ & = m.\,m-1.\,(A'X)^{m-2}(A'Y)(D_2X)(A'\Delta_2)(UQ')^n \\ & + n.\,n-1.\,(UQ')^{n-2}(VQ')(U\Delta_2)(D_2Q')(A'X)^m \\ & \quad + m(A'X)^{m-1}(D_2Y)(A'\Delta_2)(UQ')^n \\ & \quad + n(UQ')^{n-1}(V\Delta_2)(D_2Q')(A'X)^m \\ & \quad - mn(UQ')^{n-1}(U\Delta_2)(D_2Q')(A'X)^{m-1}(A'Y) \\ & \quad - mn(A'X)^{m-1}(D_2X)(A'\Delta_2)(UQ')^{n-1}(VQ')\end{aligned}$$

durch die Substitutionen

$$\begin{aligned}X &= Q \quad & Y &= (D_1Q)\Delta_1 \\ U &= A \quad & V &= (A\Delta_1)D_1.\end{aligned}$$

Setzt man diese Werthe ein, vertauscht dann die Indices 1 und 2 und bildet die Differenz, so findet sich

$$\Sigma_1(\Sigma_2\mathfrak{F}) - \Sigma_2(\Sigma_1\mathfrak{F})$$
$$= m.(A'Q)^{m-1}[(D_1Q)(D_2\Delta_1)(A'\Delta_2) - (D_2Q)(D_1\Delta_2)(A'\Delta_1)](AQ')^n$$
$$- n(AQ')^{n-1}[(A\Delta_2)(D_2\Delta_1)(D_1Q') - (A\Delta_1)(D_1\Delta_2)(D_2Q')](A'Q)^m,$$

was bewiesen werden sollte.

Man kann das Theorem II auch auf das Theorem I zurückführen, und es ist von principiellem Interesse, diesen Zusammenhang wirklich einzusehen, wiewohl an Rechnung dadurch nicht viel gespart wird.

Wir können nach einer oben gemachten Bemerkung den Ausdruck für $\Sigma_2\mathfrak{F}$ auch so schreiben:

$$\Sigma_2\mathfrak{F} = [\mathfrak{F}', \Sigma_2\Phi],$$

sofern man nämlich bei Bildung des Ausdrucks $\Sigma_2\Phi$ die Veränderlichen U und X als in Bezug auf die linearen Transformationen constante Grössen behandelt. Es folgt dann weiter

$$\Sigma_1(\Sigma_2\mathfrak{F}) = \Big[[\mathfrak{F}', \Sigma_2\Phi]', \Sigma_1\Phi\Big]$$
$$= \Big[\mathfrak{F}'', \Sigma_1\Phi \mid \Sigma_2\Phi\Big] + \Big[\mathfrak{F}', [(\Sigma_2\Phi)', \Sigma_1\Phi]\Big],$$

wo der erste Term den in Bezug auf die Indices 1 und 2 symmetrischen Inbegriff aller Glieder bedeuten mag, welche zweite Differentialquotienten der Function $\mathfrak{F}$ enthalten. Der zweite Term aber kann offenbar auch so geschrieben werden:

$$[\mathfrak{F}', \Sigma_1(\Sigma_2\Phi)].$$

Die zu beweisende Gleichung reducirt sich also auf die folgende:

$$[\mathfrak{F}', \Sigma_1(\Sigma_2\Phi)] - [\mathfrak{F}', \Sigma_2(\Sigma_1\Phi)] = [\mathfrak{F}', \Sigma_{12}\Phi].$$

Hierfür dürfen wir kürzer schreiben:

$$\Sigma_1(\Sigma_2\Phi) - \Sigma_2(\Sigma_1\Phi) = \Sigma_{12}\Phi,$$

wo jetzt an Stelle der beliebigen Function $\mathfrak{F}$ die bestimmte Function Φ getreten ist. Nun zeigt die Rechnung, dass

$$\Sigma_1(\Sigma_2\Phi) = S_2(S_1\Phi), \; \Sigma_2(\Sigma_1\Phi) = S_1(S_2\Phi);$$

hieraus aber, in Verbindung mit der Formel (6) und der Relation $\Sigma_{12}\Phi = -S_{12}\Phi$, folgt auf's Neue die Gleichung (8). —

Aehnlich, wie die infinitesimalen Transformationen (3), können wir auch die neu hinzutretenden infinitesimalen Transformationen

$$(9) \qquad \Phi_i' = \Phi_i + \delta t_i \,\Phi_i$$

der Gruppe $\mathfrak{G}_{8+\varrho}$ symbolisch darstellen durch den Zuwachs, welchen die Function $\mathfrak{F}$ bei ihrer Ausführung erhält. *Symbol der infinitesimalen Transformation* (9) *wird mithin der Ausdruck*

(10) $$[\mathfrak{F}_i', \Phi_i] = (A_i' Q_i)^m (A_i Q_i')^n.$$

Derselbe hat nach dem Euler'schen Theorem den Werth $g_i \mathfrak{F}$, wenn g_i den Grad der homogenen Function $\mathfrak{F}$ in den Coefficienten von Φ_i bedeutet. Man verificirt durch eine leichte Rechnung auch bei Gebrauch dieser Symbole, dass die Transformationen (10) unter einander, und mit den Transformationen $\Sigma \mathfrak{F}$ vertauschbar sind, und also mit jenen eine Gruppe $\mathfrak{G}_{8+\varrho}$ erzeugen, in welcher die von den Transformationen $\Sigma \mathfrak{F}$ allein erzeugte Gruppe $\mathfrak{G}_8$ invariant, die von den Transformationen (10) erzeugte Gruppe aber ausgezeichnet ist.

Das Symbol $\mathfrak{S}\mathfrak{F} = \mathfrak{S}^{(1)}\mathfrak{F} + \cdots + \mathfrak{S}^{(\varrho)}\mathfrak{F}$ des § 16 und das nunmehr eingeführte Symbol $\Sigma \mathfrak{F}$ derselben infinitesimalen Transformation sind nur in der *Form* verschieden. Der genaue Zusammenhang zwischen beiden wird angegeben durch das folgende Theorem:

III. *Sei* $\overline{\mathfrak{F}}(\mathfrak{X}^{(1)} \ldots \mathfrak{X}^{(\varrho)})$ *eine Function der Veränderlichen* $\mathfrak{X}^{(i)}$ $(\mathfrak{X}_1^{(i)} \ldots \mathfrak{X}_{N_i}^{(i)}, i = 1, 2, \cdots \varrho)$ *und* $\mathfrak{F}(\Phi_1 \ldots \Phi_\varrho)$ *eine Function der Coefficienten der ternären Normalformen* $\Phi_1 \ldots \Phi_\varrho$, *und mögen beide Functionen durch die einander entgegengesetzten Substitutionen*

(11) $$\begin{aligned}\{\mathfrak{B}^{(i)}\mathfrak{X}^{(i)}\} &= \{\mathfrak{B}^{(i)}\mathfrak{M}^{(i)}\}\,(B^{(i)}Q_i)^{m_i}(A_i P^{(i)})^{n_i}\\ \Phi_i = (UQ_i)^{m_i}(A_i X)^{n_i} &= \{\mathfrak{N}^{(i)}\mathfrak{X}^{(i)}\}\,(U\Pi^{(i)})^{m_i}(\mathsf{B}^{(i)}X)^{n_i}\end{aligned}$$

in einander übergehen, so gehen durch dieselben Substitutionen auch die Ausdrücke $\mathfrak{S}\overline{\mathfrak{F}}$ *und* $\Sigma\mathfrak{F}$ *in einander über, ebenso ferner die Ausdrücke* $\{\mathfrak{U}^{(i)}\mathfrak{X}^{(i)}\}\,\overline{\mathfrak{F}}$ *und* $[\mathfrak{F}_i', \Phi_i]$.

Wir werden auch diesen Satz nur für den Fall $\varrho = 1$ beweisen. Wir bedienen uns dabei einer abkürzenden Bezeichnung, indem wir einerseits für die Evectante der Function $\mathfrak{F}$ schreiben $\mathfrak{F}' = (A'X)^m (UQ')^n$, wie in § 16, andererseits für $\sum_1^N \frac{\partial \overline{\mathfrak{F}}}{\partial \mathfrak{x}_i}\mathfrak{Y}_i$ setzen $\{\frac{\partial \overline{\mathfrak{F}}}{\partial \mathfrak{x}}\mathfrak{Y}\}$.

Hängen nun die Veränderliche $\mathfrak{X}$ und die Form Φ durch die Substitutionen (11) zusammen, in welchen wir uns die Indices fortgelassen denken, so haben wir

$$\overline{\mathfrak{F}}(\mathfrak{X}) = \overline{\mathfrak{F}}\Big(\mathfrak{M}(BQ)^m(AP)^n\Big) = \mathfrak{F}(\Phi) = \mathfrak{F}\Big(\{\mathfrak{N}\mathfrak{X}\}\,(U\Pi)^m(\mathsf{B}X)^n\Big).$$

Die Richtigkeit dieser Gleichung wird dadurch nicht gestört, dass wir für $\mathfrak{X}$ schreiben $\mathfrak{X} + \lambda\mathfrak{Y}$ und für Φ: $\Phi + \lambda\Psi$, sofern $\mathfrak{Y}$ und $\Psi = (U\bar{Q})^m(\bar{A}X)^n$ ebenfalls durch die Substitutionen (11) verknüpft sind. Vergleichen wir in den Entwickelungen beiderseits die Coefficienten von λ^1, so finden wir

$$\{\frac{\partial \bar{\mathfrak{F}}}{\partial \mathfrak{x}} \mathfrak{Y}\} = [\mathfrak{F}', \Psi] = (A'\bar{Q})^m (\bar{A} Q')^n.$$

Setzen wir hier zunächst $\mathfrak{Y} = \mathfrak{X}$, und $\Psi = \Phi$, so erhalten wir den letzten Theil des Theorems. Wir können aber die vorstehende Formel auf Grund der Gleichungen (11) auch durch eine identische Gleichung ersetzen, und zwar noch auf zwei verschiedene Arten; wir erhalten so die Gleichungen

$$(12)\qquad \begin{aligned} &\{\frac{\partial \bar{\mathfrak{F}}}{\partial \mathfrak{x}} \mathfrak{Y}\} = (A'\Pi)^m (\mathsf{B} Q')^n \{\mathfrak{N} \mathfrak{Y}\}, \\ &\mathfrak{F}' = (A'X)^m (UQ')^n = \{\frac{\partial \bar{\mathfrak{F}}}{\partial \mathfrak{x}} \mathfrak{M}\} (BX)^m (UP)^n, \end{aligned}$$

die mithin eine Folge von (11) sind. Nun findet sich ohne Weiteres

$$\mathfrak{S}\, \bar{\mathfrak{F}} = \{\mathfrak{N} \mathfrak{X}\} \{\frac{\partial \bar{\mathfrak{F}}}{\partial \mathfrak{x}} \mathfrak{M}\}\cdot$$

$$\cdot [m(B\Pi)^{m-1}(B\Delta)(D\Pi).(\mathsf{B}P)^n - n(\mathsf{B}P)^{n-1}(\mathsf{B}\Delta)(DP).(B\Pi)^m]$$

$$= \{\mathfrak{N}\mathfrak{X}\}\cdot[m(A'\Pi)^{m-1}(A'\Delta)(D\Pi).(\mathsf{B}Q')^n - n(\mathsf{B}Q')^{n-1}(\mathsf{B}\Delta)(DQ').(A'\Pi)^m]$$

und also vermöge (11)

$$= m(A'Q)^{m-1}(A'\Delta)(DQ).(AQ')^n - n(AQ')^{n-1}(A\Delta)(DQ').(A'Q)^n = \Sigma\mathfrak{F}.$$

Hiermit haben wir zugleich die vollkommene Identität des Theorems III § 16 mit dem Theorem II des gegenwärtigen Paragraphen nachgewiesen; wir können nun sofort ein jedes aus dem anderen herleiten. Wir wollen auch das Theorem IV des § 16, das durch die vorstehenden Entwickelungen auf's Neue, und zwar unabhängig von den Betrachtungen des § 16 bewiesen ist, in der Form, die es nunmehr annimmt, und in erweiterter Fassung noch einmal hersetzen:

IV. *Der Ausdruck $\Sigma\mathfrak{F}$, gebildet für eine Normalform $S = (DX)(U\Delta)$ ist das Symbol der allgemeinen infinitesimalen Transformation einer achtgliedrigen, mit der allgemeinen projectiven Gruppe der Ebene gleichzusammengesetzten Gruppe $\mathfrak{G}_8$, deren homogene Invarianten die analytischen Invarianten der Formen Φ sind. Fügt man die weiteren infinitesimalen Transformationen $[\mathfrak{F}_i', \Phi_i]$ hinzu, so erhält man alle infinitesimalen Transformationen einer Gruppe $\mathfrak{G}_{8+\varrho}$, deren Invarianten die absoluten Invarianten der Formen Φ sind.*

Die in dem Satze III angewendete Uebertragungsmethode, und verschiedene andere bereits aufgestellte oder noch aufzustellende Sätze (der §§ 9, 12, 13, 16, 19, 20) sind Ausflüsse eines viel allgemeineren Princips.

Indessen tritt die allgemeine Theorie dieser Uebertragungsmethode (soweit überhaupt eine solche entwickelt werden kann) wohl schon zu sehr aus dem Rahmen der eigentlichen Theorie der ternären Formen heraus, so dass wir uns eine Darlegung derselben hier versagen müssen.

§ 18.

Partielle Differentialgleichungen für Invarianten.

Um zu wissen, ob eine Function eine Invariante einer continuirlichen Transformationsgruppe ist, genügt es zu wissen, ob sie die infinitesimalen Transformationen derselben gestattet, oder nicht. Mithin ergibt sich aus den Sätzen des § 16 das Theorem:

Ia). *Eine analytische allseitig homogene Function $\mathfrak{F}$ der Coefficienten der ϱ ternären Normalformen*

$$\Phi_i = (UQ_i)^{m_i}(A_iX)^{n_i} \quad (i = 1, 2, \cdots \varrho)$$

ist immer dann eine analytische Invariante, wenn sie gebildet für die Coefficienten der ϱ Formen

$$\{\mathfrak{N}^{(i)}\mathfrak{X}^{(i)}\}\,(U\Pi^{(i)})^{m_i}(\mathsf{B}^{(i)}X)^{n_i}$$

als Function $\overline{\mathfrak{F}}$ der Parameter $\mathfrak{X}_1^{(1)} \ldots \mathfrak{X}_{N_1}^{(1)}, \ldots \mathfrak{X}_1^{(\varrho)} \ldots \mathfrak{X}_{N_\varrho}^{(\varrho)}$ den partiellen Differentialgleichungen genügt

$$(1) \qquad \mathfrak{S}\overline{\mathfrak{F}} = \mathfrak{S}^{(1)}\overline{\mathfrak{F}} + \cdots + \mathfrak{S}^{(\varrho)}\overline{\mathfrak{F}} = 0;$$

sie ist eine absolute Invariante, wenn sie ausserdem die ϱ partiellen Differentialgleichungen

$$(2) \qquad \{\mathfrak{U}^{(i)}\mathfrak{X}^{(i)}\}\,\overline{\mathfrak{F}} = 0 \quad (i = 1, 2, \cdots \varrho)$$

befriedigt.

Wir erinnern daran, dass

$$\{\mathfrak{U}^{(i)}\mathfrak{X}^{(i)}\}\,\mathfrak{F} = \left\{\frac{\partial\overline{\mathfrak{F}}}{\partial\mathfrak{x}^{(i)}}\,\mathfrak{X}^{(i)}\right\} = \sum_{1}^{N_i}{}_{\varkappa}\,\frac{\partial\overline{\mathfrak{F}}}{\partial\mathfrak{X}_\varkappa^{(i)}}\,\mathfrak{X}_\varkappa^{(i)}$$

und dass

$$\mathfrak{S}^{(i)}\overline{\mathfrak{F}} = \{\mathfrak{N}^{(i)}\mathfrak{X}^{(i)}\}\left\{\frac{\partial\overline{\mathfrak{F}}}{\partial\mathfrak{x}^{(i)}}\,\mathfrak{M}^{(i)}\right\}(B^{(i)}\Pi^{(i)})^{m_i-1}(\mathsf{B}^{(i)}P^{(i)})^{n_i-1}$$
$$\cdot\,[m\,(\mathsf{B}^{(i)}P^{(i)})(D\Pi^{(i)})(B^{(i)}\Delta) - n\,(B^{(i)}\Pi^{(i)})(\mathsf{B}^{(i)}\Delta)(DP^{(i)})],$$

wo die Symbole $\mathfrak{M}$, $\mathfrak{N}$ u. s. w. die in § 11 S. 110, 111 entwickelte Bedeutung haben.

Dasselbe Theorem können wir nun nach den Darlegungen des § 17 noch in der zweiten Form aussprechen:

Ib). *Eine analytische, allseitig homogene Function $\mathfrak{F}$ der Coefficienten der ϱ ternären Normalformen*

$$\Phi_i = (UQ_i)^{m_i}(A_iX)^{n_i}$$

ist unter der Bedingung eine analytische Invariante, dass der Ausdruck

$$(3)\quad \begin{aligned} \Sigma\mathfrak{F} &= \sum_1^\varrho{}_i [\mathfrak{F}_i', -S\Phi_i] = \sum_1^\varrho{}_i [S\mathfrak{F}_i', \Phi_i] = \\ &= \sum_1^\varrho{}_i (A_i'Q_i)^{m_i}(A_iQ_i')^{n_i}\cdot\left\{m_i\frac{(DQ_i)(A_i'\varDelta)}{(A_i'Q_i)} - n_i\frac{(A_i\varDelta)(DQ_i')}{(A_iQ_i')}\right\}, \end{aligned}$$

worin die Formen $(A_i'X)^{m_i}(UQ_i')^{n_i} = \mathfrak{F}_i'$ die ϱ Evectanten der Function $\mathfrak{F}$ bedeuten, den Werth Null hat, unabhängig von der Wahl der Normalform $(DX)(U\varDelta)$; sie ist eine absolute Invariante, wenn ausserdem die Relationen bestehen

$$(4)\qquad [\mathfrak{F}_i', \Phi_i] = (A_i'Q_i)^{m_i}(A_iQ_i')^{n_i} = 0.$$

Die Gleichungen $\Sigma\mathfrak{F} = 0$ und $[\mathfrak{F}_i', \Phi_i] = 0$ haben nicht unmittelbar die Form, in welcher partielle Differentialgleichungen gewöhnlich auftreten, insofern nämlich die Argumente der Function $\mathfrak{F}$, die Coefficienten der Normalformen Φ, nicht unabhängig von einander sind. Um die Gleichungen (3) und (4) auf die gewöhnliche Form zu bringen, müssen wir die Coefficienten der Normalformen Φ_i durch eine geeignete Anzahl von unabhängigen unter ihnen ausdrücken; dann können wir die Evectante der Function $\mathfrak{F}$ durch gewöhnliche partielle Differentiation erhalten. Dann aber geht der Satz Ib) wieder in den Satz Ia) über, der indessen insofern etwas allgemeiner formulirt ist, als wir die Coefficienten der Normalformen Φ_i nicht gerade durch gewisse unabhängige *unter ihnen* ausgedrückt haben, sondern dieselben in *allgemeinster* Weise durch unabhängige Parameter $\mathfrak{X}_1^{(1)} \ldots \mathfrak{X}_{N_\varrho}^{(\varrho)}$ darstellen, und in invarianter Form, also ohne besondere, immer mehr oder weniger willkürliche Voraussetzungen über die Beziehungen dieser Parameter zu bestimmten Coefficienten.

Die Sätze Ia) und Ib) beziehen sich zunächst auf Normalformen; sie können indessen ohne Weiteres auf beliebige Formen ausgedehnt werden. Wir wollen wenigstens eine solche Verallgemeinerung des Satzes Ib) hier anführen, indem wir an Stelle der ϱ Normalformen Φ_i eine einzige Grundform mit unabhängigen Coefficienten, und beliebig vielen Veränderlichen setzen. Lassen wir dann gleichzeitig an Stelle der Coefficienten der Normalform $(DX)(U\varDelta)$ Veränderliche U und X treten, so erhalten wir den folgenden Satz:

II. *Sei $\mathfrak{F}$ irgend eine analytische Invariante der ternären Form*

$$\Phi = (U_1 Q_1)^{m_1} \cdots (U_r Q_r)^{m_r} (A_1 X_1)^{n_1} \cdots (A_\varrho X_\varrho)^{n_\varrho},$$

sei ferner

$$\mathfrak{F}' = (B_1 Y_1)^{m_1} \cdots (B_r Y_r)^{m_r} (V_1 P_1)^{n_1} \cdots (V_\varrho P_\varrho)^{n_\varrho}$$

die Evectante der Invariante $\mathfrak{F}$. Dann hat die simultane Covariante von $\mathfrak{F}'$ und Φ:

$$(B_1 Q_1)^{m_1} \ldots (B_r Q_r)^{m_r} (A_1 P_1)^{n_1} \ldots (A_\varrho P_\varrho)^{n_\varrho}$$
$$\left\{ \sum_1^r{}_i\, m_i \frac{(B_i X)(U Q_i)}{(B_i Q_i)} - \sum_1^\varrho{}_i\, n_i \frac{(A_i X)(U P_i)}{(A_i P_i)} \right\}$$

den Werth

$$\frac{1}{3}\left\{ \sum m_i - \sum n_i \right\} \cdot g \,.\, \mathfrak{F} \,.\, (UX),$$

wobei g den Grad der Invariante $\mathfrak{F}$ bedeutet; umgekehrt ist das Bestehen dieser Relation auch eine hinreichende Bedingung dafür, dass eine vorgelegte homogene analytische Function $\mathfrak{F}$ der Coefficienten von Φ die Invarianteneigenschaft hat.

Kehren wir jetzt zu den Formulirungen Ia) und Ib) zurück, setzen an Stelle von ϱ die Zahl $\varrho + 2$, und führen die besondere Voraussetzung ein, dass die neu hinzugefügten beiden Formen lineare Formen seien, welche beziehungsweise eine Linie und einen Punkt vorstellen. Dann können wir in den Summen $\mathfrak{S}\overline{\mathfrak{F}}$ und $\Sigma\mathfrak{F}$ die Glieder abscheiden, welche Differentialquotienten nach den Coefficienten dieser linearen Formen enthalten, und haben dann das Theorem

III. *Um aus den Differentialgleichungen $\mathfrak{S}\overline{\mathfrak{F}} = 0$ oder $\Sigma\mathfrak{F} = 0$ der Invarianten die Differentialgleichungen der Covarianten der nämlichen Formen zu erhalten, haben wir nur ihren linken Seiten das Glied*

$$(5) \qquad \begin{aligned} &(DX)\left(\frac{\partial\mathfrak{F}}{\partial X}\Delta\right) - (U\Delta)\left(D\,\frac{\partial\mathfrak{F}}{\partial U}\right) \\ &= \sum_1^3{}_i \left\{ (DX)\frac{\partial\mathfrak{F}}{\partial X_i}\Delta_i - (U\Delta)\, D_i \frac{\partial\mathfrak{F}}{\partial U_i} \right\} \end{aligned}$$

hinzuzufügen.

Dass die infinitesimalen Transformationen, deren Symbole die Ausdrücke $\mathfrak{S}\overline{\mathfrak{F}}$ oder $\Sigma\mathfrak{F}$ sind, eine Gruppe erzeugen, und dass dasselbe auch für die infinitesimalen Transformationen $\mathfrak{S}\overline{\mathfrak{F}}$, $\{\frac{\partial\overline{\mathfrak{F}}}{\partial\mathfrak{x}^{(i)}}\,\mathfrak{X}^{(i)}\}$ oder $\Sigma\mathfrak{F}$, $[\mathfrak{F}_i', \Phi_i]$ gilt, haben wir in § 16 und § 17 ausführlich besprochen. Darin liegt bereits, dass die unabhängigen unter den

Gleichungen $\mathfrak{S}\overline{\mathfrak{F}} = 0$ oder $\Sigma\mathfrak{F} = 0$, und ebenso die unabhängigen unter den Gleichungen $\mathfrak{S}\overline{\mathfrak{F}} = 0, \{\frac{\partial \overline{\mathfrak{F}}}{\partial \mathfrak{x}^{(i)}} \mathfrak{X}^{(i)}\} = 0$ oder $\Sigma\mathfrak{F} = 0, [\mathfrak{F}_i', \Phi_i] = 0$ je ein vollständiges System bilden. Es fragt sich nur, wie viele unter diesen Gleichungen eine Folge der übrigen sind. Die Frage, wie viele unabhängige unter obigen Gleichungen übrig bleiben, ist aber dieselbe, wie die: „Nach wie vielen unabhängigen Fortschreitungsrichtungen ein Punkt $\mathfrak{x}_1^{(1)} \ldots \mathfrak{x}_{N_\varrho}^{(\varrho)}$ allgemeiner Lage des Raumes N^{ter} Dimension, als dessen Coordinaten wir die Parameter der ϱ gegebenen Normalformen deuteten, durch die Transformationen der Gruppe $\mathfrak{G}_8$ einerseits und die der Gruppe $\mathfrak{G}_{8+\varrho}$ andererseits fortgeführt wird" oder „welches die Dimension der grössten Körper oder der transitiv transformirten Punktmannigfaltigkeiten (S. 105) ist, in welche der genannte Raum erstens durch die Transformationen der Gruppe $\mathfrak{G}_8$, zweitens durch die Transformationen der Gruppe $\mathfrak{G}_{8+\varrho}$ zerlegt wird". [*Lie* S. 216 oben.] Die Antwort hierauf aber haben wir bereits in § 10 gegeben; denn obwohl wir dort zunächst festsetzten, dass die Coefficienten der betrachteten Formen $F_1 \ldots F_\varrho$ von einander unabhängig sein sollen, so haben wir doch auch hervorgehoben, dass die Entwickelungen jenes Paragraphen noch auf Formen ausgedehnt werden können, deren Coefficienten durch das Verschwinden *linearer* Covarianten an einander gebunden sind. (S. 109.) Mithin ergibt sich das Theorem

IV. *Ist das System der vorgelegten Normalformen keines der in der Tafel § 10 S. 108 aufgezählten Systeme* 1) ... 8), *so bilden die Gleichungen* $\mathfrak{S}\overline{\mathfrak{F}} = 0$ *oder* $\Sigma\mathfrak{F} = 0$ *ein achtgliedriges, im anderen Falle aber ein* $(8 - t)$*-gliedriges vollständiges System. Die* $N - 8$, *beziehungsweise* $N - 8 + t$ *unabhängigen Invarianten bilden das volle System der gemeinsamen unabhängigen Lösungen dieser Gleichungen.*

Im ersten Falle bilden ferner die Gleichungen $\mathfrak{S}\overline{\mathfrak{F}} = 0$ *und* $\{\mathfrak{U}^{(i)}\mathfrak{X}^{(i)}\}\overline{\mathfrak{F}} = 0$ $(i = 1, 2, \cdots \varrho)$ *oder die entsprechenden Gleichungen* $\Sigma\mathfrak{F} = 0$, $[\mathfrak{F}_i', \Phi_i] = 0$ *zusammen ein* $(8 + \varrho)$*-gliedriges, im zweiten ein* $(8 + \varrho - s)$*-gliedriges vollständiges System, dessen unabhängige Lösungen die* $N - 8 - \varrho$, *bezüglich* $N - 8 - \varrho + s$ *unabhängigen absoluten Invarianten darstellen.*

Hier ist $N = N^{(1)} + \cdots + N^{(\varrho)}$ *die Gesammtzahl der unabhängigen Constanten der gegebenen Normalformen; Bedeutung und Werth der Zahlen* t *und* s *sind dieselben, wie in § 10 (S. 107, 108).*

Das vollständige System $\mathfrak{S}\overline{\mathfrak{F}} = 0$ oder $\Sigma\mathfrak{F} = 0$ gestattet sämmtliche infinitesimale Transformationen $\{\frac{\partial \overline{\mathfrak{F}}}{\partial \mathfrak{x}_i} \mathfrak{X}_i\}$, bezüglich $[\mathfrak{F}_i', \Phi_i]$.

[*Lie* Cap. 8.] Dem entspricht der Umstand, dass sich alle nicht-homogenen Functionen mit Invarianteneigenschaft durch homogene Functionen derselben Art, die Invarianten, ausdrücken lassen. Diese letzteren sind die einzigen Lösungen der Gleichungen $\Sigma \mathfrak{F} = 0$, aus welchen sich durch die Transformationen $[\mathfrak{F}_i', \Phi_i]$ keine neuen Lösungen herleiten lassen.

Dass die Gleichungen $\mathfrak{S}\overline{\mathfrak{F}} = 0$ oder die Gleichungen $\Sigma \mathfrak{F} = 0$ *höchstens* acht unabhängige Gleichungen vertreten können, bestätigt man sogleich durch die Bemerkung, dass die Ausdrücke $\mathfrak{S}\overline{\mathfrak{F}}$ und $\Sigma \mathfrak{F}$ nur von acht homogen auftretenden willkürlichen Parametern abhängen, nämlich den Coefficienten der Normalform $(DX)(U\Delta)$, welche zusammen acht linear unabhängige Grössen vertreten. —

Will man die Differentialgleichungen der Invarianten praktisch zur Berechnung von Invarianten verwerthen, so ist es nicht zweckmässig, sämmtliche acht unabhängige Gleichungen neben einander zu gebrauchen. Eine Function, welche zwei dieser Differentialgleichungen genügt, genügt ja von selbst der Differentialgleichung, welche man durch Combination aus den linken Seiten jener ableiten kann. Man wird also nur so viele Differentialgleichungen zu berücksichtigen haben, als erforderlich sind, um aus ihnen durch fortgesetzte Combination das ganze vollständige System zu gewinnen. Man kann aber bereits durch *zwei* geeignet gewählte infinitesimale Transformationen der allgemeinen projectiven Gruppe und die aus ihnen durch Combination hervorgehenden Transformationen die ganze Gruppe erzeugen, und also auch durch fortgesetzte Combination der linken Seiten der entsprechenden Differentialgleichungen das ganze vollständige System herstellen. Ein möglichst einfaches Beispiel zweier Transformationen der genannten Art ist das folgende:

$$(6)\qquad \begin{gathered} X_2 U_2 - X_3 U_3, \\ (X_1 + X_2 + X_3)(U_2 + U_3 - 2\,U_1); \end{gathered}$$

man überzeugt sich durch wirkliche Ausrechnung, dass man durch fortgesetzte Combination aus diesen bilinearen Normalformen die ganze Mannigfaltigkeit aller bilinearen Normalformen ableiten kann.[32]) Für die Anwendung bequemer als der Gebrauch der Transformationen (6) dürfte die Verwendung der folgenden infinitesimalen Transformationen sein, welche ebenfalls die ganze Gruppe erzeugen:

$$(7)\qquad X_2 U_3,\ X_3 U_1,\ X_1 U_2.$$

Sie sind zwar drei an Zahl, man hat aber dafür weniger Glieder zu bilden, als im vorhergehenden Falle. —

Kennt man ein System von Formen $\mathfrak{F}_1' \dots \mathfrak{F}_\varrho'$, welche den Gleichungen (3) oder den Gleichungen (3) und (4) zusammen genügen, und haben diese Formen ausserdem die erforderlichen Gradzahlen in den Coefficienten von $\Phi_1 \dots \Phi_\varrho$, so kann man fragen, unter welcher Bedingung die Formen $\mathfrak{F}_1' \dots \mathfrak{F}_\varrho'$ Evectanten einer und derselben Function $\mathfrak{F}$, also Evectanten einer Invariante oder absoluten Invariante sind. Die Bedingungsgleichungen hierfür, welche sich aus den elementaren Principien der Differentialrechnung ergeben, lassen sich in einer übersichtlichen Weise zusammenfassen.

Man schreibe $\mathfrak{F}_i'$ in Veränderlichen X und U, $\mathfrak{F}_\varkappa'$ in Veränderlichen Y und V. Dann bilde man die Evectante $\mathfrak{F}''_{i(\varkappa)}$ von $\mathfrak{F}_i'$ in Bezug auf $\Phi_\varkappa$, geschrieben in Y und V, ferner die Evectante $\mathfrak{F}''_{\varkappa(i)}$ von $\mathfrak{F}_\varkappa'$ in Bezug auf Φ_i, geschrieben in X und U. Dann ist das Bestehen der sämmtlichen Relationen

$$\mathfrak{F}''_{i(\varkappa)} = \mathfrak{F}''_{\varkappa(i)},$$

einschliesslich derjenigen, welche sich ergeben, wenn man $\varkappa = i$ setzt:

$$(\mathfrak{F}_i'(X,U))'_{Y,V} = (\mathfrak{F}_i'(Y,V))'_{X,U}$$

die gesuchte Bedingung. —

In dem Falle $\varrho = 1$ haben die Gleichungssysteme (3) und (3), (4) auch dann noch einen einfachen Sinn, wenn man auf die Forderung verzichtet, dass die in ihnen auftretende Form $\mathfrak{F}'$ eine Evectante sein soll. Beschränken wir uns auf das erstere Gleichungssystem, verlangen also, dass die Gleichung

$$[S\,\Phi, F] = 0$$

für eine Form F der zu Φ dualistischen Classe bestehen soll unabhängig von der Wahl der Normalform S.

Dann definirt diese Gleichung eine der Form Φ zugehörige covariante Schaar von Formen F; und zwar ist dies gerade die lineare Schaar, welche durch die Evectanten der unabhängigen Invarianten der Form Φ bestimmt wird (S. 50, 103). Der Satz, dass den Gleichungen $[S\,\Phi, F] = 0$ gerade soviele unabhängige Formen F genügen, als unabhängige Invarianten im System der Form Φ vorhanden sind (nämlich $N - 8 + t$), gilt indessen für specialisirte Formen Φ nur so lange, als die Parameterzahl r der Gruppe von linearen Transformationen, welche die Form Φ gestattet, ihren kleinst-möglichen Betrag t beibehält (S. 107); in jedem anderen Falle erhält man eine ausgedehntere Schaar mit $N-8+\tau$ unabhängigen Formen F. Nehmen wir nämlich an, dass obigem Gleichungssystem $N-8+\tau$ unabhängige Formen F genügen, so folgt, dass das System der Formen $S\Phi$ nur $8-\tau$ linear unabhängige Formen enthält. Dann müssen sich aber τ linear unabhängige Formen $S_1 \ldots S_\tau$ angeben lassen, welche den Ausdruck $S\Phi$ zu Null machen; das heisst die Form Φ gestattet τ unabhängige infinitesimale Transformationen. Ebenso folgt das Umgekehrte, dass eine Erhöhung der Parameterzahl τ eine entsprechende Erhöhung der Zahl der linear unabhängigen Formen F nach sich zieht.

Es ist beachtenswerth, dass zwischen den Formen F, Φ, welche obigem Gleichungssystem genügen, ein gewisses Reciprocitätsverhältniss besteht. Es ist nämlich

$$[S\Phi, F] + [SF, \Phi] = 0;$$

gehört also die Form F zu der durch Φ bestimmten Formenschaar, so gehört auch Φ der Formenschaar an, welche durch F definirt ist.

Aehnliches gilt von dem erweiterten Gleichungssystem

$$[S\Phi, F] = 0, \quad [\Phi, F] = 0.$$ [33])

Alles bis hierher Vorgetragene bezieht sich nicht nur auf ganze Functionen, sondern auf analytische Functionen überhaupt; ganze Functionen haben in dieser Theorie nichts Ausgezeichnetes.

Die ganzen homogenen Functionen der Coefficienten einer oder mehrerer Grundformen Φ nehmen aber in anderer Hinsicht eine besondere Stellung ein; insofern nämlich auf sie die symbolische Darstellung anwendbar ist. (§ 2.) *Welches ist nun der Zusammenhang der symbolischen Schreibart der Invarianten mit den Differentialgleichungen, welchen diese Functionen genügen?*

Achten wir auf die begriffliche Bedeutung der von uns mit Σ bezeichneten Operation, so leuchtet ohne Weiteres ein, dass jede ganze Function $\mathfrak{F}$ von symbolischen Factoren der drei Typen (ABC), (AP), (PQR) die Differentialgleichungen der Invarianten identisch befriedigt. $\Sigma\mathfrak{F}.\delta t$ ist ja der Zuwachs der Function $\mathfrak{F}$ bei der infinitesimalen Transformation $S^0 + S\delta t$; der Ausdruck $\Sigma\mathfrak{F}$ hat daher für eine Function $\mathfrak{F}$ mehrerer anderer Functionen $\mathfrak{F}_1, \mathfrak{F}_2, \ldots$ nach den allgemeinen Regeln der Differentialrechnung den Werth

$$\Sigma\mathfrak{F} = \frac{\partial\mathfrak{F}}{\partial\mathfrak{F}_1}\,\Sigma\mathfrak{F}_1 + \frac{\partial\mathfrak{F}}{\partial\mathfrak{F}_2}\,\Sigma\mathfrak{F}_2 + \cdots.$$

Die Functionen $\mathfrak{F}_1, \mathfrak{F}_2, \ldots$ können hier auch nur symbolische Grössen sein, da wir nach Satz III § 1 eine lineare Transformation immer in der Weise ausführen können, dass wir die symbolischen Factoren aller in Betracht kommenden Grundformen Φ einzeln transformiren. Identificiren wir nun die Functionen $\mathfrak{F}_1, \mathfrak{F}_2, \ldots$ mit Factoren der Typen (ABC), (AP), (PQR), so folgt ohne Weiteres, dass die Operation Σ angewendet auf irgend eine Summe von Producten dieser Factoren Null liefert; in der That hat man zufolge der auf Seite 75 angegebenen Identitäten:

$$\begin{aligned}\Sigma(ABC) &= -(A\varDelta)(DBC) - (B\varDelta)(ADC) - (C\varDelta)(ABD)\\ &= -(D\varDelta).(ABC) = 0\\ \Sigma(AP) &= (DP)(A\varDelta) - (A\varDelta)(DP) = 0\\ \Sigma(PQR) &= (DP)(\varDelta QR) + (DQ)(P\varDelta R) + (DR)(PQ\varDelta)\\ &= (D\varDelta).(PQR) = 0,\end{aligned}$$

da wir $S = (DX)(U\varDelta)$ hier überall als eine Normalform voraussetzen.

Folgt hiernach aus der Bedeutung der Operation Σ unmittelbar, dass jeder symbolische Ausdruck mit Gliedern (ABC), (AP), (PQR) die Differentialgleichungen der Invarianten identisch befriedigt, so ist dies doch an der endgiltigen Form, welche wir diesen Differentialgleichungen gegeben haben, nämlich

$$(8) \qquad \sum_1^{\varrho}{}_i\,[\mathfrak{F}'_i, - S\Phi_i] = 0$$

nicht ohne Weiteres zu sehen; denn diese Differentialgleichungen enthalten partielle Differentialquotienten nach den Coefficienten der Grundformen Φ, und nicht nach deren Symbolen. Hätten wir nach den Symbolen differentiirt, also an Stelle der Formen Φ_i deren symbolische Factoren gesetzt, so würden wir ein ganz anderes System von Differentialgleichungen erhalten haben, nämlich ein System von Differentialgleichungen für die Invarianten gewisser linearer Formen. Sei vorgelegt ein System von linearen Formen $\Psi_1 \ldots \Psi_r$

$$(UQ_1)\ldots(UQ_i), \quad (A_{i+1}X)\ldots(A_rX);$$

seien ferner

$$(B_1X)\ldots(B_iX), \quad (UP_{i+1})\ldots(UP_r)$$

die Evectanten einer Function $\mathfrak{F}$ der Coefficienten von $\Psi_1 \ldots \Psi_r$, so lauten die Differentialgleichungen der Invarianten dieser Formen nach unseren allgemeinen Regeln:

$$(9)\qquad \begin{aligned}&(DQ_1)(B_1\Delta) + \cdots + (DQ_i)(B_i\Delta)\\ &-(A_{i+1}\Delta)(DP_{i+1}) - \cdots - (A_r\Delta)(DP_r) = 0.\end{aligned}$$

Welches ist nun der genaue Zusammenhang zwischen den Gleichungen (8), und den Gleichungen (9), die man erhält, wenn man die Formen $\Psi_1 \ldots \Psi_r$ mit den verschiedenen symbolischen Factoren der Formen Φ_i identificirt? Oder: *Wie kann man aus den Differentialgleichungen* (9) *der Invarianten linearer Formen die Differentialgleichungen* (8) *der Invarianten der allgemeinsten algebraischen Formen* Φ *herleiten?*

Es wird genügen, auch diese Frage für einen einfachen Fall zu beantworten, der aber noch allgemein genug gewählt ist, um das in Betracht kommende Princip sehen zu lassen, den Fall *einer* Grundform

$$\Phi = (UQ)^m (AX)^n.$$

Sei $\mathfrak{F}$ eine ganze Invariante p^{ten} Grades der Form Φ, so genügt diese Function erstens den Gleichungen (8), d. h. in unserem Falle, es verschwindet der Ausdruck

$$\begin{aligned}\Sigma\mathfrak{F} = m\,.\,&(A'Q)^{m-1}(A'\Delta)(DQ)\,.\,(AQ')^n\\ -\,n\,&(AQ')^{n-1}(A\Delta)(DQ')\,.\,(A'Q)^m.\end{aligned}$$

Schreiben wir zweitens, nach Ausführung der in § 2 geschilderten Operationen $\mathfrak{F}$ symbolisch als Function $\overline{\overline{\mathfrak{F}}}$ der Coefficienten der $2p$ linearen Formen (UQ_1), $(A_1X), \ldots (UQ_p)$, (A_pX), so erhalten wir als Bedingung der Invarianteneigenschaft von $\mathfrak{F}$ Differentialgleichungen von der Form (9):

$$\Sigma\overline{\overline{\mathfrak{F}}} = \sum_1^p{}_i \{(DQ_i)(B_i\Delta) - (DP_i)(A_i\Delta)\} = 0,$$

sofern wieder (B_1X), $(UP_1), \ldots (B_pX)$, (UP_p) die $2p$ Evectanten der Function $\overline{\overline{\mathfrak{F}}}$ nach (UQ_1), $(A_1X), \ldots (UQ_p)$, (A_pX) bedeuten.

Um nun die Identität der Ausdrücke $\Sigma\mathfrak{F}$ und $\Sigma\overline{\overline{\mathfrak{F}}}$ zu erweisen, schreiben wir $\mathfrak{F}$ zunächst nach p-maliger Anwendung des Aronholdschen Processes und nachheriger Division durch $p!$ als p-fach lineare Function $\overline{\mathfrak{F}}$ der Coefficienten von p verschiedenen Formen $\Phi_1 \ldots \Phi_p$. (S. 46.) Sind dann $\overline{\mathfrak{F}}_1' \ldots \overline{\mathfrak{F}}_p'$ die p zugehörigen Evectanten, so hat man $\mathfrak{F}' \doteq p\overline{\mathfrak{F}}_i' = \overline{\mathfrak{F}}_1' + \cdots + \overline{\mathfrak{F}}_p'$, wenn man nachträglich wieder $\Phi_1 = \cdots = \Phi_p = \Phi$ setzt; es geht also $\Sigma\mathfrak{F}$ über in

$$\Sigma\overline{\mathfrak{F}} = \sum_1^p {}^i \{m (A_i' Q_i)^{m-1} (A_i' \varDelta) (D Q_i) . (A_i Q_i')^n$$
$$- n (A_i Q_i')^{n-1} (A_i \varDelta) (D Q_i') . (A_i' Q_i)^m\},$$

worin die Bezeichnung wohl keiner neuen Erklärung bedarf.

Das i^{te} Glied dieses Ausdrucks wird nun gleich dem i^{ten} Gliede von $\Sigma\overline{\overline{\mathfrak{F}}}$. Es wird genügen, dies für den Fall $p = 1$ zu erweisen (in welchem wir die Indices i wieder weglassen dürfen), da in jeder einzelnen Evectante mit dem Index i die Formen mit anderen Indices wie blose Constante behandelt sind. Um die Evectante der nunmehr als linear vorauszusetzenden Function $\mathfrak{F}$ oder $\overline{\mathfrak{F}}$ zu bilden, können wir offenbar so verfahren: Wir bilden die m^{te} Evectante von $\overline{\overline{\mathfrak{F}}}$ in Bezug auf die Form $(U Q)$, und setzen die neu eingeführten Veränderlichen unter einander gleich, wodurch die Form $\overline{\overline{\mathfrak{F}}}{}^{(m)}_{Q^{(m)}}$ entstehen möge. Dann bilden wir die n^{te} Evectante wiederum dieser Function in Bezug auf die Form $(A X)$, und setzen wieder die neu eingeführten Veränderlichen einander gleich, wodurch $\overline{\overline{\mathfrak{F}}}{}^{(m+n)}_{Q^{(m)}A^{(n)}}$ entstehen möge; endlich dividiren wir das Ganze durch $m!\,n!$; so dass wir schliesslich erhalten:

$$\overline{\mathfrak{F}}' = \frac{1}{m!\,n!}\,\overline{\overline{\mathfrak{F}}}{}^{(m+n)}_{Q^{(m)}A^{(n)}}.$$

Um nun das erste der beiden Glieder von $\Sigma\overline{\mathfrak{F}}$ zu bilden, verfahren wir so: Wir schreiben in $\overline{\mathfrak{F}}' = (A'X)^m (U Q')^n$ an Stelle von U wieder A. Dann entsteht nach dem Euler'schen Theorem:

$$(A'X)^m (A Q')^n = \frac{1}{m!}\,\overline{\overline{\mathfrak{F}}}{}^{(m)}_{Q^{(m)}}.$$

Hierauf ersetzen wir $m - 1$ Symbole X durch Q, wodurch

$$(A'X)(A'Q)^{m-1}(A Q')^n = \frac{1}{m}\,\overline{\overline{\mathfrak{F}}}{}^{(1)}_{Q^{(1)}} = \frac{1}{m}\,(BX)$$

entsteht; endlich ersetzen wir X durch $m\varDelta\,(D Q)$. Dadurch erhalten wir die Gleichung

$$m\,(A'Q)^{m-1}(A'\varDelta)(D Q)(A Q')^n = (B\varDelta)(D Q).$$

Ebenso aber ergibt sich

$$n\,(A Q')^{n-1}(A\varDelta)(D Q') . (A'Q)^m = (D P)(A\varDelta).$$

Wir haben also in der That unter der Voraussetzung, dass $\mathfrak{F}$, $\overline{\mathfrak{F}}$, $\overline{\overline{\mathfrak{F}}}$ nur verschiedene Schreibarten derselben Invariante sind,

$$\Sigma\mathfrak{F} = \Sigma\overline{\mathfrak{F}} = \Sigma\overline{\overline{\mathfrak{F}}},$$

oder endlich:

$$\begin{aligned} & m\,(A'Q)^{m-1}\,(A'\varDelta)\,(DQ)\,.\,(AQ')^{n} \\ (10) \qquad & -n\,(AQ')^{n-1}\,(A\varDelta)\,(DQ')\,.\,(A'Q)^{m} \\ & = \sum_{1}^{p}{}^{i}\,\{(DQ_i)\,(B_i\varDelta) - (DP_i)\,(A_i\varDelta)\}. \end{aligned}$$

Wir sind hiermit auch durch wirkliche Ausrechnung zu der Einsicht gelangt, dass jedes symbolische Product mit Factoren der Typen (ABC), (AP), (PQR) die Differentialgleichungen (8) der Invarianten befriedigt.

Die vorstehende Umformung mag noch durch ein einfaches *Beispiel* erläutert werden.

Wir können den Ausdruck $(A_1 A_2 A_3)^2$ erstens auffassen als Invariante $\mathfrak{F}$ einer quadratischen Form $\Phi = (AX)^2$. Ist dann

$$\mathfrak{F}' = (UQ')^2 = 3\,(UA_2A_3)^2$$

die Evectante von $\mathfrak{F}$, so haben wir

$$\begin{aligned} \Sigma\mathfrak{F} &= -2\,(AQ')\,(A\varDelta)\,(DQ') \\ &= -6\,(A_1A_2A_3)\,(A_1\varDelta)\,(DA_2A_3) = -2\,(A_1A_2A_3)^2.(D\varDelta) = 0, \end{aligned}$$

Wir können ihn zweitens ansehen als simultane Invariante $\overline{\mathfrak{F}}$ von drei verschiedenen quadratischen Formen $(A_1X)^2$, $(A_2X)^2$, $(A_3X)^2$. Seien $(UQ_1)^2 = (UA_2A_3)^2$, $(UQ_2)^2 = (A_1UA_3)^2$, $(UQ_3)^2 = (A_1A_2U)^2$ die drei bezüglichen Evectanten, so wird

$$\begin{aligned} \Sigma\overline{\mathfrak{F}} &= -2\sum_{1}^{3}(A_1Q_1')\,(A_1\varDelta)\,(DQ_1') \\ &= -2\sum_{1}^{3}(A_1A_2A_3)\,(A_1\varDelta)\,(DA_2A_3) = 0, \end{aligned}$$

wo sich hinter den Summenzeichen die nicht hingeschriebenen Glieder aus dem ersten durch cyclische Vertauschung der Indices ergeben.

Endlich können wir $(A_1A_2A_3)^2$ betrachten als simultane Invariante $\overline{\overline{\mathfrak{F}}}$ von drei linearen Formen (A_1X), (A_2X), (A_3X). Seien (UP_1), (UP_2), (UP_3) die zugehörigen Evectanten, beziehungsweise gleich $2\,(A_1A_2A_3)\,(UA_2A_3)$, $2\,(A_1A_2A_3)\,(A_1UA_3)$, $2\,(A_1A_2A_3)\,(A_1A_2U)$, so haben wir in diesem Falle

$$\begin{aligned} \Sigma\overline{\overline{\mathfrak{F}}} &= -\sum_{1}^{3}(A_1\varDelta)\,(DP_1) \\ &= -2\sum_{1}^{3}(A_1A_2A_3)\,(A_1\varDelta)\,(DA_2A_3) = 0 \end{aligned}$$

Rechts ergeben sich in allen drei Fällen die nämlichen symbolischen Ausdrücke, wenn wir die drei Formen $(A_1 X)^2$, $(A_2 X)^2$, $(A_3 X)^2$ identificiren. —

Fassen wir die Gleichungen (9) noch einmal in's Auge, und zwar für den besonderen Fall von drei linearen Formen $(A_1 X)$, $(A_2 X)$, $(A_3 X)$ derselben Art. Sie lauten dann

$$(A_1 \varDelta)(DP_1) + (A_2 \varDelta)(DP_2) + (A_3 \varDelta)(DP_3) = 0.$$

Damit diese Differentialgleichungen für jede beliebige Normalform $(DX)(U\varDelta)$ erfüllt seien, genügt es aber nach Obigem, ihr Bestehen für drei bestimmte Normalformen vom Typus (7) nachzuweisen. Setzen wir nun für $(DX)(U\varDelta)$ der Reihe nach $(A_2 X)(A_2 A_3 U)$, $(A_3 X)(A_3 A_1 U)$, $(A_1 X)(A_1 A_2 U)$, was gestattet ist, so erhalten wir die einfacheren Bedingungen

$$(A_2 P_1) = 0, \quad (A_3 P_2) = 0, \quad (A_1 P_3) = 0;$$

oder endlich, wenn wir für $(A_1 X)$, $(A_2 X)$, $(A_3 X)$ bezüglich $\varPhi_1$, $\varPhi_2$, $\varPhi_3$ schreiben:

$$[\mathfrak{J}_1', \varPhi_2] = 0, \quad [\mathfrak{J}_2', \varPhi_3] = 0, \quad [\mathfrak{J}_3', \varPhi_1] = 0.$$

Da man diese Betrachtung ohne Schwierigkeit auf ein System von m linearen Formen eines Gebietes m^{ter} Stufe ausdehnen kann, so ergibt sich der Satz:

V. *Damit eine analytische Invariante $\mathfrak{J}$ von m Formen $\varPhi_1 \ldots \varPhi_m$, welche die nämlichen Ordnungszahlen haben, eine Combinante dieser Formen sei, ist die nothwendige und ausreichende Bedingung das Bestehen der m Differentialgleichungen*

$$(11) \qquad [\mathfrak{J}_1', \varPhi_2] = 0, \quad [\mathfrak{J}_2', \varPhi_3] = 0, \ldots [\mathfrak{J}_m', \varPhi_1] = 0,$$

worin $\mathfrak{J}_i'$ wie oben die Evectante von $\mathfrak{J}$ in Bezug auf die Form $\varPhi$ bedeutet.

Es folgt dies sofort aus der Definition der Combinanten als simultaner Invarianten gewisser linearer Formen eines Gebietes m^{ter} Stufe.

Die m Gleichungen (11) ziehen (durch Combination) die sämmtlichen $m(m-1)$ Gleichungen von der Form $[\mathfrak{J}_i', \varPhi_\varkappa] = 0$ $(i \neq \varkappa)$ nach sich.

Partielle Differentialgleichungen für Invarianten wurden wohl zuerst von Herrn *Cayley* aufgestellt.[34]) Er gab zwei Differentialgleichungen für die Invarianten binärer Formen an, und zeigte, dass dieselben zur Definition dieser Invarianten hinreichen; auch leitete er aus ihnen durch Combination eine dritte ab. Später dienten die Differentialgleichungen der Invarianten *Aronhold* zur Begründung der Invariantentheorie überhaupt.[35]) Aronhold nimmt sogleich ein Gebiet n^{ter} Stufe in Angriff, macht aber von der als „Combination" bezeichneten Operation keinen Gebrauch. Er stellt zunächst ein System von n^2 linearen homogenen partiellen Differentialgleichungen 1. O. für die absoluten Invarianten einer Grundform $(AX)^n$ auf, sucht nachzuweisen, dass dieselben gemeinsame Lösungen besitzen, und versucht die Anzahl dieser Lösungen, d. h. die Zahl der algebraisch unabhängigen absoluten Invarianten zu bestimmen. Dann erst wird auf Grund des Satzes, dass jede rationale Invariante Quotient zweier (in unserer Terminologie) ganzer Invarianten ist, zur Behandlung dieser letzteren fortgeschritten; es wird auch für sie ein System von n^2 partiellen Differentialgleichungen aufgestellt, von welchen aber nun eine nicht mehr homogen ist — diejenige, welche das Euler'sche Theorem für homogene Functionen eines von Null verschiedenen Grades vorstellt. Einen wesentlichen Fortschritt that dann *Clebsch* mit dem Nachweise, dass die n^2 Differentialgleichungen der absoluten Invarianten ein in dem von ihm festgestellten Sinne vollständiges System bilden.[36])

Die Thatsache, dass schon die $n^2 - 1$ homogenen Differentialgleichungen der Invarianten eines unbestimmten Grades für sich allein genommen ein vollständiges System bilden, scheint merkwürdiger Weise sowohl Clebsch, als auch denen, die später über den Gegenstand geschrieben haben, entgangen zu sein; wenigstens finde ich sie nirgends erwähnt.

Die im Vorstehenden entwickelte Theorie unterscheidet sich von den älteren, auf denselben Gegenstand bezüglichen Untersuchungen in mehrfacher Hinsicht.

Der Verfasser war in der glücklichen Lage, sich auf die mittlerweile entwickelte Theorie der Transformationsgruppen stützen zu können; die Anwendung der allgemeinen Begriffsbildungen, welche wir dem bewundernswürdigen Werke von *S. Lie* entnehmen konnten, auf den vorliegenden besonderen Fall gestattete, der Theorie der in Rede stehenden Differentialgleichungen einen tieferen begrifflichen Inhalt zu geben, und die Grundgedanken deutlicher hervortreten zu lassen, als es früher möglich war.

In der analytischen Darstellung ist an dem Principe festgehalten worden, nur solche Operationen zu verwenden, welche invariant sind gegenüber der Gruppe aller linearen Transformationen, d. h. sich nach Ausführung einer beliebigen linearen Transformation in Processe der nämlichen Art verwandeln. Es werden daher die Differentialgleichungen der Invarianten nicht alle einzeln geschrieben, denn eine solche einzelne Differentialgleichung (wie z. B. das Aronhold'sche $D_{i\varkappa}F = 0$) behält die Ausführung einer linearen Transformation im Allgemeinen keineswegs ihre Form bei; es wird vielmehr der Inbegriff aller derjenigen Differentialgleichungen, welche erst als Gleichungssystem zusammen genommen die erwähnte Eigenschaft haben (die Aronhold'schen Gleichungen $D_{i\varkappa}F = 0$, $D_{ii}F - D_{\varkappa\varkappa}F = 0$), in eine einzige Gleichung zusammengefasst, deren Form nun durch lineare Transformation nicht mehr zerstört wird. Dies gelingt durch Einführung der bilinearen Normalformen als Symbole linearer infinitesimaler Transformationen.

Hierdurch wird es u. A. auch möglich, die bisher nur für einen ziemlich speciellen Fall entwickelte Theorie in derselben Form auch auf die allgemeinsten simultanen Systeme auszudehnen, deren einzelne Formen beliebig viele Veränderliche beider Arten enthalten, und ausserdem in ihrer Veränderlichkeit durch das Verschwinden beliebig vorzuschreibender linearer Covarianten beschränkt sind.

§ 19.

Das von Clebsch angegebene Uebertragungsprincip.

Ein Zusammenhang zwischen der Theorie der binären und derjenigen der ternären Formen wird hergestellt durch eine jede Form, welche gleichzeitig Veränderliche eines binären und eines von diesem unabhängigen ternären Gebietes enthält. Wir wollen hier nur die allereinfachste dieser Formen betrachten, eine Form, in welcher nur je eine Veränderliche beider Gebiete, und auch diese nur in linearer Weise auftritt. Wir bezeichnen dieselbe symbolisch durch den Ausdruck

$$(1) \qquad (UM)(\mu t),$$

worin U eine Linie des ternären Gebietes, t einen Punkt des binären Gebietes bezeichnen möge.

Man übersieht sogleich, dass eine jede Covariante dieser Form, welche den symbolischen Factor $(\mu\mu')$ hat, die entsprechenden Symbole M, M' in der Verbindung $\widehat{MM'}$ enthalten muss, und umgekehrt; die Form (1) besitzt also nur eine einzige Covariante, die rein ternäre Form

$$(2) \qquad (VX) = \tfrac{1}{2}(MM'X)(\mu\mu').$$

Setzt man die Form (1) gleich Null, betrachtet U als veränderlich, und lässt t alle Werthe durchlaufen, so erhält man im Allgemeinen alle Punkte einer Geraden V der Ebene, welche durch die Gleichung $(VX) = 0$ dargestellt wird; betrachtet man U als gegeben, so stellt die Gleichung $(UM)(\mu t) = 0$ denjenigen Punkt des binären Gebietes der Geraden V dar, welcher von der Geraden U ausgeschnitten wird. Dieser Punkt wird unbestimmt, wenn man $U = V$ setzt; in der That überzeugt man sich sofort, dass die Covariante $(VM)(\mu t)$, wie überhaupt jede Form mit dem Factor $(MM'M'')$ identisch verschwindet.

Verschwindet die Covariante (VX) identisch, so zerfällt die Form (1) in zwei (im Sinne der Functionentheorie) getrennte Factoren, und stellt daher, gleich Null gesetzt, nicht mehr die Punkte einer geraden Linie dar. Diesen Fall schliessen wir weiterhin von der Betrachtung aus.

Mit Hilfe der Form (1) erledigen wir sogleich die nachfolgende einfache, aber wichtige Aufgabe:

„*Es seien gegeben eine oder mehrere ternäre Formen, welche als Veränderliche nur Punkte enthalten,*

(3) $$F_1 = (AX)^m (BY)^n \cdots, \quad F_2 = \cdots, \cdots,$$

und es seien sämmtliche Veränderliche an eine bestimmte Gerade V gebunden, so dass $(VX) = (VY) = \cdots = 0$.

Dann bestimmen die gleich Null gesetzten Formen $F_1, F_2, \ldots$ *Gleichungen oder Correspondenzen des binären Gebietes der Geraden V, die man auch durch gleich Null gesetzte binäre Formen*

(4) $$f_1 = (ax)^m (by)^n \ldots, \quad f_2 = \ldots, \ldots,$$

darstellen kann. Es soll die Relation zwischen den Formen (VX), F_1, $F_2, \ldots$ *gefunden werden, welche besagt, dass eine bestimmte Invariante oder Covariante der binären Formen* $f_1, f_2, \ldots$ *verschwindet.*“

Wir können mit Hilfe der Formel (1) sofort die binären Formen $f_1, f_2, \ldots$ herstellen, nämlich durch die Substitutionen

$$(UX) = (UM)(\mu x), \quad (UY) = (UM)(\mu y), \ldots;$$

es wird dann z. B.

$$f_1 = (ax)^m (by)^n \cdots = [(AM)(\mu x)]^m [(BM)(\mu y)]^n \cdots.$$

Eine in symbolischer Form geschriebene Covariante $\Pi\,(ab), \ldots, (cx), \ldots$ der binären Formen $f_1, f_2 \ldots$ geht nun durch obige Substitution über in ein entsprechendes Product

$$\begin{aligned} &\Pi\,(AM_1)(BM_2), \ldots (CM_3), \ldots (\mu_1\mu_2), \ldots (\mu_3 x), \ldots \\ &= \Pi\,(ABV) \ldots (CM_3) \ldots (\mu_3 x); \end{aligned}$$

aus dieser letzteren Form kann man aber die Symbole M und μ ganz fortschaffen, wenn man auch noch die Veränderliche x des binären Gebietes durch eine Substitution der Form

$$(xy) = (UM)(\mu y)$$

durch eine (natürlich nur bis auf Vielfache der linearen Form (VX) bestimmte) ternäre Form (UX) ausdrückt; unser Product nimmt dann endlich die Form an

$$\Pi\,(ABV) \ldots (CUV) \ldots;$$

und das Verschwinden dieses letzteren Ausdruckes, das im Falle Factoren (CUV) wirklich vorhanden sind, unabhängig von der Wahl der Veränderlichen U stattfinden muss, ist die gesuchte Bedingung.

Man ersetze also in der vorgelegten Invariante $\Pi\,(ab), \ldots (cx), \ldots$ *der binären Formen* (4) *jeden Factor* (ab) *durch einen Factor* (ABV), *und jeden Factor* (cx) *durch einen Factor* (AUV), *um eine ternäre Form zu erhalten, deren Verschwinden die gesuchte Relation darstellt.*[37])

Eine der wichtigsten Anwendungen dieses Uebertragungsprincips ist wohl diejenige, welche zur Einsicht in den Zusammenhang der Reihenentwickelung des § 4 mit der bekannten Reihenentwickelung für binäre Formen $(ay)^m\,(bz)^n$ führt: man erhält die letztere aus der ersteren unmittelbar durch die Substitutionen:

$$(UY) = (UM)\,(\mu y), \quad (UZ) = (UM)\,(\mu z).$$

Wir hätten diesen Zusammenhang natürlich benutzen können, um die Theorie der zweiten Gordan'schen Reihenentwickelung für ternäre Formen auf die Theorie der Reihenentwickelungen des binären Gebietes zurückzuführen. In Betreff weiterer Anwendungen verweisen wir auf die in der Vorrede citirten von Herrn *Lindemann* bearbeiteten Vorlesungen *Clebsch's*.

Eine Erweiterung der angewendeten Uebertragungsmethode kann man in verschiedenen Richtungen vornehmen. Man kann z. B. an Stelle der einen Form $(UM)\,(\mu t)$ deren mehrere, $(UM_1)\,(\mu_1 t_1)$, $(UM_2)\,(\mu_2 t_2), \ldots (NX)\,(\nu s), \ldots$ betrachten, in welchen die Veränderlichen $t_1, t_2, \ldots s, \ldots$ entweder alle demselben, oder auch verschiedenen binären Gebieten angehören. Seien z. B. $(UM_1)\,(\mu_1 t_1)$ und $(UM_2)\,(\mu_2 t_2)$ zwei solche Formen, mit den Covarianten $(V_1 X)$ und $(V_2 X)$, ferner $(AX)^2$ mit der Covariante $(U\mathsf{A})^2 = (ABU)^2$ eine ternäre quadratische Form. Dann reducirt sich die Bedingung $(\alpha\alpha')\,(\beta\beta') = 0$, dafür, dass die bilineare Correspondenz

$$(\alpha t_1)\,(\beta t_2) = (AM_1)\,(AM_2)\,(\mu_1 t_1)\,(\mu_2 t_2) = 0$$

ausartet, auf das Verschwinden der rein ternären Form $(V_1\mathsf{A})\,(V_2\mathsf{A})$, u. s. w.

Zweitens kann man an Stelle der Form $(UM)\,(\mu t)$ complicirter gebaute Formen setzen, z. B. diese $(UM)\,(\mu t)^2$.*) Man wird dann ein neues Uebertragungsprincip erhalten, in dessen Theorie ein von *Hesse* angeregter Gedanke zur wirklichen Durchführung gelangt. Hierauf werde ich bei einer anderen Gelegenheit ausführlich eingehen.

Hier sei nur noch anhangsweise kurz die Verallgemeinerung besprochen, die sich ergibt, wenn man an Stelle der binären und ter-

---

*) Eine weitere besonders beachtenswerthe Form dieser Art ist diejenige, welche symbolisch durch ein Product $(NX)^2\,(\nu t)^2$ dargestellt werden kann, da sie zur Theorie der allgemeinen ebenen Curve vierter Ordnung in einer sehr engen Beziehung steht.

nären Formen bezüglich ternäre und quaternäre Formen setzt; die Ausdehnung auf Formen mit Veränderlichen zweier Gebiete beliebiger Stufen wird dann ohne Weiteres klar.

Wollen wir das Uebertragungsprincip Clebsch's für ternäre und quaternäre Formen herleiten, so tritt an Stelle der Form (1) die Form

$$(\mathfrak{U}\mathfrak{M})(MX), \tag{5}$$

in welcher etwa $\mathfrak{U}$ eine veränderliche Ebene des Raumes, und X einen Punkt des ternären Gebietes bedeuten mag. Das volle Formensystem dieser Form (5) besteht ausser den identischen Covarianten beider Gebiete nur aus ihr selbst und den beiden Formen

$$\tfrac{1}{2}(\mathfrak{M}\mathfrak{M}'\mathfrak{X}\mathfrak{Y})(MM'U) \tag{6}$$

$$\tfrac{1}{6}(\mathfrak{M}\mathfrak{M}'\mathfrak{M}''\mathfrak{X})(MM'M'') = (\mathfrak{W}\mathfrak{X}). \tag{7}$$

Wir stellen nun zu jeder quaternären Form, welche nur Punkt- und Liniencoordinaten, also nur symbolische Factoren der beiden Typen

$$(\mathfrak{A}\mathfrak{X}),\ (\mathfrak{P}\mathfrak{P}'\mathfrak{X}\mathfrak{Y})$$

enthält, eine entsprechende ternäre Form her vermöge der Substitutionen:

$$\begin{aligned} &(\mathfrak{A}\mathfrak{M})(MX) = (AX) \\ &\tfrac{1}{2}(\mathfrak{P}\mathfrak{P}'\mathfrak{M}\mathfrak{M}')(MM'U) = (UP). \end{aligned} \tag{8}$$

Die drei Factorentypen, aus welchen sich die Invarianten aller ternären Formen zusammensetzen, nehmen dann vermöge dieser Substitutionen die Werthe an:

$$\begin{aligned} &(ABC) = (\mathfrak{A}\mathfrak{B}\mathfrak{C}\mathfrak{W}) \\ &(AP) = (\mathfrak{A}\mathfrak{P})(\mathfrak{W}\mathfrak{P}') - (\mathfrak{A}\mathfrak{P}')(\mathfrak{W}\mathfrak{P}) \\ &(PQR) = (\mathfrak{R}\mathfrak{R}'\mathfrak{P}\mathfrak{Q})(\mathfrak{W}\mathfrak{P}')(\mathfrak{W}\mathfrak{Q}') - (\mathfrak{R}\mathfrak{R}'\mathfrak{P}'\mathfrak{Q})(\mathfrak{W}\mathfrak{P}))(\mathfrak{W}\mathfrak{Q}') \\ &\qquad - (\mathfrak{R}\mathfrak{R}'\mathfrak{P}\mathfrak{Q}')(\mathfrak{W}\mathfrak{P}')(\mathfrak{W}\mathfrak{Q}) + (\mathfrak{R}\mathfrak{R}'\mathfrak{P}\mathfrak{Q}')(\mathfrak{W}\mathfrak{P})(\mathfrak{W}\mathfrak{Q}); \end{aligned} \tag{9}$$

und diese drei Formeln, von welchen bisher wohl nur die erste bemerkt worden ist, stellen das Uebertragungsprincip für den Raum und die Ebene dar.

Hätten wir die Liniensymbole anders geschrieben, und an Stelle eines jeden Factors $(\mathfrak{P}\mathfrak{P}'\mathfrak{X}\mathfrak{Y})$ einen Factor $(\mathfrak{D}\mathfrak{X})(\mathfrak{D}'\mathfrak{Y}) - (\mathfrak{D}\mathfrak{Y})(\mathfrak{D}'\mathfrak{X})$ eingeführt, so hätten wir statt der beiden letzten Formeln (9) die folgenden erhalten

$$\begin{aligned} &(AP) = (\mathfrak{D}\mathfrak{D}'\mathfrak{A}\mathfrak{W}) \\ &(PQR) = (\mathfrak{F}\mathfrak{D}\mathfrak{D}'\mathfrak{W})(\mathfrak{F}'\mathfrak{E}\mathfrak{E}'\mathfrak{W}) - (\mathfrak{F}'\mathfrak{D}\mathfrak{D}'\mathfrak{W})(\mathfrak{F}\mathfrak{E}\mathfrak{E}'\mathfrak{W}), \end{aligned} \tag{9b}$$

sofern nämlich an Stelle der Symbole $\mathfrak{P}$, $\mathfrak{Q}$, $\mathfrak{R}$ die Symbole $\mathfrak{D}$, $\mathfrak{E}$, $\mathfrak{F}$ treten.

§ 20.

Formen mit Veränderlichen zweier getrennter ternärer Gebiete.

Betrachten wir eine ternäre Form, welche mehrere Veränderliche beziehungsweise in den Graden $\begin{pmatrix} X_1 X_2, \ldots & U_1 U_2 \ldots \\ n_1 n_2, \ldots & m_1 m_2 \ldots \end{pmatrix}$ enthält, und zugleich eine andere, welche die nämlichen Ordnungszahlen hat, aber in anderer Vertheilung, z. B. $\begin{pmatrix} X_1 X_2 \ldots & U_1 U_2 \ldots \\ n_2, m_1, \ldots & m_2, n_3 \ldots \end{pmatrix}$, so kann man die Bemerkung machen, dass diese Formen in dem Bildungsgesetze *eines Theiles* ihrer Invarianten und Covarianten übereinstimmen. So besitzen z. B. die beiden ternären Formen $(AX)(BY)$ und $(DX)(U\varDelta)$ die folgenden Paare von Covarianten:

$$\tfrac{1}{2}(AA'U)(BB'V), \quad \tfrac{1}{2}(DD'U)(\varDelta\varDelta'X)$$
$$\tfrac{1}{6}(AA'A'')(BB'B''), \quad \tfrac{1}{6}(DD'D'')(\varDelta\varDelta'\varDelta''),$$

deren Analogie sofort in die Augen fällt. Es sind diese Bildungen keine anderen, als diejenigen Invarianten und Covarianten beider Formen, welche die Invarianteneigenschaft auch dann noch behalten, wenn man sich die Veränderlichen X und Y, bezüglich X und U als verschiedenen Gebieten angehörig und als unabhängig von einander transformirt denkt. In der That stehen unter dieser Voraussetzung die beiden Formen einander in gewissem Sinne dualistisch gegenüber — sie entsprechen sich in einer Zuordnung, welche sich aus der identischen Transformation des ersten Gebietes und einer dualistischen Transformation des zweiten Gebietes zusammensetzt. Sie haben daher Invarianten, welche durch diese nämliche Transformation in einander übergehen, und welchen mithin das nämliche symbolische Bildungsgesetz zukommt.

Nach unseren früheren Untersuchungen erscheint es naturgemäss, bei Bildung des Formensystems einer Grundform mit mehreren Veränderlichen so zu verfahren, dass man erst nach Elementarcovarianten entwickelt, dann die Systeme dieser einzelnen Formen, und endlich deren simultanes System bildet. Jetzt ergibt sich ein anderes, ebenfalls natürliches Fortschreitungsgesetz: Man wird verlangen, erst diejenigen Invarianten zu bilden, welche Invarianten auch dann noch bleiben, wenn man alle Veränderlichen unabhängig von einander transformirt, und welche der gegebenen Form mit einer Reihe anderer Formen *gemeinsam* sind, und dann dadurch, dass man jene Unabhängigkeit schrittweise aufhebt, zur Bildung des eigenthümlichen Formensystems der gegebenen Grundform vorzudringen.

Um diesen Gedanken zur Ausführung bringen zu können, ist es nöthig, zu wissen, in welchem Zusammenhang z. B. das System einer Form $(AX)^m (BY)^n$, worin X und Y unabhängigen Ebenen angehören, mit *dem* System der nämlichen Form $(AX)^m (BY)^n$ steht, in welchem X und Y Veränderliche derselben Ebene bedeuten, oder genauer, wie man das letztere Formensystem aus dem ersteren herleiten kann. Die Invarianten des ersten Systems haben nun die Invarianteneigenschaft gegenüber den Transformationen der 16-gliedrigen Gruppe aller linearen Transformationen beider Ebenen, welche eine gewöhnliche continuirliche Transformationsgruppe wird, sobald wir als Raumelement etwa den Inbegriff eines Punktes der ersten Ebene und eines Punktes der zweiten Ebene einführen. Denken wir uns nun durch eine bestimmte projective Zuordnung die zweite Ebene auf die erste bezogen (gelegt), so wird damit jeder linearen Transformation der ersten Ebene eine bestimmte lineare Transformation der zweiten Ebene zugewiesen; die Gesammtheit dieser Transformationen bildet noch eine achtgliedrige Gruppe, und diese letztere Gruppe geht unmittelbar in die allgemeine projective Gruppe der Ebene über, sobald man einander entsprechende (deckende) Punkte als nicht verschieden ansieht. Durch diese Betrachtung wird der Gedanke nahe gelegt, dass man das zweite Formensystem aus dem ersten durch Hinzufügung (Adjunction) der nämlichen bilinearen Form erhält, durch welche obige achtgliedrige Gruppe aus der sechzehngliedrigen Gruppe beider Ebenen abgeschieden wird; oder mit anderen Worten, dass man das System der gegebenen Formen um eine bilineare Form zu erweitern hat, welche beide Ebenen verknüpft, und dann die durch sie repräsentirte lineare Transformation der identischen Transformation der ersten Ebene gleichsetzt.

Diese Vermuthung bestätigt sich wirklich. In präciser Fassung können wir den betreffenden Satz etwa so ausdrücken:

Es sei gegeben eine Reihe von Formen mit Veränderlichen zweier ternärer Gebiete, z. B.

$$\overline{F} = (AX)^m (UP)^n (\overline{A}\,\overline{Y})^\mu (\overline{V}\,\overline{P})^\nu \ldots,$$

worin die überstrichenen Symbole und Veränderlichen dem zweiten Gebiete angehören sollen. Es seien ferner dieselben Formen noch einmal, und dann als gewöhnliche ternäre Formen betrachtet, und so geschrieben:

$$F' = (AX)^m (UP)^n (A'Y)^\mu (VP')^\nu \ldots.$$

Bildet man dann das simultane System der Formen $\overline{F}$ und einer gewissen bilinearen Form $T = (DX)(\overline{V}\,\overline{\varDelta})$ von der Discriminante Eins, so wird eine jede Invariante dieses erweiterten Systems einer bestimmten Invariante der Formen F' gleich, und umgekehrt.

Der Beweis dieses Satzes wird uns natürlich zugleich eine Methode liefern, die Invarianten des einen Systems wirklich in die des anderen überzuführen. Wir führen ihn mit Hilfe der in § 14 entwickelten Theorie der Form T, auf Grund des Satzes von der symbolischen Darstellbarkeit aller Invarianten, d. h. der Entstehung der unbegrenzten Menge aller Invarianten durch eine *endliche* Zahl von Processen; wir brauchen nur zu zeigen, dass jeder Operation, durch welche eine Invariante des Systems $\bar{F}$, T entsteht, eine Operation zugeordnet werden kann, durch welche eine ihr gleiche Invariante des Systems F' erzeugt wird. Wir stellen also alle Typen von symbolischen Factoren auf, welche in beiden Systemen vorkommen, und zeigen, dass dieselben bei geeigneter Wahl der Form T einander gleich werden.

Im System einer Form T von der Discriminante Eins bestehen nach § 14 die in der folgenden Tafel zusammengestellten Relationen:

(1)

$$
\begin{gathered}
T = (DX)(\bar{V}\bar{\varDelta}) = \tfrac{1}{2}(E_1E_2X)(\bar{H}_1\bar{H}_2\bar{V}) = \mathsf{T}^{-1} \\
\mathsf{T} = (UE)(\bar{H}\bar{Y}) = \tfrac{1}{2}(D_1D_2U)(\bar{\varDelta}_1\bar{\varDelta}_2\bar{Y}) = T^{-1} \\
(DX)(UE)(\bar{H}\bar{\varDelta}) = (UX) \\
(DE)(\bar{V}\bar{\varDelta})(\bar{H}\bar{Y}) = (\bar{V}\bar{Y}) \\
J = \tfrac{1}{3}(DE)(\bar{H}\bar{\varDelta}) = 1,
\end{gathered}
$$

in welchen wir überall die Veränderlichen und Symbole des zweiten Gebietes durch übergesetzte Striche kenntlich gemacht haben.

Diese Form T haben wir nun offenbar so zu wählen, dass durch die Transformationen T und T die Formen $\bar{F}$ und F' in einander übergehen; d. h. es muss sein

$$
\begin{gathered}
T = X_1\bar{V}_1 + X_2\bar{V}_2 + X_3\bar{V}_3 \\
\mathsf{T} = U_1\bar{Y}_1 + U_2\bar{Y}_2 + U_3\bar{Y}_3,
\end{gathered}
$$

was zwei mit den Bedingungen (1) verträgliche Annahmen sind. In der That haben wir unter dieser Voraussetzung

(2)

$$
\begin{gathered}
(DY)(\bar{A}\bar{\varDelta}) = (A'Y) \quad (A'E)(\bar{H}\bar{Y}) = (\bar{A}\bar{Y}) \\
(VE)(\bar{H}\bar{P}) = (VP') \quad (DP')(\bar{V}\bar{\varDelta}) = (\bar{V}\bar{P}),
\end{gathered}
$$

Formeln, die gerade besagen, dass durch die Transformationen T und T die Formen $\bar{F}$ und F' in einander übergeführt werden.

Wir behaupten nun, dass alle Invarianten im simultanen System der Formen $\bar{F}$, T sich aus symbolischen Factoren der folgenden Typen zusammensetzen lassen:

$$(ABC) \quad (AP) \quad (PQR)$$
$$(\bar{A}\bar{B}\bar{C}) \quad (\bar{A}\bar{P}) \quad (\bar{P}\bar{Q}\bar{R})$$
$$(DP)(\bar{A}\bar{\varDelta}) \quad (AE)(\bar{H}\bar{P})$$
$$(DAB)(\bar{A}\bar{\varDelta}) \quad (AE)(\bar{H}\bar{A}\bar{B})$$
$$(DP)(\bar{P}\bar{Q}\bar{\varDelta}) \quad (PQE)(\bar{H}\bar{P}).$$

Bilden wir nämlich zuerst diejenigen symbolischen Factoren eines symbolischen Productes, welche von Symbolen der Formen T, T frei sind, so erhalten wir die sechs ersten der aufgezählten Typen. Unter den Factoren, welche Symbole der Formen T, T enthalten, können wir aber alle weglassen, bei welchen zwei Symbole dieser Formen in dem nämlichen Klammerfactor auftreten, wegen der Relationen (1). Es bleiben also noch die sechs letzten der aufgezählten Typen, und ausserdem die beiden Typen $(DAB)(\bar{P}\bar{Q}\bar{\varDelta})$, $(PQE)(\bar{H}\bar{A}\bar{B})$. Diese aber lassen sich durch die übrigen ausdrücken, wie man sogleich erkennt, wenn man in ihnen statt der Symbole von T solche von T einführt, und umgekehrt; es folgt alsdann:

(3)

$$(DAB)(\bar{P}\bar{Q}\bar{\varDelta}) = (AE)(\bar{H}\bar{P}).(BE)(\bar{H}\bar{Q}) - (AE)(\bar{H}\bar{Q}).(BE)(\bar{H}\bar{P})$$
$$(PQE)(\bar{H}\bar{A}\bar{B}) = (DP)(\bar{A}\bar{\varDelta}).(DQ)(\bar{B}\bar{\varDelta}) - (DQ)(\bar{A}\bar{\varDelta}).(DP)(\bar{B}\bar{\varDelta}).$$

Die links stehenden Factorengruppen sind also überflüssig, und können weggelassen werden.

Vermöge der Substitutionen (2) können wir nun mit den obigen Factoren eine Umformung in dem Sinne vornehmen, dass wir alle Symbole $\bar{A}$, $\bar{B}$, ... $\bar{P}$, $\bar{Q}$, ... durch die entsprechenden Symbole A', B', ... P', Q', ... ausdrücken.

Dann aber ergeben sich die Formeln der Tafel

(4)

$$(\bar{A}\bar{B}\bar{C}) = (A'B'C') \quad (\bar{P}\bar{Q}\bar{R}) = (P'Q'R')$$
$$(\bar{A}\bar{P}) = (A'P')$$
$$(DB)(\bar{A}\bar{\varDelta}) = (A'P) \quad (AE)(\bar{H}\bar{P}) = (AP')$$
$$(DAB)(\bar{A}\bar{\varDelta}) = (ABA') \quad (AE)(\bar{H}\bar{A}\bar{B}) = (AA'B')$$
$$(DP)(\bar{P}\bar{Q}\bar{\varDelta}) = (PP'Q') \quad (PQE)(\bar{H}\bar{P}) = (PQP').$$

Fügt man noch den Factoren der rechten Seite die unverändert gebliebenen Factoren (ABC), (AP), (PQR) hinzu, so erhält man augenscheinlich alle Factorentypen, welche in einem symbolischen Product mit Symbolen der Formen F' auftreten können, sofern man nämlich zwei Klammerfactoren dann zu demselben Typus rechnet, wenn accentuirte und nicht accentuirte Buchstaben in gleicher Weise in beide eingehen. Hiermit ist der aufgestellte Satz bewiesen, und zugleich das Mittel gegeben, zu einer in symbolischer Form vorgelegten Invariante des Systems $\overline{F}$, T die ihr gleiche Invariante des Systems F' in symbolischer Form hinzuschreiben, wie auch umgekehrt. Wie das Theorem auf Formen mit mehr als zwei ternären (quaternären u. s. w.) Gebieten ausgedehnt werden kann, braucht wohl nicht besonders auseinandergesetzt zu werden.

Noch sei folgende Bemerkung gestattet. Wir haben (auf S. 24) ausgeführt, in welchem Sinne die Operationen, durch welche symbolische Producte entstehen, unter den Begriff der *Gruppe* gefasst werden können. In demselben Sinne bilden nun offenbar diejenigen Processe, durch welche nur Producte mit Factoren der Typen

$$(ABC)\quad (AP)\quad (PQR)$$
$$(A'B'C')\quad (A'P')\quad (P'Q'R'),$$

also keine Factoren (AP') u. s. w. entstehen, eine *Untergruppe* dieser Operationsgruppe. Die beiden Gruppen von ∞^8 bezw. ∞^{16} Transformationen, zu welchen diese beiden Operationsgruppen gehören, stehen aber gerade in dem umgekehrten Verhältniss: die erste ist eine Untergruppe der zweiten. Es ist dies ein merkwürdiger Ausdruck der selbstverständlichen Thatsache, dass zu der umfassenderen Mannigfaltigkeit von Transformationen eine kleinere Mannigfaltigkeit von Invarianten gehört.

Anhang.

Lineare Transformationen und Differentialgleichungen der Invarianten im binären Gebiet.

Wie bei den Combinanten, so können wir auch bei den Differentialgleichungen der Invarianten im binären Gebiete die Untersuchung noch etwas weiter führen, als es bei den ternären Formen thunlich erscheint. Wir stellen hier zunächst die Formeln für die endlichen und infinitesimalen linearen Transformationen des binären Gebietes auf, um dann, wie bei den ternären Formen, zu den Differentialgleichungen der Invarianten überzugehen. Auf die linearen Transformationen des binären Gebietes wollen wir hierbei, weil es ohne grössere Vorbereitungen möglich ist und weil die zu entwickelnden einfachen Formeln auch bei manchen Untersuchungen aus dem Gebiete der ternären Formen ein unentbehrliches Hilfsmittel bilden, etwas ausführlicher eingehen, als es oben bei Behandlung der linearen Transformation der Ebene geschehen ist.[38])

Eine lineare Transformation („Projective Zuordnung" oder „Projectivität") im binären Gebiete wird dargestellt durch eine bilineare Form

$$t = (dx)(\delta y) = (d'x)(\delta' y) = \cdots. \tag{1}$$

Dieselbe ordnet, gleich Null gesetzt, jedem Punkte x des binären Gebietes einen im Allgemeinen bestimmten Punkt x' zu, den Nullpunkt der linearen Form $(x'y) = (dx)(\delta y)$. Dieser Punkt x' ändert seine Lage zugleich mit x — ausgenommen den Fall, wo die Transformation t ausartet. Dies Letztere tritt ein, wenn die *Discriminante der Transformation,*

$$j = \tfrac{1}{2}(dd')(\delta\delta') \tag{2}$$

den Werth Null hat. Wegen der zweiten der Identitäten:

$$\begin{aligned} (dx)(d'y)(\delta\delta') &= j\,.(xy) \\ (dd')(\delta x)(\delta' y) &= j\,.(xy) \end{aligned} \tag{3}$$

oder auch wegen der Symmetrie von j artet zugleich mit der Transformation (1) auch die andere aus:

$$\tau = (\delta x)(dy) = (dx)(\delta y) - (d\delta)\,.(xy); \tag{4}$$

beide bilineare Formen stellen dann das Product zweier eigentlicher linearer Formen dar, welche nur in verschiedenen Veränderlichen geschrieben sind. Die Transformation τ ist im allgemeinen Falle die Entgegengesetzte der Transformation t, wie dies sogleich aus den Formeln (3) hervorgeht. Bezeichnen wir als „Product" zweier Transformationen $t_1 = (d_1 x)(\delta_1 y)$ und $t_2 = (d_2 x)(\delta_2 y)$ den Ausdruck $t_1 t_2 = (d_1 x)(d_2 \delta_1)(\delta_2 y)$ (vgl. S. 130), und demgemäss als „identische Transformation" den Ausdruck

$$t^0 = (xy),$$

welcher mit jeder anderen Transformation multiplicirt wieder diese Transformation ergibt, so können wir setzen:

$$(5) \qquad t^{-1} = j^{-1} . \tau .$$

Neben der Discriminante j von t betrachten wir noch die beiden Invarianten

$$(6) \qquad i = i_1 = (d\delta), \quad i_2 = (d\delta')(d'\delta).$$

Das Verschwinden der Invariante i besagt, dass die Transformation t mit ihrer entgegengesetzten zusammenfällt, wie sofort aus der der Formel (4) zu entnehmenden Identität

$$(7) \qquad \tau = t - i t^0$$

hervorgeht. Multipliciren wir (7) noch mit t, so finden wir unter Berücksichtigung von (5) die Identität

$$(8) \qquad t^2 = i t' + j t^0.$$

Sie sagt aus, dass die bilineare Form t^2 und damit alle höheren Potenzen von t dem Büschel von bilinearen Formen angehören, welches durch t selbst und $t^0 = (xy)$ bestimmt wird.

i_2 ist die lineare Invariante von t^2. Man erhält ihren Ausdruck durch die unabhängigen Invarianten i und j sofort aus (8): $i_2 = i^2 + 2j$. Ihr Verschwinden ist die Bedingung dafür, dass t die Periode 4 hat; ebenso ergibt sich aus (8) als Bedingung einer Periodicität mit der Periode 3 das Verschwinden der Invariante $i^2 + j$, u. s. w.

Durch die Transformationen $t + \lambda t^0$ (und nur durch diese Transformationen) wird jede andere Transformation $t + \mu t^0$ des durch t und t^0 bestimmten Büschels bilinearer Formen in sich selbst übergeführt, wie man sich sofort überzeugt. Es wird daher auch die quadratische Form $(sx)^2$, deren Polare $(sx)(sy)$ der Ausdruck $\frac{1}{2}\{(dx)(\delta y) + (dy)(\delta x)\} = t - \frac{1}{2} i t^0$ ist, und jeder ihrer Nullpunkte z_1, z_2 in sich selbst übergeführt.

Es wird daher jede Transformation des Büschels $t + \lambda t^0$, welche einen Punkt allgemeiner Lage x in einen dieser Nullpunkte z_1, z_2 überführt, eine ausgeartete Transformation sein. Der Büschel enthält also zwei ausgeartete Transformationen, die wir so schreiben können:

$$(9) \qquad e_1 = \frac{(z_1 x)(z_2 y)}{(z_1 z_2)} \qquad e_2 = \frac{(z_2 x)(z_1 y)}{(z_2 z_1)};$$

die linearen Formen $(z_1 x)$, $(z_2 x)$ sind beziehungsweise den linearen Factoren der quadratischen Form $(sx)^2 = (dx)(\delta x)$ proportional. Vorausgesetzt ist hier natürlich, dass diese quadratische Form wirklich zwei getrennte Nullpunkte hat.

Die Formen des Büschels $t + \lambda t^0$ lassen sich ebenso gut, wie durch t und t^0 selbst, auch durch diese beiden ausgearteten Formen ausdrücken, da dieselben linear unabhängig sind. Wir haben daher:

$$(10) \qquad \begin{aligned} t^0 &= e_1 + e_2 \\ t^1 &= \lambda_1 e_1 + \lambda_2 e_2 \\ t^2 &= \lambda_1^2 e_1 + \lambda_2^2 e_2, \end{aligned}$$

letztere Gleichung in Folge der zwischen den Transformationen e_1 und e_2 bestehenden Identitäten:

$$(11) \qquad e_1^2 = e_1 \quad e_1 e_2 = 0 \quad e_2 e_1 = 0 \quad e_2^2 = e_2.$$

Bilden wir in den beiden letzten Gleichungen (10) beiderseits die lineare Invariante, so finden wir

$$\begin{aligned} i_1 &= \lambda_1 + \lambda_2 \\ i_2 &= \lambda_1^2 + \lambda_2^2; \end{aligned}$$

wir erhalten also wegen des oben gegebenen Ausdrucks von i_2 durch i und j die Coefficienten λ_1 und λ_2 als Wurzeln der quadratischen Gleichung

$$(12) \qquad \lambda^2 = i\lambda + j.$$

Sie sind mithin irrationale Invarianten der Form t. Die Formen e_1 und e_2 selbst werden irrationale Covarianten von t; man erhält aus den beiden ersten Gleichungen (10) ihren Ausdruck durch t^0 und t^1 vermittelst der Invarianten λ_1 und λ_2:

$$(13) \qquad \begin{aligned} \varDelta e_1 &= t^1 - \lambda_2 t^0 \\ -\varDelta e_2 &= t^1 - \lambda_1 t^0, \end{aligned}$$

wobei $\varDelta = \lambda_1 - \lambda_2$ gesetzt ist, also

$$(14) \qquad \varDelta^2 = (\lambda_1 - \lambda_2)^2 = i^2 + 4j = -2(ss')^2.$$

Die quadratische Gleichung, deren Wurzeln e_1 und e_2 sind, wird:

$$(15) \qquad e^2 - (xy) \cdot e + \frac{(sx)^2 \cdot (sy)^2}{2(ss')^2} = 0,$$

worin, wie oben, für $(dx)(\delta x)$ kürzer $(sx)^2$ geschrieben ist.

Die vorstehende Betrachtung beruht auf der Annahme, dass die Discriminante der quadratischen Form $(sx)^2$ oder der quadratischen Gleichung (12) von Null verschieden ist. Aber auch in dem anderen Falle haben wir in dem Büschel $t + \lambda t^0$ zwei ausgezeichnete Formen, die wir als neue Basiselemente einführen können. Wir brauchen nur

$$(16) \qquad \varepsilon_1 = (xy), \quad \varepsilon_2 = (sx) . (sy)$$

zu setzen (wobei nun $(sx) = \sqrt{(sx)^2}$ eine wirkliche lineare Form wird), und haben dann ohne Weiteres

$$(17) \qquad t^0 = \varepsilon_1 \quad t^1 = \frac{i}{2}\varepsilon_1 + \varepsilon_2;$$

die höheren Potenzen von t berechnen sich hieraus auf Grund der Formeln

$$(18) \qquad {\varepsilon_1}^2 = \varepsilon_1 \quad \varepsilon_1\varepsilon_2 = \varepsilon_2 \quad \varepsilon_2\varepsilon_1 = \varepsilon_2 \quad {\varepsilon_2}^2 = 0.$$

Symbol einer infinitesimalen linearen Transformation wird nun, wie in höheren Fällen, eine bilineare Form, deren lineare Invariante (i) verschwindet. Das ist aber jetzt die Polare $s = (sx)(sy)$ einer quadratischen Form $(sx)^2$; wir könnten daher auch diese letztere als Symbol der infinitesimalen Transformation nehmen. Der früher als „Combination“ bezeichneten Operation entspricht dann die Bildung einer Functionaldeterminante. Seien $s_1 = (s_1x)(s_1y)$ und $s_2 = (s_2x)(s_2y)$ die Symbole zweier infinitesimaler Transformationen, von welchen also zum Beispiel die erste lautet

$${s_1}^0 + {s_1}^1\delta t = (xy) + (s_1x)(s_1y)\,\delta t,$$

so haben wir als „Combination“ von s_1 und s_2 diese Form zu bezeichnen:

$$(19) \quad s_{12} = (s_1s_2) = s_1s_2 - s\; s_1 = (s_1x)(s_2s_1)(s_2y) - (s_2x)(s_1s_2)(s_1y).$$

Das ist aber nichts Anderes als die doppelt genommene Polare $(s_{12}x)(s_{12}y)$ der Functionaldeterminante $(s_{12}x)^2 = (s_2s_1)(s_1x)(s_2x)$ der Formen $(s_2x)^2$ und $(s_1x)^2$.*)

Der Ausdruck der eingliedrigen Gruppe, welche von der infinitesimalen Transformation s erzeugt wird, ist wie früher $e^{\varkappa t}e^{st}$, oder einfacher

$$(20) \qquad e^{st} = s^0 + s^1 t + s^2\frac{t^2}{1.\,2} + \cdots.$$

Berücksichtigen wir nun aber, dass nach Formel (7) $s^2 = js^0$, worin $-2j = (ss')^2$ die Discriminante der quadratischen Form $(sx)^2$ ist, so

---

*) Ich übergehe mit Absicht die naheliegende geometrische Deutung, da die hier entwickelten analytischen Hilfsmittel noch nicht ausreichen, um diesen Beziehungen einen befriedigenden Ausdruck zu geben.

erhalten wir, wenn $(ss')^2 \neq 0$, die einfachere Darstellungsform

$$s^0 \cos(t\sqrt{-j}) + \frac{s^1}{\sqrt{-j}} \sin(t\sqrt{-j});$$

oder endlich, wenn wir $\sqrt{-j} = 1$, d. h. $(aa')^2 = 2$ nehmen (was unbeschadet der Allgemeinheit geschehen kann):

(21) $$e^{st} = s^0 \cos t + s^1 \sin t.$$ [39])

Führen wir für s^0 und s^1 mit Hilfe der Formeln (10), (12) e_1 und e_2 ein, so erhalten wir noch eine zweite bemerkenswerthe Darstellung der eingliedrigen Gruppe

(23) $$e^{st} = e_1 . e^{\sqrt{-1}t} + e_2 . e^{-\sqrt{-1}t}.$$

Ist dagegen $(ss')^2 = -2j = 0$, so haben wir einfach

(23) $$e^{st} = s^0 + s't.$$

Wir haben also im binären Gebiete zwei Typen von eingliedrigen Gruppen, deren bekannte Eigenschaften man aus den Gleichungen (21)..(23) mit Leichtigkeit ablesen kann. —

Die Differentialgleichungen der Invarianten binärer Formen erhalten wir ebenso, wie bei den ternären Formen, indem wir den Zuwachs $sf . \delta t$ einer jeden Grundform f als Function der Veränderlichen x (vgl. S. 135) bei der infinitesimalen Transformation s bestimmen, und dann den Zuwachs $\sigma\mathfrak{F} . \delta t$ einer Function $\mathfrak{F}$ der Coefficienten (vgl. S. 158) der verschiedenen Grundformen gleich Null setzen.

Wir finden für eine Grundform $f = (ax)^n$, wenn wir die Evectante (S. 44) einer Function $\mathfrak{F}$ durch $\mathfrak{F}' = (a'x)^n$ bezeichnen, und die simultane Invariante $(a\alpha)^n$ zweier Formen $f = (ax)^n$ und $\varphi = (\alpha x)^n$ durch das Zeichen $[f, \varphi] = (-1)^n [\varphi, f]$ darstellen,

(24) $$\begin{aligned} sf &= n\,(ax)^{n-1}\,(as)\,(sx) \\ \sigma\mathfrak{F} &= [\mathfrak{F}', -sf] = [s\mathfrak{F}', f] = -\,n\,(a'a)^{n-1}\,(a's)\,(as). \end{aligned}$$

Zu diesen Formeln gehören die Identitäten (vgl. S. 157, 159)

(25) $$\begin{aligned} s_1\,(s_2 f) - s_2\,(s_1 f) &= s_{12} f \\ \sigma_1\,(\sigma_2\mathfrak{F}) - \sigma_2\,(\sigma_1\mathfrak{F}) &= \sigma_{12}\mathfrak{F}, \end{aligned}$$

von welchen die letztere besagt, dass die Gleichungen $\sigma\mathfrak{F} = 0$ ein vollständiges System bilden.

Wir mögen nun bemerken, dass man in den Gleichungen $\sigma\mathfrak{F} = 0$ die quadratische Form $(sx)^2$ durch die zweite Potenz einer linearen Form ersetzen kann, ohne das Gleichungssystem zu ändern.

Damit haben wir einen bekannten Satz[40]), den wir nun mit Leichtigkeit auch auf simultane Systeme (wie auf Formen mit mehreren Veränderlichen) ausdehnen können:

I. *Seien* $f_1 = (a_1 x)^{n_1} \cdots f_\varrho = (a_\varrho x)^{n_\varrho}$ *irgend* ϱ *binäre Formen, und* $\mathfrak{F}$ *irgend eine allseitig homogene analytische Function ihrer Coefficienten. Dann ist* $\mathfrak{F}$ *unter der Bedingung eine analytische Invariante, dass die Summe der vorletzten Ueberschiebungen der* ϱ *Evectanten* $\mathfrak{F}_i' = (a_i' x)^{n_i}$ *und der entsprechenden Formen* f_i, *jede Ueberschiebung so oft gerechnet, als die zugehörige Ordnungszahl* n_i *angibt, identisch verschwindet, dass also*

$$(26) \qquad \sum_1^\varrho {}^i\, n_i\,(a_i' a_i)^{n_i-1}(a_i' x)(a_i x) = 0.$$

Durch eine geeignete Umformung der linken Seite dieses Ausdruckes verificirt man leicht, wie bei den ternären Formen, dass jedes symbolische Product von Factoren (ab) diese Bedingung erfüllt. Ersetzen wir nämlich, wenn $f_i = (a_i x)^n = (b_i x)^n = \ldots$, die ganze homogene Function $\mathfrak{F}$ in bekannter Weise durch eine Function $\overline{\mathfrak{F}}$ der Coefficienten der linearen Formen $(p_1 x) = (a_1 x)$, $(p_2 x) = (b_1 x), \ldots$ $(p_\lambda x) = (a_2 x)$, $(p_{\lambda+1} x) = (b_2 x), \ldots$ und bezeichnen wir die zu $(p_\varkappa x)$ gehörige Evectante von $\overline{\mathfrak{F}}$ durch $(p_\varkappa' x)$, so wird die linke Seite von (26) gleich der linken Seite der Gleichung

$$(27) \qquad \sum {}^\varkappa (p_\varkappa' x)(p_\varkappa x) = 0.$$

Dies aber ist die allgemeine Form der Differentialgleichungen für die Invarianten linearer Formen. Man sieht, dass jede Function von Determinanten $(p_i p_j)$ diese Bedingung erfüllt; denn es wird für $\overline{\mathfrak{F}} = (p_i p_j)$:

$$\sum {}^\varkappa (p_\varkappa' x)(p_\varkappa x) = (x p_j)(p_i x) + (p_i x)(p_j x) = 0.$$

Damit die Gleichungen (26) für jeden Werth von x bestehen, ist es bereits ausreichend, dass sie für *zwei* linear unabhängige Werthe von x erfüllt sind, zum Beispiel für diese: $x_1 = 1, x_2 = 0$; $x_1 = 0, x_2 = 1$. Auf weniger als zwei Gleichungen lassen sich die Differentialgleichungen der Invarianten auch im binären Gebiete im Allgemeinen nicht reduciren. Es besteht nun aber der merkwürdige Satz, dass im binären Gebiete bereits *eine* Differentialgleichung zur Definition der Invarianten ausreicht, *sobald man sich auf ganze Functionen* $\mathfrak{F}$ *beschränkt, und noch eine gewisse Neben-Bedingung hinzufügt.*[41])

Wir können zu dieser Einsicht durch eine Umformung der Gleichungen (26) gelangen; ziehen es aber vor, die Differentialgleichungen der Invarianten noch einmal in anderer Form herzuleiten. Weisen wir dann die Identität der gefundenen Gleichungen mit den Gleichungen (26) nach, so haben wir damit zugleich eine neue Ableitung des Satzes I.

Jene zweite Gestalt der Differentialgleichungen der Invarianten, die übrigens in ganz ähnlicher Weise auch bei den ternären Formen vorhanden ist, wird erhalten, wenn man die Coefficienten der aus f_i durch eine lineare Transformation hervorgegangenen Formen f_i' als Functionen der Transformationscoefficienten betrachtet, und nun unmittelbar ausdrückt, dass eine homogene Function $\mathfrak{F}$ der Coefficienten von f_i' durch eine möglichst hohe Potenz der Transformationsdeterminante theilbar wird.

Wir wollen im Folgenden, um unsere Formeln nicht mit zu vielen Indices beladen zu müssen, die transformirte Form als Grundform betrachten.

Schreiben wir die lineare Transformation so:

$$\begin{aligned} \bar{x}_1 &= -\xi_1 x_1 + \eta_1 x_2 \\ \bar{x}_2 &= -\xi_2 x_1 + \eta_2 x_2, \end{aligned} \tag{28}$$

so geht aus der Form

$$\bar{f} = (\bar{a}\,\bar{x})^n = \bar{a}_0\,\bar{x}_2^n - \binom{n}{1}\bar{a}_1\,\bar{x}_2^{n-1}\,\bar{x}_1 + - \cdots \tag{29}$$

hervor die Form

$$\begin{aligned} f &= (a\,x)^n = a_0\,x_2^n - \binom{n}{1} a_1\,x_2^{n-1}\,x_1 + - \cdots \\ &= (\bar{a}\eta)^n\,x_2^n - \binom{n}{1}(\bar{a}\,\eta)^n\,(\bar{a}\,\xi)\,x_2^{n-1}\,x_1 + - \cdots; \end{aligned} \tag{30}$$

diese letzteren Formen f_i wollen wir mit den Grundformen f_i unserer bisherigen Untersuchung identificiren. Wir können dann die Coefficienten $a_0, a_1, \ldots$ als unabhängig-veränderliche Grössen betrachten; wir können sie aber auch wegen des Zusammenhangs der Formeln (28), (29), (30) als Functionen von $\bar{a}_0, \bar{a}_1, \ldots \xi_1, \xi_2, \eta_1, \eta_2$ ansehen. Aus der Zusammenstellung dieser beiden Auffassungen ergeben sich die Differentialgleichungen der Invarianten.

Sei nämlich vorgelegt eine allseitig homogene Function $\mathfrak{F}$ der Coefficienten der Formen $f_1 \ldots f_\varrho$, welcher in Bezug auf die Form f_i die Gradzahl p_i zugehört. Diese Function wird nur dann eine Invariante sein, wenn sie betrachtet als Function von $\xi_1, \xi_2, \eta_1, \eta_2$ der Bedingung genügt:

$$\mathfrak{F}(f_i) = (\eta\,\xi)^g \cdot \mathfrak{F}(\bar{f_i}) \qquad \left\{ g = \frac{\Sigma\, n_i\, p_i}{2} \right\} \tag{31}$$

d. h. wenn sie eine simultane Invariante der beiden linearen Formen (ξx), (ηx) ist. Als nothwendige und ausreichende Bedingung hierfür leitet man nun sofort das Bestehen der beiden Gleichungen $[\mathfrak{F}_\xi', (\eta x)] = 0$, $[\mathfrak{F}_\eta', (\xi x)] = 0$ ab, in welchen $\mathfrak{F}_\xi'$ und $\mathfrak{F}_\eta'$ die beiden auf (ξx) und (ηx) bezüglichen Evectanten von $\mathfrak{F}$ bedeuten. (Es ergibt sich das zum Beispiel durch unmittelbare Integration des dreigliedrigen vollständigen Systems, welches durch diese Gleichungen bestimmt wird.) Für die linken Seiten dieser Gleichungen führen wir eine zweckmässigere Bezeichnung ein, nämlich $\eta \frac{\partial \mathfrak{F}}{\partial \xi}$ und $\xi \frac{\partial \mathfrak{F}}{\partial \eta}$. Dann haben wir:

$$(32) \qquad \eta \frac{\partial \mathfrak{F}}{\partial \xi} = \sum_1^\varrho \left\{ a_0 \frac{\partial \mathfrak{F}}{\partial a_1} + 2 a_1 \frac{\partial \mathfrak{F}}{\partial a_2} + \cdots + n a_{n-1} \frac{\partial \mathfrak{F}}{\partial a_n} \right\}$$

$$(33) \qquad \xi \frac{\partial \mathfrak{F}}{\partial \eta} = \sum_1^\varrho \left\{ n a_1 \frac{\partial \mathfrak{F}}{\partial a_0} + (n-1) a_2 \frac{\partial \mathfrak{F}}{\partial a_1} + \cdots + a_n \frac{\partial \mathfrak{F}}{\partial a_{n-1}} \right\},$$

Gleichungen, in welchen die Function $\mathfrak{F}$ links als Function von ξ und η, rechts als Function der Coefficienten der Formen f_i gedacht wird, und in welchen die Summenzeichen sich über alle an der Bildung von $\mathfrak{F}$ betheiligten Grundformen erstrecken. Setzt man die Ausdrücke rechts gleich Null, so erhält man die von *Cayley* angegebenen Differentialgleichungen.

Um die Identität dieser Gleichungen mit den Gleichungen (26) einzusehen, knüpfen wir am Besten an die Gleichungen (27) an, deren linke Seite ja mit der linken Seite von (26) übereinstimmt. Ist $(p_\varkappa x) = p_{\varkappa 1} x_2 - p_{\varkappa 2} x_1 = (\bar{p}_\varkappa \eta) x_2 - (\bar{p}_\varkappa \xi) x_1$, so haben wir offenbar

$$\sum^\varkappa p'_{\varkappa 1} p_{\varkappa 1} = \sum^\varkappa \frac{\partial \mathfrak{F}}{\partial p_{\varkappa 2}} p_{\varkappa 1} = \eta \frac{\partial \mathfrak{F}}{\partial \xi},$$

$$-\sum^\varkappa p'_{\varkappa 2} p_{\varkappa 2} = \sum^\varkappa \frac{\partial \mathfrak{F}}{\partial p_{\varkappa 1}} p_{\varkappa 2} = \xi \frac{\partial \mathfrak{F}}{\partial \eta},$$

also auch

$$(34) \qquad \begin{aligned} \eta \frac{\partial \mathfrak{F}}{\partial \xi} &= \sum_1^{\varrho\,\varkappa} n_i (a_i' a_i)^{n_i - 1} a'_{i1} a_{i1} \\ \xi \frac{\partial \mathfrak{F}}{\partial \eta} &= -\sum_1^{\varrho\,\varkappa} n_i (a_i' a_i)^{n_i - 1} a'_{i2} a_{i2}. \end{aligned}$$ *)

---

*) Allgemeiner hat man

$$\eta \frac{\partial \mathfrak{F}}{\partial \xi} x_2^2 + \left\{ \eta \frac{\partial \mathfrak{F}}{\partial \eta} - \xi \frac{\partial \mathfrak{F}}{\partial \xi} \right\} x_2 x_1 - \xi \frac{\partial \mathfrak{F}}{\partial \eta} x_1^2$$
$$= \Sigma n_i (a_i' a_i)^{n_i - 1} (a_i' x)(a_i x)$$

Diese Formel ist natürlich auch unmittelbar durch Ausrechnung zu erhalten.

Diese Ausdrücke können aber, gleich Null gesetzt, nach Obigem (S. 190) die Gleichungen (26) vollständig vertreten, da die Gleichungen $\eta \frac{\partial \mathfrak{F}}{\partial \xi} = 0$ und $\xi \frac{\partial \mathfrak{F}}{\partial \eta} = 0$ aus jenen dadurch erhalten werden, dass man die Coefficienten von $x_2{}^2$ und $-x_1{}^2$ jeden für sich gleich Null setzt.

Wir führen nunmehr die besondere Voraussetzung ein, die Function $\mathfrak{F}$ sei eine *ganze* Function; worin bereits liegt, dass die Zahl $g = \frac{\Sigma n_i p_i}{2}$ eine ganze Zahl ist.

Zum Bestehen einer Identität von der Form (31) ist dann vor Allem erforderlich, dass $\mathfrak{F}$ homogen sei in ξ sowohl als auch in η vom Grade g; oder anders ausgedrückt, dass $\mathfrak{F}$ in ξ und η zusammen homogen sei vom Grade $2g$, und in η allein vom Grade g.

Ist aber diese Bedingung erfüllt, so genügt nun, wo $\mathfrak{F}$ eine ganze Function ist, schon *eine* der beiden Gleichungen $\eta \frac{\partial \mathfrak{F}}{\partial \xi} = 0$, $\xi \frac{\partial \mathfrak{F}}{\partial \eta} = 0$ um $\mathfrak{F}$ als eine Invariante zu kennzeichnen.

Denn wir können $\mathfrak{F}$ als Function von ξ und η in bekannter Weise in eine nach Polaren von Elementarcovarianten $(\mu_i x)^{2g-2i}$ fortschreitende Reihe entwickeln:

$$\mathfrak{F} = \sum_0^g{}^i \beta_i (\xi \eta)^i (\mu_i \xi)^{g-i} (\mu_i \eta)^{g-i}.$$

Dann aber wird z. B.:

$$\eta \frac{\partial \mathfrak{F}}{\partial \xi} = \sum_0^{g-1}{}^i \beta_i (g-i) (\xi \eta)^i (\mu_i \xi)^{g-i-1} (\mu_i \eta)^{g-i+1};$$

und das Verschwinden dieser Form hat zur Folge, dass die Entwickelung von $\mathfrak{F}$ sich auf ihr letztes Glied reducirt, dass also $\mathfrak{F}$ eine Invariante ist, und auch der anderen Gleichung $\xi \frac{\partial \mathfrak{F}}{\partial \eta} = 0$ genügt.

Von der Differentialgleichung der Invarianten gelangen wir zu derjenigen der Covarianten, wenn wir dem System der Formen f_i noch die lineare Form

$$(35) \qquad (\bar{y} \bar{x}) = (\bar{y} \eta) x_2 - (\bar{y} \xi) x_1 = y_1 x_2 - y_2 x_1 = (y x)$$

hinzufügen, und diese nachher als Veränderliche betrachten (Satz III § 18). Sei m der Grad der Function $\mathfrak{F}$ in $(\bar{y} \eta)$, $(\bar{y} \xi)$, d. i. die Ordnung der Covariante, so haben wir nun $g = \frac{\Sigma n_i p_i + m}{2}$ zu setzen, und von der allseitig-homogenen Function $\mathfrak{F}$ zu verlangen, erstens, dass sie homogen sei in Bezug auf η vom Grade g, zweitens, dass sie der Differentialgleichung $\eta \frac{\partial \mathfrak{F}}{\partial \xi} = 0$ genüge. Unter dieser Bedingung wird $\mathfrak{F}$ als Function von y_1, y_2 und den Coefficienten der Formen f_i eine Covariante dieser letzteren Formen, genügt also der Gleichung

$$(36) \qquad \mathfrak{F}(f_i, y_1, y_2) = (\eta\, \xi)^g \cdot \mathfrak{F}(\bar{f}_i, \bar{y}_1, \bar{y}_2).$$

Diese Art Covarianten zu definiren, lässt sich aber noch erheblich vereinfachen. Es hindert uns nämlich Nichts, die lineare Form $(\bar{y}\, x)$ zu specialisiren, und gleich $(\eta\, x)$ zu setzen. Dadurch geht (35) über in

$$(35\text{b}) \qquad (y\, x) = -(\eta\, \xi)\, x_1 = -y_2\, x_1.$$

Die Form $\mathfrak{F}$:

$$(37) \quad \mathfrak{F}(f_i, y_1, y_2) = \mathfrak{F}_0(f_i)\, y_2^m - \binom{m}{1} \mathfrak{F}_1(f_i)\, y_2^{m-1}\, y_1 + - \cdots$$

reducirt sich auf ihr erstes Glied:

$$(37\text{b}) \qquad \mathfrak{F}(f_i, 0, (\eta\, \xi)) = \mathfrak{F}_0(f_i) \cdot (\eta\, \xi)^m,$$

und statt der Gleichung (36) erhalten wir nunmehr diese:

$$(36\text{b}) \qquad \mathfrak{F}(f_i, 0, (\eta\, \xi)) = (\eta\, \xi)^g \cdot \mathfrak{F}(\bar{f}_i, \eta_1, \eta_2).$$

Da der zweite Factor rechts in (36b) noch ebenso allgemein ist, als der zweite Factor rechts in (36), so ist die vorgenommene Specialisirung gestattet; wir brauchen also um die Covariante $\mathfrak{F}$ geschrieben in Coefficienten der Formen $\bar{f}_i$ und den Veränderlichen η_1, η_2 zu erhalten, nur die Function $\mathfrak{F}(f_i, 0, (\eta\, \xi))$ so zu bestimmen, dass sich der Factor $(\eta\, \xi)^g$ abscheiden lässt. Die Bedingung dafür lautet aber auch jetzt noch $\eta \frac{\partial \mathfrak{F}}{\partial \xi} = 0$. Wir haben nämlich durch die Substitution $\bar{y} = \eta$ nur Grössen eingeführt, die bei der Differentiation nach ξ als Constante behandelt werden, und können in Folge dessen die Reihenfolge beider Operationen vertauschen: Es ist identisch

$$\left\{\eta \frac{\partial}{\partial \xi} \mathfrak{F}(f_i, y_1, y_2)\right\}_{\bar{y}=\eta} = \eta \frac{\partial}{\partial \xi} \mathfrak{F}(f_i, 0, (\eta\, \xi)).$$

Die Bedingung $\eta \frac{\partial}{\partial \xi} \mathfrak{F}(f_i, 0, (\eta\, \xi)) = 0$ reducirt sich aber wegen der Gleichung (37b) sofort auf diese: $\eta \frac{\partial}{\partial \xi} \mathfrak{F}_0 = 0$.

Die Function $\mathfrak{F}_0$ ist nun insofern einfacher als die ursprüngliche Function $\mathfrak{F}$, als in ihr die Coefficienten y_1, y_2 der als Veränderliche eingeführten linearen Form $(y\, x)$ nicht mehr auftreten. Sie ist homogen in den Coefficienten der Form f_i vom Grade p_i, ferner homogen in η

vom Grade $g = \frac{\Sigma n_i p_i + m}{2}$, und (folglich) hom gen in ξ vom Grade $g_1 = g - m$. Bezeichnen wir die Function $\mathfrak{F}_0$, den ersten Coefficienten rechts in (37), wie gebräuchlich, als „*Leitglied*" der Function $\mathfrak{F}$, und schreiben wir für g_1 wieder g, für die bisher mit g bezeichnete Grösse jetzt also $g + m$, so können wir nunmehr den folgenden, in anderer Form von Herrn *Cayley* angegebenen[42]) Satz formuliren:

II. *Sei $\mathfrak{F}_0$ eine Function des Gebietes* I *vom p_i^{ten} Grade in den Coefficienten der Form $f_i^{(n_i)}$, $(i = 1 \cdots \varrho)$, wo etwa*

$$f^{(n)} = a_0 x_2^n - \binom{n}{1} a_1 x_2^{n-1} x_1 + \cdots + (-1)^n a_n x_1^n$$
$$= (\bar{a}\eta)^n x_2^n - \binom{n}{1} (\bar{a}\eta)^n (\bar{a}\xi) x_2^{n-1} x_1 + - \ldots;$$

Sei ferner diese Function $\mathfrak{F}_0$ in ξ homogen vom Grade $g \leqq \frac{\Sigma n_i p_i}{2}$ und also auch homogen in η vom Grade $g + m = \Sigma n_i p_i - g$, und möge dieselbe endlich der partiellen Differentialgleichung genügen:

$$0 = \eta \frac{\partial \mathfrak{F}_0}{\partial \xi} = \sum_1^{\varrho} \left\{ a_0 \frac{\partial \mathfrak{F}_0}{\partial a_1} + 2 a_1 \frac{\partial \mathfrak{F}_0}{\partial a_2} + \cdots + n a_{n-1} \frac{\partial \mathfrak{F}_0}{\partial a_n} \right\};$$

so ist $\mathfrak{F}_0$ eine Invariante $\mathfrak{F}$ oder das Leitglied einer Covariante m^{ter} Ordnung $\mathfrak{F}$ der Formen $f_1 \ldots f_\varrho$, je nachdem $m = 0$ oder $m > 0$.

Umgekehrt besitzt jede Invariante, beziehungsweise das Leitglied einer jeden Covariante der Formen f_i die in vorstehendem Satze genannten Eigenschaften.

Die Ableitung dieses Satzes würde wesentlich kürzer ausgefallen sein, wenn wir von vorn herein das Leitglied einer Covariante hätten in Betracht ziehen wollen. Wir würden dann ganz so, wie auf S. 193 hinsichtlich des speciellen Falles der Invarianten gezeigt worden ist, die Gleichung $\eta \frac{\partial \mathfrak{F}_0}{\partial \xi} = 0$ als charakteristisch für diese Art homogener Functionen erkannt haben. *Die vorstehende umständlichere Ableitung des Satzes II ist aber darum vorzuziehen, weil sie den Zusammenhang aufdeckt, der zwischen der Differentialgleichung des Leitgliedes $\mathfrak{F}_0$ einer Covariante und der Differentialgleichung der Covariante $\mathfrak{F}$ selbst als einer simultanen Invariante besteht.* Wir haben die erstere Differentialgleichung aus der letzteren hergeleitet.

Der Satz II ist insofern von praktischer Bedeutung für die Berechnung der Covarianten, als man aus dem Leitgliede $\mathfrak{F}_0$ einer Covariante auch diese letztere selbst wieder herleiten kann: Man braucht ja, um die Covariante $\mathfrak{F}$ zu bestimmen, zufolge der Formeln (37b) und (36b) aus $\mathfrak{F}_0$ nur eine so hohe Potenz von $(\eta\xi)$ abzuscheiden, dass ξ ganz herausfällt. Der übrig bleibende Factor ist dann die Covariante $\mathfrak{F}$, geschrieben in Coefficienten der Formen $\bar{f}_i$ und der Veränderlichen η, und zwar unmittelbar in symbolischer Form, wenn man zur Abscheidung der Factoren $(\eta\,\xi)$ die Gordan'sche Reihenentwickelung verwendet hat.

Der Exponent der vortretenden Potenz von $(\eta\,\xi)$, d. i. der Grad von $\mathfrak{F}_0$ in ξ, also die Zahl, die wir früher mit $g - m$, in Satz II aber mit g bezeichnet haben, wird dann offenbar die Zahl der Klammerfactoren vom Typus (ab), welche in $\mathfrak{F}\,(\bar{f}_i, \eta_1, \eta_2)$ auftritt; das ist aber dieselbe Zahl, die als „Gewicht" der Covariante bezeichnet wurde (S. 73 Anm.). Also ergibt sich weiter:

III. *Um den symbolischen Ausdruck der allgemeinsten Covariante der Formen f_i zu finden, welcher die Gradzahlen p_i und das Gewicht g zukommen, bestimme man eine ganze Function $\mathfrak{F}_0$, welche homogen ist in den Coefficienten von f_i vom Grade p_i, und ausserdem homogen in ξ vom Grade g, in allgemeinster Weise so, dass sie der Gleichung $\eta\,\frac{\partial \mathfrak{F}_0}{\partial \xi} = 0$ genügt. Alsdann kann man aus ihr durch die Methode der Reihenentwickelung den Factor $(\eta\,\xi)^g$ abscheiden; der übrig bleibende Factor ist unmittelbar die gesuchte Covariante geschrieben in der Veränderlichen η.*

Um alle linear unabhängigen Covarianten g^{ten} Gewichtes zu finden, können wir daher mit *Cayley* so verfahren.

Wir schreiben zuerst die allgemeinste Function $\mathfrak{F}_0$ hin, welche in den Coefficienten von f_i homogen ist vom Grade p_i, und zugleich homogen in ξ vom Grade g. Dieselbe wird eine Summe von Gliedern, deren jedes gleich ist dem Product aus einer willkürlichen Constanten und einem Ausdruck der Form

$$\prod_1^{\varrho} {}_i\,(a_0^{\,i})^{\varkappa_0^i}\,(a_1^{\,i})^{\varkappa_1^i}\ldots(a_{n_i}^{\,i})^{\varkappa_{n_i}^i},$$

worin $a_0^{\,i}\ldots a_{n_i}^{\,i}$ die Coefficienten von f_i und die $\varkappa_\lambda^{\,i}$ gewisse Exponenten bedeuten, zwischen welchen die folgenden Relationen bestehen:

$$\begin{array}{rl}
 & \varkappa_0^{\,1} + \varkappa_1^{\,1} + \cdots + \varkappa_{n_1}^{\,1} = p_1 \\
 & \cdot\ \cdot\ \cdot\ \cdot\ \cdot\ \cdot\ \cdot\ \cdot\ \cdot\ \cdot\ \cdot \\
 & \cdot\ \cdot\ \cdot\ \cdot\ \cdot\ \cdot\ \cdot\ \cdot\ \cdot\ \cdot\ \cdot \\
 & \varkappa_0^{\,\varrho} + \varkappa_1^{\,\varrho} + \cdots + \varkappa_{n_\varrho}^{\,\varrho} = p_\varrho \\
(38)\qquad & \{0\,\varkappa_0^{\,1} + 1\,\varkappa_1^{\,1} + \cdots + n_1\,\varkappa_{n_1}^{\,1}\} \\
 & +\ \cdot\ \cdot\ \cdot\ \cdot\ \cdot\ \cdot\ \cdot\ \cdot\ \cdot\ \cdot\ \cdot \\
 & \cdot\ \cdot\ \cdot\ \cdot\ \cdot\ \cdot\ \cdot\ \cdot\ \cdot\ \cdot\ \cdot \\
 & +\{0\,\varkappa_0^{\,\varrho} + 1\,\varkappa_1^{\,\varrho} + \cdots + n_\varrho\,\varkappa_{n_\varrho}^{\,\varrho}\} = g.
\end{array}$$

Sei C_g die Zahl der Lösungen dieses Systems von diophantischen

Gleichungen; so wird C_g zugleich die Gliederzahl der Function $\mathfrak{F}_0$. Um nun $\mathfrak{F}_0$ als das Leitglied einer Covariante auffassen zu können, haben wir die numerischen Coefficienten in $\mathfrak{F}_0$ so zu wählen, dass der Gleichung $\eta \frac{\partial \mathfrak{F}_0}{\partial \xi} = 0$ genügt wird. Nun ist aber der Ausdruck $\eta \frac{\partial \mathfrak{F}_0}{\partial \xi}$ wieder ein Ausdruck von derselben Form, wie $\mathfrak{F}_0$, nur mit dem Unterschied, dass die Zahl g durch $g - 1$ ersetzt ist. Die Gleichung $\eta \frac{\partial \mathfrak{F}_0}{\partial \xi} = 0$ liefert also höchstens C_{g-1} unabhängige Bedingungsgleichungen für die numerischen Coefficienten der Function $\mathfrak{F}_0$; es ist aber denkbar, dass sie auch weniger Bedingungen liefert, da wir zunächst nicht wissen, ob unter den erhaltenen Gleichungen nicht eine Anzahl eine Folge der übrigen sind[43]).

Wir behaupten, dass die Gleichung $\eta \frac{\partial \mathfrak{F}_0}{\partial \xi} = 0$ in der That C_{g-1} und nicht weniger unabhängige Bedingungen darstellt; dass also $C_g - C_{g-1}$ und nicht mehr linear unabhängige Covarianten vom Gewichte g vorhanden sind.

Um diesem Satz eine einfache Fassung geben zu können, berücksichtigen wir, dass die Gleichungen (38) offenbar auch durch das folgende System von Bedingungen ersetzt werden können:

$$\sum_1^{\varrho} {}_i \{[\varkappa_1^{\,i} + \varkappa_2^{\,i} + \cdots + \varkappa_{n_i}^{\,i}] + [\varkappa_2^{\,i} + \cdots \varkappa_{n_i}^{\,i}] + \cdots + \varkappa_{n_i}\} = g$$

$$p_i \geqq [\varkappa_1^{\,i} + \cdots + \varkappa_{n_i}^{\,i}] \geqq [\varkappa_2^{\,i} + \cdots + \varkappa_{n_i}^{\,i}] \geqq \cdots \geqq \varkappa_{n_i} \geqq 0.$$

Hier ist aber der Inbegriff der n Zahlen $[\varkappa_1^{\,i} + \cdots + \varkappa_{n_i}^{\,i}]$, $[\varkappa_2^{\,i} + \cdots + \varkappa_{n_i}^{\,i}] \cdots \varkappa_{n_i}^{\,i}$, durch welchen die Zahlen $\varkappa_\lambda^{\,i}$ eindeutig bestimmt sind, an keine andere Bedingung geknüpft, als die, dass jede von ihnen der Reihe $0, 1, \ldots p_i$ angehören soll. Wir können daher den in Rede stehenden Satz so ausdrücken:

IV. *Sei C_g die Zahl, welche angibt, wie oft g auf verschiedene Arten als Summe von $n_1 + n_2 + \cdots + n_\varrho$ Zahlen dargestellt werden kann, von welchen n_1 der Reihe $0, 1, \ldots p_1$, n_2 der Reihe $0, 1, \ldots p_2$, u. s. f. mit unbeschränkter Wiederholung entnommen sind; so ist $C_g - C_{g-1}$ die Zahl der linear unabhängigen Covarianten g^{ten} Gewichtes, p_i^{ten} Grades im System der ϱ binären Formen f^{n_i}.*

Der Beweis der Unabhängigkeit der C_{g-1} Gleichungen $\eta \frac{\partial \mathfrak{F}_0}{\partial \xi} = 0$, auf welcher dieses Theorem beruht, gelingt auf Grund eines in der Anmerkung auf Seite 100 angegebenen Satzes[44]). Wir berechnen die Anzahl N aller linear unabhängigen Constanten, welche überhaupt in allen linear unabhängigen Covarianten mit den Gradzahlen p_i vorkommen.

Sei P_g die Zahl der linear unabhängigen Covarianten g^{ten} Gewichtes, so ist jedenfalls

$$P_g \geqq C_g - C_{g-1}.$$

Also ist die Zahl der Constanten, welche *diese* Covarianten enthalten,

$$(m+1)\,P_g = (\Sigma n_i p_i - 2g + 1)\,P_g \geqq (\Sigma n_i p_i - 2g + 1)(C_g - C_{g-1}).$$

Schreibt man diese Ungleichung für alle möglichen Werthe von g, also von $g = 0$ bis zu $g = \mu$, wo μ die grösste in $\frac{1}{2}\,\Sigma n_i p_i$ enthaltene ganze Zahl, und addirt alle so entstandenen Ungleichungen, so erhält man bei einem geraden Werthe von $\Sigma n_i p_i$:

$$N \geqq C_\mu + 2C_{\mu-1} + \cdots + 2C_0$$

und bei einem ungeraden Werthe von $\Sigma n_i p_i$:

$$N \geqq 2C_\mu + 2C_{\mu-1} + \cdots + 2C_0.$$

Nun ist aber offenbar

$$(39) \qquad C_g = C_{\Sigma n_i p_i - g};$$

denn man kann die Bedingung, welcher die Function $\mathfrak{F}_0$ zu genügen hat, ebenso vollständig dadurch ausdrücken, dass man verlangt, sie soll homogen sein in η vom Grade $\Sigma n_i p_i - g$, als durch die Forderung, dass sie homogen sein soll in ξ vom Grade g. Man kann daher die beiden vorstehenden Ungleichungen in eine einzige zusammenfassen, welche für gerade wie für ungerade Werthe von $\Sigma n_i p_i$ in gleicher Weise gilt:

$$N \geqq C_0 + C_1 + \cdots + C_{\Sigma n_i p_i}.$$

Erinnern wir uns nun der in Satz IV angegebenen Bedeutung der Zahl C_g; so erkennen wir sofort, dass hier auf der rechten Seite nichts Anderes steht, als die Zahl aller überhaupt vorhandenen Möglichkeiten, aus den Elementen $0 \ldots p_1$ n_1 Elemente, aus den Elementen $0 \ldots p_2$ n_2 Elemente u. s. f. mit unbeschränkter Wiederholung herauszuheben; wir können unsere letzte Ungleichung also auch so schreiben:

$$N \geqq \binom{n_1 + p_1}{p_1}\binom{n_2 + p_2}{p_2} \cdots \binom{n_\varrho + p_\varrho}{p_\varrho}.$$

Hier gilt nun aber nicht das obere, sondern das untere Zeichen (S. 101); und das hat zur Folge, dass auch in allen den einzelnen Ungleichungen, durch deren Summation die letzte entstand, das Zeichen $>$ gestrichen werden muss. Wir haben in der That $P_g = C_g - C_{g-1}$.*)

Haben wir auf Grund der Sätze II und IV die Leitglieder aller

*) Man erhält nach dem Cayley'schen Satze noch einen zweiten Ausdruck für die Anzahl der linear unabhängigen Covarianten g^{ten} Gewichtes $p_i{}^{\text{ten}}$ Grades der Formen f_i, wenn man nämlich die Covariante als eine simultane Invariante

linear unabhängigen Covarianten g^{ten} Gewichtes bestimmt, so finden wir auf Grund des Satzes II die symbolischen Ausdrücke dieser Covarianten selbst. Man kann aber nach *Cayley* den (unsymbolischen) Ausdruck einer Covariante, welche durch ihr Leitglied gegeben ist, auch unmittelbar hinschreiben. Da dieser Satz auf dem von uns betretenen Wege liegt, so wollen wir auch ihn an dieser Stelle noch zur Ableitung bringen.

Es sei die Covariante $\mathfrak{F}$ durch den Ausdruck gegeben

$$\mathfrak{F} = (\alpha y)^m = \mathfrak{F}_0\, y_2^m - \binom{m}{1} \mathfrak{F}_1\, y_2^{m-1} y_1 + - \cdots = \mathfrak{F}(f_i, y),$$

worin jeder Coefficient $\mathfrak{F}_\varkappa$ eine Function der Coefficienten der Formen $f_1 \ldots f_\varrho$ ist. Denken wir uns nun die Formen f_i, $(y\,x)$ wie oben durch die Substitutionen (28) abhängig gemacht von den Formen $\bar{f_i}$, $(\bar{y}\,\bar{x})$, so geht $\mathfrak{F}$ über in

$$\mathfrak{F}_0 . (\bar{y}\,\xi)^m - \binom{m}{1} \mathfrak{F}_1 . (\bar{y}\,\xi)^{m-1} (\bar{y}\,\eta) + - \cdots$$
$$= (\eta\,\xi)^{g+m} . \mathfrak{F}(\bar{f_i}, \bar{y}) = (\eta\,\xi)^{g+m} . (\bar{\alpha}\,\bar{y})^m,$$

worin jetzt $\mathfrak{F}_0, \mathfrak{F}_1, \ldots$ Functionen von ξ, η werden. Die Zahl g ist, wie in Satz III und Satz IV, das Gewicht der Covariante und hat den Werth $\dfrac{\Sigma n_i\, p_i - m}{2}$. Nun ist aber andrerseits

$$(\eta\,\xi)^m (\bar{\alpha}\bar{y})^m = \{(\bar{\alpha}\eta)(\bar{y}\,\xi) - (\bar{\alpha}\,\xi)(y\,\eta)\}^m$$
$$= (\bar{\alpha}\,\eta)^m . (\bar{y}\,\xi)^m - \binom{m}{1} . (\bar{\alpha}\,\eta)^{m-1} (\bar{\alpha}\,\xi) . (\bar{y}\,\xi)^{m-1} (\bar{y}\,\eta) + - \ldots$$

Durch Vergleichung dieser beiden homogenen Functionen von $(\bar{y}\,\xi)$ und $(\bar{y}\,\eta)$ folgt:

---

der Formen $f_1 \ldots f_\varrho$ und der linearen Form $(y\,x)$ auffasst, welche in Bezug auf letztere den Grad $m = \Sigma n_i p_i - 2g$ besitzt. Man hat dann die Anzahl der ganzzahligen Lösungen der Gleichung

$$\alpha_1^{\,0} + \sum_1^{\varrho} \{\alpha_1^{\,i} + \alpha_2^{\,i} + \cdots + \alpha_{n_i}^{\,i}\} = g + m$$

zu bestimmen, in welcher die Zahlen $\alpha_\varkappa^i$ den Bedingungen unterworfen sind: $\alpha_1^{\,0} \leqq m$, $\alpha_\varkappa^i \leqq p_\varkappa$. Sei Γ_g die Anzahl der Lösungen dieser Aufgabe, so wird die Zahl der linear unabhängigen Covarianten m^{ter} Ordnung, p_i^{ten} Grades dargestellt durch den Ausdruck $\Gamma_g - \Gamma_{g-1}$. Dieser muss gleich $C_g - C_{g-1}$ sein. In der That hat man

$$\Gamma_g = C_{g+m} + C_{g+m-1} + \cdots + C_g,$$
$$\Gamma_{g-1} = C_{g+m-1} + \cdots + C_g + C_{g-1},$$

also $\Gamma_g - \Gamma_{g-1} = C_{g+m} - C_{g-1} = C_{\Sigma n_i p_i - g} - C_{g-1} = C_g - C_{g-1}$.

$$
(40) \qquad \begin{aligned} \mathfrak{F}_0 &= (\eta\,\xi)^g . (\bar{\alpha}\,\eta)^m \\ \mathfrak{F}_1 &= (\eta\,\xi)^g . (\bar{\alpha}\,\eta)^{m-1} (\bar{\alpha}\,\xi) \\ &\ldots\ldots\ldots\ldots \end{aligned}
$$

u. s. f. Hieraus aber fliessen unmittelbar die Identitäten:

$$
(41) \qquad \mathfrak{F}_1 = \frac{1}{m}\,\xi\,\frac{\partial \mathfrak{F}_0}{\partial \eta},\ \mathfrak{F}_2 = \frac{1}{m-1}\,\xi\,\frac{\partial \mathfrak{F}_1}{\partial \eta} \cdots \text{ u. s. w.}
$$

Hier braucht man nur die Operation $\xi\,\frac{\partial}{\partial \eta}$ durch ihren in Formel (33) gegebenen Ausdruck zu ersetzen, um die Darstellung der Coefficienten $\mathfrak{F}_1$, $\mathfrak{F}_2$ durch das Leitglied $\mathfrak{F}_0$, und mit einer leichten Verallgemeinerung überhaupt die Darstellung irgend eines Coefficienten der Covariante durch *irgend* einen anderen zu finden. Insbesondere haben wir den Satz[45]):

V. *Ist* $\mathfrak{F}_0$, *das Leitglied einer Covariante* $\mathfrak{F}$, *bekannt, so ist diese selbst gegeben durch den Ausdruck*

$$
\mathfrak{F} = \mathfrak{F}_0\, y_2^m - \xi\,\frac{\partial}{\partial \eta}\,\mathfrak{F}^0 . y_2^{m-1} y_1 + \frac{1}{1\cdot 2.}\left(\xi\,\frac{\partial}{\partial \eta}\right)^2 \mathfrak{F}^0 .\, y_2^{m-2} y_1^2 - + \cdots.
$$

Der rechten Seite dieses Ausdrucks kann man leicht auch einen begrifflichen Inhalt unterlegen, wenn man $\xi\,\frac{\partial \mathfrak{F}}{\partial \eta}$ als Symbol einer infinitesimalen Transformation deutet.

Wir haben im Vorstehenden die wesentlichsten der Sätze zur Darstellung gebracht, welche den ausgedehnten, von Herrn *Sylvester* und seinen Schülern entwickelten Theorien zu Grunde liegen. Möchten die mitgetheilten Ableitungen dieser Sätze etwas dazu beitragen, die Breite der Kluft zu mindern, welche zwischen den verschiedenen Behandlungsarten der Algebra der linearen Transformationen immer noch besteht.

Anmerkungen und Litteraturnachweise.

Zum I. Abschnitt.

1) S. 5. Vgl. *Kronecker, Grundzüge einer arithmetischen Theorie der algebraischen Grössen.* Festschrift, Berlin 1882 (Crelle's Journal Bd. 92). § 3, S. 7. Die in diesem Werke niedergelegten Ideen sind für die ganze Gestaltung der im Texte aufgestellten Grundbegriffe maassgebend gewesen; auch habe ich mich der in demselben angewendeten Terminologie im Wesentlichen angeschlossen.

2) S. 6. Die invarianten Differentiationsoperationen bilden also eine besondere Classe der sogenannten *Differentialinvarianten.* Für uns kommen sie in der Hauptsache nur als erzeugende Processe von Invarianten in Betracht. Ich sage darum absichtlich „Differentiationsprocess" oder „Differentiationsoperation" und nicht „Differentialausdruck".

3) S. 10. *Aronhold: Ueber eine fundamentale Begründung der Invariantentheorie.* Crelle's Journal Bd. 62 (1863).

4) S. 14. Nach dem Vorgange anderer Mathematiker bediene ich mich der Bezeichnungen „Geometrie" und der gewöhnlichen Geometrie entnommener Ausdrücke auch bei Untersuchungen, die sich auf eine mehr als dreifach ausgedehnte Mannigfaltigkeit beziehen, bei Untersuchung von Gebilden also, die der Anschauung (unmittelbar) nicht mehr zugänglich sind. Schon die Geometrie auf der geraden Linie gibt sehr häufig Anlass zur Einführung solcher höheren Mannigfaltigkeiten. Den Sätzen aber, zu welchen man hierbei geführt wird, liegt nicht selten der nämliche Gedanke zu Grunde, wie gewissen Sätzen der Geometrie des dreifach ausgedehnten Raumes. Man hat dann bei Gebrauch einer der Geometrie entlehnten Redeweise unter anderen Vortheilen auch den, zur Darlegung eines solchen Zusammenhanges nicht langathmiger Auseinandersetzungen zu bedürfen, sondern ihn ohne Weiteres ganz allein durch die gewählte Terminologie zur Evidenz zu bringen. Solchen Erleichterungen des Verständnisses, die zugleich eine Vertiefung des Gedankeninhaltes der Theorie bedeuten, sollte man nicht aus dem Wege gehen. Wohl aber erscheint die Forderung berechtigt, dass man sich bei Untersuchungen auf dem Felde der Analysis der Begriffsbildungen der Geometrie wo möglich nur als eines Hilfsmittels zur Verdeutlichung bedienen soll, nicht aber solche Schlussweisen anwenden darf, die der Geometrie eigenthümlich sind, und nicht in die Sprache der Analysis übertragen werden können. Es muss möglich sein, das um der Darstellung willen gewählte geometrische Gewand an jeder Stelle, wo es beliebt, wieder abzustreifen.

5) S. 27. Von diesen Verwandtschaften ist bis jetzt von geometrischer Seite her nur eine besondere Classe zugänglich, die sogenannten *Polarsysteme,* deren

Theorie wir den sehr werthvollen Untersuchungen des Herrn *Thieme* verdanken. Die quadratischen Polarsysteme hat bereits *v. Staudt* behandelt, der überhaupt als der eigentliche Schöpfer der Geometrie des Lineals zu nennen ist (wiewoh. der Begriff derselben schon früher auftrat).

6) S. 27. Es ist das auch kaum anders zu erwarten, da aus einer Construction sich immer eine Menge anderer ergeben, unter denen dann auch wieder solche sein können, die ebenso gut, wie die ursprüngliche zur Definition des betreffenden Gebildes brauchbar sind. Die Gleichwerthigkeit beider Bedingungen kommt dann eben darin zum Ausdruck, dass beide in derselben Invarianten-Relation ihren gemeinsamen analytischen Ausdruck finden. — Um die Art der in Rede stehenden Beziehungen zu erläutern, mag z. B. der folgende Satz ausgesprochen werden:

„Wenn die Polarsysteme beliebig vieler binärer Formen gegeben sind, so lässt sich das Polarsystem jeder ihrer Covarianten durch lineare Construction finden.“

Das Verschwinden einer Invariante muss sich immer in Form eines sogenannten Schliessungssatzes ausdrücken lassen.

7) S. 28. Der grosse Gedanke einer geometrischen Analysis wurde bereits von *Leibniz* erfasst, welcher deren Vorzüge mit beredten Worten pries, wiewohl er selbst noch nicht im Besitze eines solchen Calculs war, sondern ihn nur im Geiste erschaute. Leibniz' Bestrebungen konnten bei seinen Zeitgenossen freilich noch kein Verständniss finden, und blieben auch später noch lange vergessen, bis endlich in unserem Jahrhundert *Möbius* durch seinen barycentrischen Calcul, und vor Allem *Hermann Grassmann* durch die Schöpfung seiner bewunderungswürdigen Ausdehnungslehre den Gedanken zu neuem Leben erweckten. Leibniz und auch noch Grassmann glaubten, dass es *einen* solchen Calcul gäbe, welcher alle geometrischen Gedanken mit gleicher Einfachheit und Vollendung zum Ausdruck brächte. Heute können wir sagen, dass dies nicht der Fall sein kann, dass das verschiedenartige Interesse, oder, um den Gedanken schärfer auszudrücken, dass die Geometrie verschiedener Transformationsgruppen auch verschiedenartige Hilfsmittel erfordert. Die Aufgabe wird jetzt, zunächst für die wichtigsten dieser Gruppen ein geeignetes Algorithmensystem, oder eine Invariantentheorie zu schaffen.

Zum II. Abschnitt.

8) S. 31. Der Satz ist in der an sich unnöthigen Beschränkung auf homogene Functionen ausgesprochen, weil wir ihn nur in seiner Anwendung auf homogene Functionen brauchen. Ich habe ihn vorausgestellt, nicht, weil er gerade in dieser Form zum Beweise des Satzes II unentbehrlich wäre, sondern weil er auch später noch öfter benutzt wird. So elementar das sofort auf beliebige Rationalitätsbereiche auszudehnende Theorem auch sein mag, so bedarf es doch eines Beweises; und die Herleitung eines so vielfach gebrauchten Satzes sollte in keinem Lehrbuch der Theorie der Functionen von complexen Veränderlichen fehlen. Da ich indessen in den Lehrbüchern, welche mir zugänglich waren, den Satz nicht finden konnte, so will ich ihn hier nachträglich noch ableiten, um keine Lücke zu lassen. —

Es sei F eine Function m^{ten} Grades, Φ eine Function n^{ten} Grades der Veränderlichen $x, y, z \dots$. Dann werden wir, ohne eine wesentliche Beschränkung herbeizuführen, (bekanntlich) die Annahme machen dürfen, dass in den Entwickelungen $F = a_0 x^m + a_1 x^{m-1} + \cdots$, $\Phi = b_0 x^n + b_1 x^{n-1} + \cdots$ die Coefficienten a_0 und b_0 von Null verschieden sind. Wenden wir nun auf F und Φ, die zunächst nur als Functionen von x betrachtet werden, das Verfahren zur Aufsuchung des grössten gemeinsamen Theilers an, wodurch das bekannte Schema

$$F = G \,.\, \Phi + \Phi_1$$
$$\Phi = G_1 .\, \Phi_1 + \Phi_2$$
$$\cdot\;\cdot\;\cdot\;\cdot\;\cdot\;\cdot\;\cdot$$
$$\Phi_{\varkappa-1} = G_{\varkappa} .\, \Phi_{\varkappa} + \Phi_{\varkappa+1}$$

entstehen möge. Hier sind G und Φ_1 ganze Functionen von $x, y, z, \ldots$; $\Phi_1, \Phi_2, \ldots \Phi_{\varkappa+1}$ sind ganze Functionen von x, deren Grade eine abnehmende Reihe bilden, und alle Functionen Φ_i, G_i sind rationale Functionen der Veränderlichen $x, y, z, \ldots$. Wäre nun die Function Φ_1 von Null verschieden, so könnte auch die letzte, von x unabhängige Function $\Phi_{\varkappa+1}$ nicht Null sein; denn sonst würde man in einem gewissen Theiler des Zählers von $\Phi_{\varkappa}$ sogleich auch einen Theiler von Φ erhalten, während Φ unzerlegbar sein soll. Nehmen wir nun die Werthe von $y, z, \ldots$ so, dass $\Phi_{\varkappa+1}$ von Null verschieden ist, den Werth von x aber so, dass Φ Null wird, so verschwindet nach Voraussetzung auch F, es verschwindet also die Reihe von Functionen $\Phi_1 \ldots \Phi_{\varkappa+1}$. Hierin liegt ein Widerspruch; es ist also Φ_1 identisch gleich Null, was zu beweisen war. —

Hierbei ist zunächst vorausgesetzt worden, dass $m \geqq n$ sei. Man überzeugt sich aber sofort, dass der andere Fall, in welchem $n > m$ wäre, überhaupt nicht eintreten kann; man hat nur F mit einer willkürlichen ganzen Function $(n-m)^{\text{ten}}$ Grades zu multipliciren und auf das Product dieselbe Schlussweise anzuwenden. —

Einen anderen, etwas weniger elementaren Beweis hat Herr *Hölder* gegeben. („*Zum Invariantenbegriff*", Mathematisch-Naturwissenschaftliche Mittheilungen, I, Tübingen, Fues).

9) S. 31. Dieser Satz, auf welchem vornehmlich die Tragweite des Invariantenbegriffes beruht, rührt von *Aronhold* her. (Anm. 3. S. 201.) Der hier mitgetheilte Beweis ist von *Gram* angegeben: *Sur quelques théorèmes fondamentaux de l'algèbre moderne.* Math. Ann. Bd. 7 (1873).

10) S. 35. Vgl. *Gauss, Briefwechsel mit Schumacher* Bd. 4, Nr. 833, S. 147.

11) S. 40. *Sylvester, Sur les actions mutuelles des formes invariantives dérivées.* Crelle's J. Bd. 85. S. 89 ff. (1879). Dort wird ein dem eigentlichen Sinne nach mit dem Satze IV gleichwerthiges Theorem ausgesprochen. Der Hilfssatz auf S. 36 ist in dieser Form von Herrn *Lipschitz* angegeben und bewiesen worden (*Demonstration of a Fundamental Theorem obtained by Mr. Sylvester.* Am. Journ. v. I. p. 336 etc.). An ersterem Orte (S. 91) wird folgender Satz formulirt: „*Dans un Quantic préparé deux substitutions contraires opérées sur les variables induisent deux substitutions contraires opérées sur les éléments*" und die Bemerkung hinzugefügt, dass die genannte Eigenschaft den „präparirten Formen" eigenthümlich sei. Das ist nun augenscheinlich unrichtig: Dieselbe Eigenschaft kommt einer jeden algebraischen Form zu, deren Coefficienten überhaupt irgendwie normirt sind. Wie aber die weitere Entwickelung zeigt, ist der Satz nicht wörtlich zu verstehen. Es wird nämlich nicht, wie man nach der vorausgeschickten Definition erwarten sollte, unter der „*substitution contraire*" die entgegengesetzte Substitution einer gegebenen verstanden, sondern diejenige Substitution, die wir als die „*transponirte* *der entgegengesetzten*“ bezeichnen würden. Der hiernach abgeänderte Satz ist mit dem Theorem IV gleichwerthig. Er hat allerdings, wie auch Herr Sylvester selbst schon bemerkt hat, noch den Mangel, dass der eigentliche Grundgedanke, welcher auf der gleichzeitigen Betrachtung zweier zu einander dualistischer Formen beruht, nicht zum Vorschein kommt; man sieht nicht recht, warum nicht einfacher gesagt wird „Dans un Quantic préparé deux substitutions transposées operées sur les variables induisent deux substitutions transposées operées sur les éléments“ (Vgl. *Sylvester, Note on the Theorem contained in Prof. Lipschitz's paper,* Am. Journ. vol. I. p. 341 ss.). — Auf einer weiter fortgeschrittenen Entwickelungsstufe der symbolischen Methode würde der in Rede stehende Satz noch viel leichter zu beweisen sein; er wird eigentlich selbstverständlich (Vgl. die Formeln des § 16).

12) S. 43. Vgl. *Salmon, Algebra der linearen Transformationen.* Zweite deutsche Ausgabe Art. 130, 139 und Anm. 44.

13) S. 52. *Sylvester, Sur les actions mutuelles etc.* Crelle's J. Bd. 85.

14) S. 55. Diese Reihenentwickelung, wie auch die des § 4, gab Herr *Gordan: Ueber Combinanten,* Math. Ann. Bd. 5 (1871). Die zweite Reihenentwickelung wurde gleichzeitig von *Clebsch* angegeben (*Theorie der binären algebraischen Formen,* § 7), jedoch in der Beschränkung auf binäre Formen, und ohne die wichtige Reihenentwickelung für die Polaren der Elementarcovarianten. Die Sätze, welche sich auf die Zusammenstellung zweier dualistisch gegenüberstehender Entwickelungen beziehen, scheinen bis jetzt nicht bemerkt worden zu sein.

15) S. 67. Dieser Satz wurde (in nicht-dualistischer Form) von *Clebsch* aufgestellt: *Ueber eine symbolische Darstellung algebraischer Formen,* Crelle's J. Bd. 59 (1861). Der Grundgedanke des hier mitgetheilten Beweises rührt von Herrn *Gordan* her, der jedoch bei ternären und höheren Formen von den Reihenentwickelungen keinen Gebrauch macht *(S. Gordan-Kerschensteiner § 102, 104, 105).*

16) S. 74. Die Unterscheidung der geraden und ungeraden (ternären) Formen, oder der Formen „geraden und ungeraden Charakters“ rührt von *Clebsch* her.

17) S. 76. S. die Abhandlung des Verfassers: „*Ueber ternäre lineare Formen*“, Math. Ann. Bd. 30 (1887). Der dort gegebene Beweis bedarf einer Abänderung, welche hier vollzogen ist. — Die Identitäten A und B, A' und B' sind offenbar hinsichtlich des praktischen Rechnens nicht als wesentlich verschieden anzusehen.

In der Theorie der *quaternären Formen* hat man *drei* Arten von unter einander gleichwerthigen, und als unzerlegbar zu betrachtenden Veränderlichen zu unterscheiden, entsprechend den geometrischen Begriffen des Punktes, des linearen Complexes, und der Ebene. (In der Invariantentheorie muss an Stelle des analytischen Gebildes, welches die Gerade darstellt, das nur wenig allgemeinere Gebilde treten, welches den linearen Complex vertritt.) Wollte man einen Satz aufstellen, welcher für die Theorie der quaternären Formen eben so viel leistet, als der Satz des Textes für die ternären Formen, so müsste man alle die unzerlegbaren Identitäten bestimmen, welche zwischen den simultanen Invarianten einer unbegrenzten Zahl von Formen der drei verschiedenen Arten bestehen; es würde also *nicht* genügen, die Formen, welche den Punkten und Ebenen entsprechen, allein in Betracht zu ziehen. Wir dürfen in der Zahl der in Rede stehenden Identitäten im Vergleich zu der Anzahl der bei den ternären Formen vorhandenen wohl ein Maass für die Schwierigkeiten erblicken, welche die Theorie der quaternären Formen im Vergleich zu der der ternären Formen darbietet. Denn auf diesen Identitäten beruhen in letzter Linie alle symbolischen Rechnungen. —

Herr *Hölder* hat neuerdings die Thatsache hervorgehoben, dass eine identisch verschwindende Function von gewöhnlichen reellen oder complexen Grössen den Werth Null hat *vermöge* der zwischen je zwei, bezüglich drei solchen Grössen bestehenden Identitäten:

$$a + b = b + a$$
$$(a + b) + c = a + (b + c)$$
$$a . b = b . a$$
$$(a b) . c = a . (b c)$$
$$(a + b) . c = a . c + b . c$$

(Gött. Nachr. 1889, Nr. 2, S. 34). Die grosse Analogie dieses Theorems mit dem Satze des § 6 fällt in die Augen. Aehnliche Sätze werden sich bei einem jeden in sich abgeschlossenen Grössengebiet aufstellen lassen.

18) S. 80. Vgl. *Gordan-Kerschensteiner* Bd. II, Nr. 117, S. 132.

19) S. 84. 90. *Clebsch, Ueber eine Fundamentalaufgabe der Invariantentheorie.* Goett. Abh. Bd. 17 (1872).

20) S. 101. Crelle's J. Bd. 85 (Vgl. Anm. 11). Auch Herr *Stroh* hat vor längerer Zeit eine Verallgemeinerung des Sylvester'schen Satzes in Aussicht gestellt (Math. Ann. Bd. 22, S. 405 (vgl. Anm. 26)). Die Anwendbarkeit der sehr zweckmässigen Methoden, durch welche er neuerdings (Math. Ann. Bd. 33, 1888, „Eine fundamentale Eigenschaft des Ueberschiebungsprocesses") das in § 9 behandelte Problem in Rücksicht auf *binäre* Formen erledigt hat, scheint leider auf diesen Fall beschränkt zu sein.

21) S. 102. Diese Sätze, wie den zugehörigen Beweis gab im Wesentlichen *Gram.* (Vgl. Anm. 9.)

22) S. 104. Die zuerst von *Aronhold* systematisch behandelte, ganz allgemein gestellte Frage: Wann eine algebraische *Form* F in eine andere F' durch eine lineare Transformation (d. h. in unserer Terminologie durch eine „allgemeine" lineare Transformation) übergeführt werden kann, hat wohl erst durch *Gram* eine befriedigende Beantwortung gefunden, im Sinne des Satzes III. Man kann sie offenbar auch durch die folgende ersetzen: Wann die *Gleichung* $F = 0$ durch eine lineare Transformation von der Determinante Eins in die Gleichung $F = 0$ übergeführt werden kann. Beide Fragestellungen decken sich; sie decken sich aber nicht mehr in ihrer Ausdehnung auf simultane Systeme. Wir haben im Texte nur die für uns bedeutungsvollere Frage behandelt, bei welcher Formen, die sich nur um einen Zahlenfactor unterscheiden, einander gegenseitig vertreten können.

23) S. 107. Diese Sätze sind zwar vielfach angewendet, aber wohl noch niemals in einer genügend scharfen und allgemeinen Fassung ausgesprochen worden. — Der auf Seite 105 eingeführte Ausdruck „Körper" ist in ähnlichem Sinne bereits von Herrn *F. Klein* gebraucht worden.

24) S. 107. Herr *Christoffel* hat im 19ten Bande der mathematischen Annalen *(„Bemerkungen zur Invaviantentheorie")* einen Satz aufgestellt, welcher besagt, dass man in der Gleichheit der beiderseitigen absoluten Invarianten ein hinreichendes Kennzeichen für die Transformirbarkeit zweier Formen F und F'

in einander in dem einzigen Falle hat, wo eine daselbst „Ordnung der systematischen Elimination" genannte Zahl ihren grösstmöglichen Werth erreicht. Diese Zahl stimmt für den Fall einer Grundform ($\varrho = 1$) überein mit der von uns durch $8 + \varrho - \sigma$ bezeichneten Zahl. Leider hat es mir nicht gelingen wollen, die schwierigen Entwickelungen, durch welche Herr Christoffel zu seinem höchst werthvollen Theorem gelangt, durch eine einfachere und den sonst in dieser Schrift befolgten Methoden homogene Betrachtung zu ersetzen. Ich begnüge mich daher, den Satz in der Form auszusprechen, welche er unter Gebrauch der von uns verwendeten Terminologie annehmen würde:

„Dafür, dass man die Gesammtheit der Gleichungen $F_i = 0$ in die Gesammtheit der Gleichungen $F_i' = 0$ durch lineare Transformation überführen kann, ist die Gleichheit der beiderseitigen absoluten Invarianten nicht allein eine nothwendige, sondern auch eine hinreichende Bedingung immer dann, und nur dann, wenn die zu den Gleichungen $F_i = 0$ und $F_i' = 0$ gehörigen Zahlen σ und σ' beide den kleinstmöglichen Werth s haben."

25) S. 111. In Betreff des Falles $m = 2$, $n = 0$ sehe man die Habilitationsschrift des Verfassers: *„Ueber die Geometrie der Kegelschnitte"* (Math. Ann. Bd. 27), wo der symbolische Ausdruck von $\mathfrak{R}$ gegeben ist. Das entsprechende Problem aus der Theorie der binären Formen bietet auch im allgemeinen Falle keine Schwierigkeit dar. (Vgl. § 13, S. 124.)

26) S. 121. Die Determinante (3) gab Herr *Gordan* (*„Ueber Combinanten"*, Math. Ann. Bd. 5), die andere Fundamentalcombinante Herr *Stroh*, in einer von der des Textes verschiedenen Form. (*„Zur Theorie der Combinanten"*, Math. Ann. Bd. 22.)

27) S. 123. *Brill, Ueber binäre Formen und die Gleichung 6. Grades,* Math. Ann. Bd. 20 (1882).

28) S. 125, 126. *Stroh* a. a. O. (Anm. 26).

29) S. 132. Die entsprechende Darstellung der linearen Transformationen des binären Gebietes hat Herr *Stephanos* untersucht in einer vortrefflichen Abhandlung: *Mémoire sur la représentation des homographies binaires par des points de l'espace etc.* Math. Ann. Bd. 22 (1883).

30) S. 138. Repräsentirt man auch die linearen Transformationen des dreifach ausgedehnten Raumes durch Punkte einer linearen, 15fach ausgedehnten Mannigfaltigkeit, so entsprechen den Transformationen der Gruppe G_9 Punkte eines linearen Raumes R_9. Diese Punkte werden vermöge der Transformationen der Gruppe G_9 durch eine achtgliedrige Gruppe des Raumes R_9, die „adjungirte" von G_9 vertauscht, welche alle Punkte einer gewissen Geraden, ferner alle Räume R_8 eines gewissen Büschels einzeln stehen lässt. Der identischen Transformation $U_0 X_0 + \cdots + U_3 X_3$ ist ein Punkt jener Geraden zugeordnet; die Combination von irgend zwei quaternären Formen $U_0 X_0 + \overline{T}_1$, $U_0 X_0 + \overline{T}_2$ aber führt in den siebenfach ausgedehnten, zu der ausgezeichneten Geraden vollständig schiefen Raum hinein, welcher den Durchschnitt aller jener Räume R_8 bildet, und durch die ternären Normalformen $\overline{S}$ bestimmt wird. Als *„Symbole"* der infinitesimalen Transformationen von G_9 kann man daher die quaternären Formen wählen, welche einem *beliebig* herausgegriffenen Raume R_8 jenes Büschels zugehören — vorausgesetzt, dass der Raum R_8 nicht gerade derjenige ist, welcher den der identischen Transformation entsprechenden Punkt enthält.

Unter den Räumen R_8 befinden sich aber zwei besonders ausgezeichnete. Erstens derjenige, dessen Punkte den quaternären bilinearen Formen $U_0 X_0' + \overline{T}$ von verschwindender linearer Invariante zugeordnet sind; hätten wir diese Formen als Symbole infinitesimaler Transformationen genommen, so hätten wir in diesen Symbolen die unmittelbare Verallgemeinerung der auf Seite 134 eingeführten Symbole S; sie haben die Form $\lambda U_0 X_0 + \overline{T}$, wobei $\overline{T} = (DX)(U\Delta)$ eine ternäre Form bedeutet, deren lineare Invariante $(D\Delta)$ den Werth $-\lambda$ besitzt. Zweitens befindet sich unter den Räumen R_8 einer, dessen Punkte sämmtlich quaternären Formen von verschwindender Discriminante, nämlich den in Wirklichkeit nur ternären Formen $\overline{T} = (DX)(U\Delta)$ entsprechen; und diese letzteren Formen sind die im Texte behandelten Lie'schen Symbole. — Während also in der allgemeinen projectiven Gruppe den infinitesimalen Transformationen nur auf eine einzige Art covariante endliche Transformationen eindeutig-umkehrbar zugeordnet werden können, gilt das Gleiche nicht mehr für gewisse ihrer Untergruppen, und man hat daher bei diesen noch eine Willkür in der Wahl der Symbole.

31) S. 144. Eine allerdings nicht vollständige und auch sonst nicht ganz befriedigende Lösung dieser Aufgabe ist implicite enthalten in einer Abhandlung von *Clebsch* und *Gordan: „Ueber biternäre Formen mit contragredienten Variabeln"*, Math. Ann. Bd. 1 (1869). (Zum Theil reproducirt in *Clebsch*, *Vorlesungen über Geometrie, bearbeitet von Lindemann,* S. 988 u. ff.) — Der auf Seite 144 aufgestellte Satz ist inzwischen vom Verfasser verallgemeinert worden; s. dessen Abhandlung *„Complexe Zahlen und Transformationsgruppen"*, Sitzungsberichte der Sächsischen Akademie der Wissenschaften, 1889, Sitzung vom 6. Mai, § 5.

32) S. 167. Der Satz lässt sich auf Gebiete von beliebig vielen Dimensionen ausdehnen. Als nothwendige und ausreichende Bedingung dafür, dass zwei oder mehr unabhängige infinitesimale Transformationen durch fortgesetzte Combination die allgemeine projective Gruppe erzeugen, lässt sich im Falle der Ebene aus den Untersuchungen von Herrn *Lie* die herleiten, dass weder ein Punkt, noch eine Gerade, noch ein Kegelschnitt vorhanden sein darf, der alle vorgelegten Transformationen gestattet. Im Raume treten an Stelle dieser Figuren der Punkt, der allgemeine und specielle lineare Complex, die Ebene und die Fläche zweiten Grades.

33) S. 169. Dieses Reciprocitätsverhältniss hat schon *Aronhold* bemerkt. (Crelle's J. Bd. 62, S. 295.)

34) S. 174. *Cayley, Nouvelles recherches sur les Covariants.* Crelle's J. Bd. 47 (1854, datirt von 1852).

35) S. 175. Crelle's J. Bd. 62 (S. Anm. 3). Man vergleiche hierzu noch *Christoffel* ebenda Bd. 68 (1868) und Math. Ann. Bd. 19 S. 282, ferner *Aronhold* in Crelle's J. Bd. 69 (1868), *Gundelfinger* in der Fiedler'schen Bearbeitung der Salmon'schen Vorlesungen über die Algebra der linearen Transformationen (2. Auflage S. 452 ff.). Die in den erstgenannten Abhandlungen enthaltenen Untersuchungen über die Anzahl der unabhängigen Invarianten beziehen sich nur auf den Fall einer Grundform mit einer Veränderlichen.

36) S. 175. *Clebsch*, *Ueber die simultane Integration linearer partieller Differentialgleichungen.* Crelle's J. Bd. 65 (1866). Vgl. auch *Clebsch, Theorie der binären algebraischen Formen,* § 80.

37) S. 178. *Clebsch,* in Crelle's J. Bd. 59, S. Anm. 15.

38) S. 185. Wegen der entsprechenden Entwickelungen für ternäre Formen vergleiche man *Clebsch* und *Gordan,* Math. Ann. Bd. 1 (S. Anm. 31).

39) S. 189. Vgl. *Gordan,* Math. Ann. Bd. 12 S. 24 (1877).

40) S. 190. *Gordan-Kerschensteiner* Nr. 114 u. 116; vgl. Clebsch B. F. S. 317.

41) S. 190. Man vergleiche wegen des Folgenden die übrigens in mehrfacher Hinsicht abweichende Darstellung bei *Faà di Bruno, Theorie der binären Formen,* bearbeitet von *Walter,* Cap. 4 und 5.

42) S. 195. *Cayley, Second Memoir upon Quantics.* Phil. Trans. vol. 146 (1856).

43) S. 197. In der unter 41) citirten deutschen Bearbeitung des *Faà di Bruno*'schen Werkes wird richtig hervorgehoben, dass die Unabhängigkeit der besprochenen C_{g-1} Gleichungen nicht selbstverständlich ist, aber irrthümlich angegeben, dass dieselben wirklich nicht in allen Fällen unabhängig sind (S. 122); gleichwohl aber wird später eben diese bezweifelte Unabhängigkeit stillschweigend vorausgesetzt (S. 193, 194). Die italienische Ausgabe habe ich nicht nachsehen können.

44) S. 197. Weniger einfach ist der ursprüngliche *Sylvester*'sche Beweis (Crelle's J. Bd. 85. Vgl. Anm. 11). Zur Erleichterung der Anknüpfung an die Litteratur des Gegenstandes seien die hier verwendeten Bezeichnungen mit denjenigen zusammengestellt, deren sich Herr S. zur Darstellung derselben Grössen bedient:

$$g = w;\ n_1 = i_1;\ n_2 = i_2 \ldots;\ p_1 = j_1,\ p_2 = j_2 \ldots;$$

$$C_g = (w : i_1,\ j_1;\ i_2,\ j_2; \ldots);\ C_g - C_{g-1} = \Delta\,(w : i_1,\ j_1;\ i_2,\ j_2;\ \ldots)$$

$P_g = D\,(w : i_1,\ j_1;\ i_2,\ j_2; \ldots)$. Die hier als „Grad" bezeichnete Zahl wird „Ordnung" genannt, und umgekehrt. —

Andere Beweise für den *Cayley*'schen Satz IV gaben neuerdings die Herren *Hilbert* (*Ueber eine Darstellungsweise der invarianten Gebilde im binären Formengebiete,* Math. Ann. Bd. 30, 1887, bezw. 1885) und *Stroh* („*Ueber einen Satz der Formentheorie*", Math. Ann. Bd. 31, 1888).

45) S. 200. Vgl. *Cayley* a. a. O. (Anm. 42), *Faà di Bruno* § 14 Nr. 10, 11 (S. 158—161).

Alphabetisches Verzeichniss gebrauchter Kunstausdrücke.

Die Ziffern beziehen sich auf die Seiten, wo dieselben erklärt sind.

Apolarität 54. 60.
Aronhold'scher Process 48.

Classe (eines Connexes) 9.
Collineation, infinitesimale 133.
Combinanten 21.
Combination linearer Transformationen 132.
Conjugirt-Sein 53. 60. 85.
Conjugirte Systeme 123.
Connexe 9. Normalconnexe 54.
Covarianten s. Invarianten.
— im weiteren Sinne 20.
— identische 8.
covariante Formenschaaren 103.

Differentiationsprocesse, invariante 6.

Elementarcombinanten 123.
Elementarcovarianten 55. 61. 83. 86.
— vollständiges System von 83. 86.
Evectanten und Evectantenprocess 41.
— im binären Gebiete 44.
— bei Normalformen 157.

Formensystem 92.
Fundamentalcombinanten 123.

„Gebiete" I: 6, 16; II: 9; III: 10, 16; IV: 12.
gerade Formen 74.
Gewicht 73.
Gordan'sche Reihenentwickelungen 53. 60.

Identitäten zwischen ganzen Invarianten 75.
Identitäten, abhängige und unabhängige 82.
— zerlegbare und unzerlegbare 75.
Invarianten und Covarianten 17. 19—21.
— absolute 10.
— algebraische 12.
— analytische 14.
— ganze 7. 16.
— ganze algebraische 11. 16.
— gebrochene 10. 13.
— irrationale 11. 13.
— numerisch-irrationale 13.
— rationale 9.
— transcendente 14.
— zerlegbare und unzerlegbare 11.
Invarianteneigenschaft 6.
Invariante Gleichungen und Gleichungssysteme 101.
Invariante Mannigfaltigkeiten 105.
Invariante Processe 6.

Körper 105.

Lineare Transformationen 5.
— allgemeine, ausgeartete, eigentliche 6.
— identische 131. 186.
— infinitesimale 133.
— zerfallende 128.
— Linientransformationen und Punkttransformationen 127.
Leitglied einer Covariante binärer Formen 195.

normale Reihenentwickelungen 89.
Normalformen oder -connexe 54.

Ordnung (eines Connexes) 9.
Ordnungszahlen einer Form 9.

Polaren und Polarenprocess 51. 54. 60.
„Präparirte Formen“ 40.
Producte und Potenzen linearer Transformationen 130. 186.
Proportionalität von Invarianten 17.

Relationen zwischen Invarianten 104.

Stammbereich („Gebiet I“) 6. 16.

vollständig schiefe Mannigfaltigkeiten 115.
Symbol einer infinitesimalen linearen Transformation 134. 188.
ungerade Formen 74.

Veränderliche 8.
verkürzte Formen und Reihenentwickelungen 93.

zugehörige Formen 61. 83. 87.
Zwischenrelationen 82.

F. Klein

Vorlesungen über die Entwicklung der Mathematik im 19. Jahrhundert

Teile 1 und 2
Reprint der Erstauflagen Berlin 1926 und 1927 – in einem Band
1979. 55 Abbildungen. (4) XV, 385 und IX, 208 Seiten
DM 38,–
ISBN 3-540-09235-8

Inhaltsübersicht: Teil 1: Gauß. Frankreich und die École Polytechnique in den ersten Jahrzehnten des 19. Jahrhunderts. Die Gründung des Crelleschen Journals und das Aufblühen der reinen Mathematik in Deutschland. Die Entwicklung der algebraischen Geometrie über Moebius, Plücker und Steiner hinaus. Mechanik und mathematische Physik in Deutschland und England bis etwa 1880. Die allgemeine Funktionentheorie komplexer Veränderlicher bei Riemann und Weierstraß. Vertiefte Einsicht in das Wesen der algebraischen Gebilde. Gruppentheorie und Funktionentheorie, insbesondere automorphe Funktionen. – Teil 2: Elementares über die Grundbegriffe der linearen Invariantentheorie. Die spezielle Relativitätstheorie in Mechanik und mathematischer Physik. Gruppen analytischer Punkttransformationen bei Zugrundelegung einer quadratischen Differentialform.

Das klassische, zweibändige Werk von Felix Klein ist aus Vorlesungen entstanden, die Klein während des 1. Weltkriegs im kleinen Kreis gehalten hat und die dann von einigen seiner Schüler, insbesondere Courant und Neugebauer, ausgearbeitet wurden. Die beiden Bände erschienen kurz nach Klein's Tod.
Die beiden Bände, die erstmals auch als einbändige Studienausgabe vorliegen, können als eine Art Memoiren eines der größten und wichtigsten Mathematiker der 2. Hälfte des 19. Jahrhunderts bezeichnet werden; sie sind von Wert als Quellenmaterial, aber auch als Einführung in eine Zeit der stürmischen Entwicklung mathematischen Denkens.

Springer-Verlag
Berlin
Heidelberg
New York